電気回路 I

〔基礎・交流編〕

小澤孝夫 著

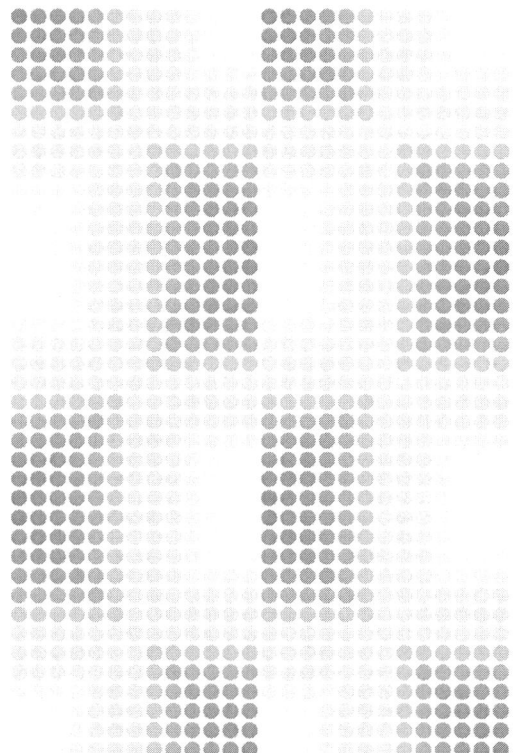

朝倉書店

本書は，株式会社昭晃堂より出版された同名書籍を再出版したものです．

序

　電気回路は古くから電気工学科の重要な基礎科目とされていて，電気・電子工学，通信・情報工学の基礎的な考え方は電気回路を学ぶことによって養われる．電子回路，電気機器はもちろん，マイクロ波回路，電磁波伝播，電子デバイスなども電気回路モデルによって解析されることが多い．しかしながら，最近，電気工学科では，電気，電子，制御，通信，情報，物性の諸工学を広く包含するカリキュラムが組まれるため，科目数が増え，電気回路に十分な時間を割り当てる余裕がなくなってきているようである．一方，電気回路では，精密な理論の展開が必要なため，十分な演習が不可欠である．また，電気回路の分野では，古典的な理論に加え，最近の半導体工学や計算機工学の発展によって広く用いられるようになった集積回路のための理論など，新しい成果も数多く生み出され，これらを電気回路の学習に取りこむ必要にせまられている．

　本書では，上記の事情を考慮して，基礎的な事項に重点を置いて記述すると共に，例題演習を数多く設け，問題への接近法を解説した．例題の中には，本文の記述を例によって確かめるためのものと本文の記述から更に進んだことを解説したものとが含まれている．後者には，従来から取りあげてこられたがやや特殊と思われる事項と最近得られた成果のうち興味深い事項のいくつかに関するものが含まれている．また，回路の取り扱いには数学的な知識が必要であるが，実際に問題を解く際にそれらが十分活用されていないように見受けられるので，複素数，行列，グラフに関する章や節も設けた．一方，コンピュータを用いた回路網解析のための組織的な接近法や，大規模回路の解析に有用と思われるダイヤコプティックスなどについても記述している．さらに，トランジスタなどの能動素子を含む回路の解析のため，ジャイレータや制御電源なども

取りあげた．

　本書は大学の専門課程における教科書として書いたが，上述のような事情から，かなりの部分が学生の自習にまかされる，あるいは全くの自習書として使用されることも予想し，平易な記述に努めた．また，事情に応じて章や節，あるいは例題を取捨選択して差支えないよう構成した．

　多くの電気回路の書を前にすると，今さらながら著者の力不足，時間不足が感じられるが，読者の学習の一助ともなれば幸いである．末筆ながら本書を書くに当って御協力下さった京都大学工学部，木嶋昭教授，仁田旦三助手，また，昭晃堂の皆様に感謝する．

　　昭和53年3月

著　者

目　次

1　電気回路の基礎事項

1.1　電気回路 …………………………………………………………… 1
1.2　電圧源，電流源，抵抗 …………………………………………… 1
1.3　キルヒホフの法則 ………………………………………………… 4
1.4　直列接続と並列接続 ……………………………………………… 7
1.5　双　対 ……………………………………………………………… 10
1.6　キャパシタとインダクタ ………………………………………… 12
1.7　電　力 ……………………………………………………………… 14
1.8　例　題 ……………………………………………………………… 15
演習問題 …………………………………………………………………… 22

2　交流回路

2.1　正弦波 ……………………………………………………………… 25
2.2　複素数 ……………………………………………………………… 29
2.3　正弦波の複素数表示と電気回路の法則 ………………………… 34
2.4　簡単な回路の正弦波定常解 ……………………………………… 39
2.5　インピーダンスとアドミタンス ………………………………… 42
2.6　ベクトル図 ………………………………………………………… 49
2.7　正弦波定常状態における電力 …………………………………… 53
2.8　固有振動と共振 …………………………………………………… 58
2.9　例　題 ……………………………………………………………… 64
演習問題 …………………………………………………………………… 75

3 回路網の諸定理

3.1 回路網の基本的な性質 …………………………………80
3.2 重ね合わせの理 …………………………………………82
3.3 テブナンの定理とノートンの定理 ……………………86
3.4 補償の定理 ………………………………………………92
3.5 Δ-Y 変換 …………………………………………………95
3.6 ブリッジ回路と定抵抗回路 ……………………………99
3.7 整合(マッチング) ……………………………………103
3.8 電力に対する重ね合わせ ……………………………106
3.9 相反定理 ………………………………………………110
3.10 例 題 …………………………………………………112
演習問題 ……………………………………………………121

4 回路網トポロジー

4.1 回路とグラフ …………………………………………125
4.2 グラフの連結性 ………………………………………127
4.3 木と補木 ………………………………………………129
4.4 カットセットとタイセットの基本系 ………………131
4.5 行　列 …………………………………………………135
4.6 グラフに関するいろいろな行列 ……………………142
4.7 例　題 …………………………………………………156
演習問題 ……………………………………………………164

5 回路網方程式と回路網解析

5.1 回路網方程式 …………………………………………167

5.2	回路網の解析法－変数変換	174
5.3	回路網の解析法－方程式の誘導	176
5.4	ダイヤコブティックス	187
5.5	例　題	190
演習問題		196

6　相互結合素子を含む回路

6.1	相互インダクタンス	198
6.2	相互インダクタンスを含む回路の正弦波定常解析	200
6.3	理想変成器	205
6.4	ジャイレータ	212
6.5	制御電源	215
6.6	例　題	218
演習問題		226

7　2端子対回路網

7.1	2端子対回路網	230
7.2	アドミタンス行列（Y行列）とインピーダンス行列（Z行列）	231
7.3	ハイブリッド行列	237
7.4	4端子行列（F行列）	238
7.5	2端子対回路網の縦続接続	242
7.6	2端子対回路網の並列接続，直列接続，直並列接続	248
7.7	例　題	252
演習問題		261

8　3相交流回路

- 8.1　3相起電力 …………………………………264
- 8.2　対称3相回路 ………………………………267
- 8.3　対称座標法 …………………………………270
- 8.4　インピーダンスとアドミタンスの変換 ……274
- 8.5　対称3相交流発電機の基本式 ………………279
- 8.6　3相回路の電力 ………………………………284
- 8.7　回転磁界 ……………………………………287
- 8.8　例　題 ………………………………………289
- 演習問題 …………………………………………299

- 演習問題略解 ……………………………………302
- 参考文献 …………………………………………313
- 索　引 ……………………………………………314

Ⅱ巻【過渡現象・伝送回路編】目次概要

- 9　回路網の過渡解析とラプラス変換
- 10　回路網の状態方程式
- 11　波形解析とフーリエ変換
- 12　回路網の諸特性
- 13　1端子対回路網
- 14　フィルタ
- 15　伝送線路における正弦波定常現象
- 16　伝送線路における過渡現象

1

電気回路の基礎事項

1.1 電気回路

　電気回路は，通常図1.1.1に示されるような回路図で表される．図において，E は直流電圧源（DC voltage source），e は交流電圧源（AC voltage source），R_1, R_2, R_3, R_4 は抵抗（resistor），C はキャパシタ（capacitor），L はインダクタ（inductor）である．このような素子（element）がつながりあってできているのが電気回路であり，したがって，電気回路を考えるに当たっては，**素子の性質**と**素子間の接続**の様子の二つの点に注目しなければならない．素子の間の接続の様子は**回路網トポロジー**とよばれている．まず，いくつかの素子の性質，すなわち**素子特性**について述べよう．

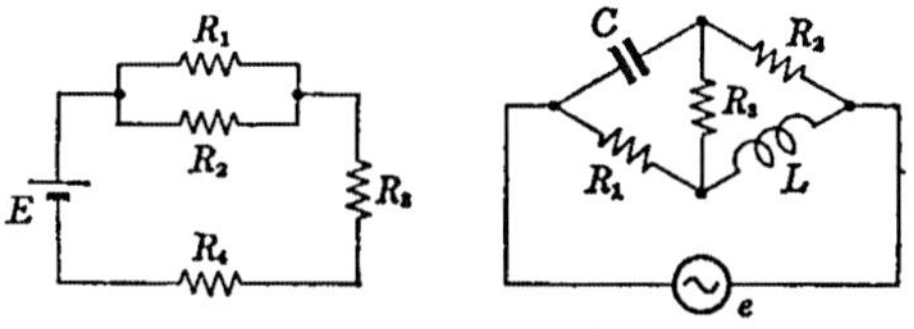

(a) 回路例1.1　　(b) 回路例1.2

図1.1.1　電気回路

1.2 電圧源，電流源，抵抗

　回路図から電圧源と抵抗を取り出して図1.2.1に示した．素子を他の素子と接続する点を端子（terminal）とよび，図1.2.1においては，a, a′という記号を付した．図1.2.1に示した素子はいずれも端子を2個もっている．このよう

に2個の端子をもつ素子を**2端子素子**（2-terminal element）とよぶ．対になった2端子を**端子対**（port）とよぶので，2端子素子を**1端子対素子**（1-port element）ともよぶ．キャパシタやインダクタも2端子素子である．

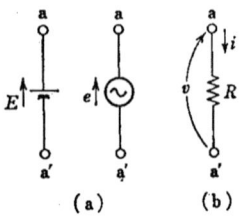

図 1.2.1　電圧源と抵抗

素子の電圧，すなわち，素子の端子間の電圧と，素子の電流，すなわち素子を流れる電流の関係を示すのが素子の電圧・電流特性であるが，電圧・電流特性を方程式で表そうとするときには，電圧と電流の向きをあらかじめ選んでおく必要がある．電流については，図 1.2.1 (b) に示したように，矢印の方向に流れる電流を i で示す．したがって，たとえば $i=2$ アンペアといえば端子 a から端子 a' の方へ2アンペアの電流が流れることを示し，$i=-2$ アンペアといえば，端子 a' から a に2アンペアの電流が流れることを示す．電圧については，図 1.2.1 (b) のように矢印を付けた場合，端子間電圧は，端子 a' を基準とした端子 a の電圧を v で示すことになる．重要なのは，電流の向きと電圧の向きの関係である．抵抗の場合，図 1.2.1 (b) に示したように，電流の矢印の向きと電圧の矢印の向きとが反対になるように選ぶのがよい．このように選んでおくと，通常の抵抗では，電流の矢印の向きに正の値の電流が流れたとき，電圧の矢印の向きに正の値の電圧が生じるからである．

電圧源は，その端子間の電圧が常に定められた電圧に保たれるという素子である．厳密にいえば，このような素子が実際あるわけではないが，電池などは電圧源と抵抗で近似的に表すことができる．電源には，電圧源のほか**電流源**（current source）がある．電流源は，それに流れる電流が常に定められた電流に保たれるという素子であり，図 1.2.2 に示すような記号で表される．電圧源を流れる電流は，その電圧源だけでは定まらず，たとえば電圧源に抵抗を接続したりすると，はじめて決まってくる．同じように電流源の端子間電圧は，その電流源だけでは決まらない．直流電圧源と直流電流源の電圧・電流特性を図で示すと，それぞれ，図 1.2.3 (a) と (b) のようになる．

図 1.2.2　電流源

1.2 電圧源, 電流源, 抵抗

抵抗の電圧・電流特性が**オームの法則**によって与えられることはよく知られている. 図1.2.1 (b) のように抵抗の電圧を v, 電流を i とすると, オームの法則は

$$v = Ri \qquad (1.2.1)$$

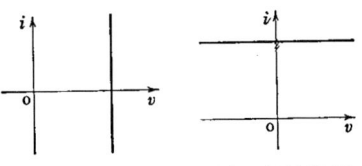

(a) 直流電圧源　　(b) 直流電流源

図1.2.3 電源の電圧-電流特性

と表される[1]. 電圧の単位をボルト (volt), 電流の単位をアンペアとすると, **抵抗** (resistance) R の単位はオーム (ohm, Ω) である. 式 (1.2.1) は次のようにも書ける.

$$i = Gv \qquad (1.2.2)$$

この式において G は**コンダクタンス** (conductance) とよばれ,

$$G = \frac{1}{R} \qquad (1.2.3)$$

である. コンダクタンスの単位は, ジーメンス (siemens, S) である[2]. 式(1.2.1)や (1.2.2) において, R や G の値が正なら, 電圧の向きと電流の向きは図1.2.1 (b) で示されるように選んでおかねばならない. たとえば電流の向きだけを図1.2.1 (b) のそれの逆にすれば, $v = -Ri$ という式を用いなければならない.

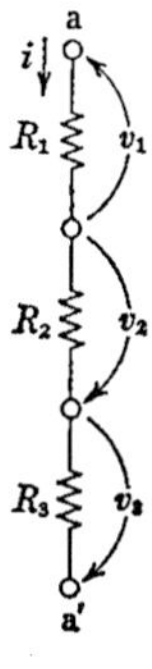

【例題 1.1】 図1.2.4の回路において, 抵抗 R に生じる電圧を求めよ.

〔解〕 電流源 J のため抵抗 R には強制的に2アンペアの電流が流れる. したがって抵抗 R に生じる電圧は式 (1.2.1) から $3 \times 2 = 6$ ボルトである.

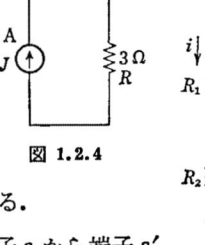

図1.2.4

【例題 1.2】 図1.2.5の回路において電流 i が端子 a から端子 a′ に流れるとき, 抵抗 R_1, R_2, R_3 の電圧 v_1, v_2, v_3 を求めよ.

〔解〕 電流と電圧の向きを考えて, $v_1 = R_1 i$,　$v_2 = -R_2 i$,　$v_3 = -R_3 i$ となる.

図1.2.5

---

1) 素子としての抵抗器 (resistor) とその抵抗値 (resistance) は, 通常共に抵抗とよばれている. また抵抗と抵抗値は同じ記号, たとえば R で表されることが多い. その他の素子についても同様である.　2) ジーメンスは国際単位系. ohm を逆にしたモー (mho, ℧) もよく使われる.

1.3 キルヒホフの法則

次に素子の接続の様子,すなわち,回路網トポロジーについて考えてみよう.図 1.1.1 (a) の回路において抵抗 R_1 と R_2 は端子を 2 個とも共有している.このようなつなぎ方を**並列接続** (parallel connection) という.図 1.3.1 に n 個の素子の並列接続を示した.図に示すように端子 a に流れ込む電流を i とすると,この電流は抵抗 $R_1, R_2, \cdots, R_n$ に分かれて流れ込む.すなわち抵抗 $R_1, R_2, \cdots, R_n$ に流れる電流を $i_1, i_2, \cdots, i_n$ とすると,

$$i = i_1 + i_2 + \cdots + i_n \tag{1.3.1}$$

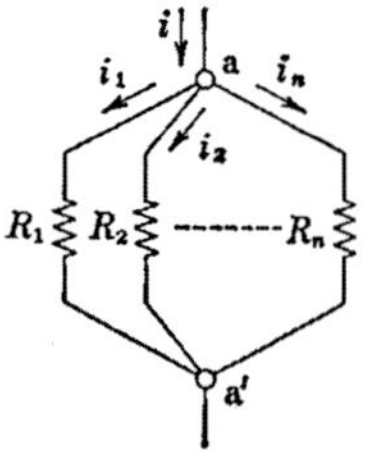

となる.式 (1.3.1) は,端子 a に流れ込んだ電流が端子 a において増えもせず減りもせずにすべて端子 a から流れ出していくという電流の連続性を表している.端子に流れ込む電流がいくつもある場合も同じように考えることができ,流れ込む電流の総和は流れ出す電流の総和に等しいという**キルヒホフの電流法則** (Kirchhoff's current law, 略して **KCL**) が成立する.すなわち,

図 1.3.1 並列接続

〔KCL〕 一つの端子に流れ込む電流を $i_1', i_2', \cdots, i_m'$,端子から流れ出す電流を $i_1, i_2, \cdots, i_n$ とすると

$$i_1' + i_2' + \cdots + i_m' = i_1 + i_2 + \cdots + i_n \tag{1.3.2}$$

である.

【例題 1.3】 図 1.3.2 に示す回路において,KCL によって得られる式を示せ.

〔解〕 端子 a において $i_E = i_1 + i_2$,端子 b において $i_1 + i_2 = i_3$,端子 c において $i_3 = i_4$,端子 d において $i_4 = i_E$ が得られる.

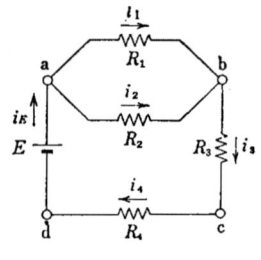

図 1.3.2

KCLは端子に流れ込む，あるいは流れ出す電流について成立するだけではない．図1.3.2に示す回路においてR_1, R_2, R_4を取り除くと，残った回路は二つの部分，すなわちEとR_3に分けられるが，このようにいくつかの素子を取り除くと回路を二つの部分に分けられるとき，取り除いた素子の集合を**カットセット**(cut-set)という．ただしカットセットには，回路を二つに分けるのに必要最小限の素子だけを含める．今の例では，{R_1, R_2, R_4}がカットセットの一つである．また，一つの端子に接続される素子をすべて集めるとこれもカットセットである．一つのカットセットを回路から取り出すと図1.3.3のように書ける．図において長方形はカットセットに含まれる素子を取り除いたときに残る二つの部分回路を表している．カットセットに含まれる素子に流れる電流を考えてみると，図の点線の左側から右側へ流れる電流もあり，右側から左側へ流れる電流もあるが，電流の連続性，すなわち長方形で示される回路に流れ込んだ電流と等しい量の電流が回路から流れ出

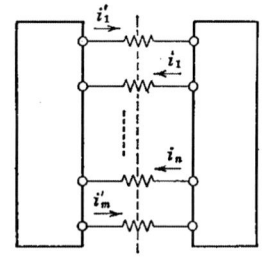

図1.3.3　カットセット

ねばならないということから，左側から右側へ流れる電流の総和は，右側から左側へ流れる電流の総和に等しくなければならない．式(1.3.2)のi_1', i_2', …, i_m'はカットセットに含まれる素子において左から右へ流れる電流，i_1, i_2, …, i_nは右から左へ流れる電流としてもよいのである．

〔**例題1.3の解の続き**〕　カットセット{R_1, R_2, R_4}に対して$i_1+i_2=i_4$，カットセット{E, R_3}に対して$i_E=i_3$が得られる．

例題1.3の解と解の続きを見ると，KCLによって得られる式のうち，いくつかの式は他の式から導き得ることがわかる．つまり，KCLから得られる式には無駄な式もあるわけである．したがって，KCLを回路にどのように適用して必要かつ十分な方程式を得るかということが重要な問題となるのである．これについては，のちほど第5章に述べる．

再び図 1.1.1 (a) にもどろう．抵抗 R_3 と R_4 はひとつの端子を共有していて，この端子にはほかの素子がつながれていない．このような接続の仕方を**直列接続** (series connection) という．図 1.2.5 では 3 個の抵抗が直列に接続されている．一般に n 個の素子の直列接続を図 1.3.4 に示した．端子 a と端子 a′ の間の電圧を v, 抵抗 R_1, R_2, …, R_n の電圧をそれぞれ v_1, v_2, …, v_n とすると，

$$v = v_1 + v_2 + \cdots + v_n \tag{1.3.3}$$

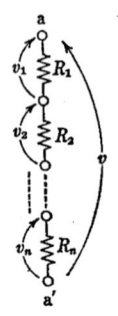

図 1.3.4 n 個の抵抗の直列接続

が成り立つ．式 (1.3.3) は電圧 v が，v_1, v_2, …, v_n の総和とつりあっているという電圧の平衡則を表している．ところで回路を見ると，ひとつの素子から始めて，それに接続されている素子，さらにそれに接続されている素子というように順次たどっていくと最初の素子にもどれることがある．このような素子の集合を**タイセット** (tie-set) という．たとえば，図 1.1.1 (a) の回路では，$E \to R_2 \to R_3 \to R_4 \to E$ となるので $\{E, R_2, R_3, R_4\}$ がタイセットである．また $\{R_1, R_2\}$ もタイセットである．タイセットに含まれる素子はひとつの**閉路**（または**ループ**，loop）を作っているともいう．タイセットを一般的に示せば図 1.3.5 のようになる．タイセットに含まれる素子の電圧を考えたとき，右廻り方向をもつ電圧と左廻り方向をもつ電圧とがある．回路に含まれる各タイセットについては，右廻り方向の電圧の総和と左廻り方向の電圧の総和が等しいという**キルヒホフの電圧法則** (Kirchhoff's voltage law, 略して **KVL**) が成立する．すなわち，

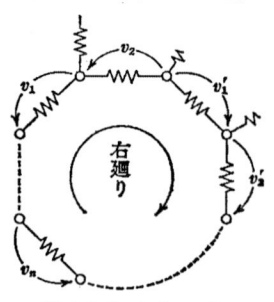

図 1.3.5 タイセット

〔**KVL**〕 タイセットの右廻り方向の電圧を v_1', v_2', …, v_m', 左廻り方向の電圧を $v_1, v_2, …, v_n$ とすると

$$v_1' + v_2' + \cdots + v_m' = v_1 + v_2 + \cdots + v_n \tag{1.3.4}$$

である．

【**例題 1.4**】 図 1.3.6 において KVL によって得られる式を示せ．

〔解〕 タイセット $\{E, R_1, R_3, R_4\}$ に対して
$v_E=v_1+v_3+v_4$； タイセット $\{R_1, R_2\}$ に対して
$v_1=v_2$； タイセット $\{E, R_2, R_3, R_4\}$ に対して
$v_E=v_2+v_3+v_4$ が成り立つ．

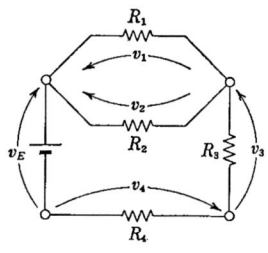

図 1.3.6

例題 1.4 からわかるように，あらゆるタイセットに KVL を適用すると，得られる式には無駄な式も含まれてくる．どのようなタイセットに KVL を適用すればよいかは重要な問題である．なお，図 1.3.4 においては，一番上の端子と一番下の端子の間には素子が書かれていないが，このように実際の素子が閉路を作っていなくても，電圧 $v, v_1, v_2, \cdots, v_n$ が一つの閉路を作っていると考えることができ，このような場合にも KVL を適用できる．

オームの法則は素子の性質に関するもの，KCL, KVL は回路網トポロジーに関するものである．これらの法則から得られる式が**回路網方程式**であり，回路網方程式を求め，これを解いて回路網中の電圧や電流を求めるのが**回路網解析**である．なお，この節では抵抗からなる回路について述べたが，素子が抵抗以外のものであっても KCL, KVL は同じように成立する．

1.4 直列接続と並列接続

まず，直列に接続されたいくつかの抵抗の電圧と電流の関係を求めてみよう．図 1.4.1 (a) に示したように抵抗 $R_1, R_2, \cdots, R_n$ の電圧をそれぞれ $v_1, v_2, \cdots, v_n$ とする．これらの抵抗に流れる電流はすべて共通に i だから，$v_1=R_1 i, v_2=R_2 i, \cdots, v_n=R_n i$ となる．キルヒホフの電圧法則から

$$v=v_1+v_2+\cdots+v_n=R_1 i+R_2 i+\cdots+R_n i$$
$$=(R_1+R_2+\cdots+R_n)i \quad (1.4.1)$$

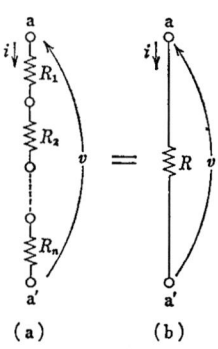

図 1.4.1 直列接続抵抗の合成抵抗

となる．この式は
$$v = Ri \tag{1.4.2}$$
ただし，
$$R = R_1 + R_2 + \cdots + R_n \tag{1.4.3}$$
と書きなおせる．R は図 1.4.1 に示したように，直列接続されたいくつかの抵抗と端子 aa' から見たのでは全く変わらない抵抗，すなわち**等価な**(equivalent)抵抗を表している．このように，端子から見た電圧と電流の関係が，いくつかの抵抗と等しくなるような一つの抵抗を**合成抵抗** (resultant resistance) という．式 (1.4.3) は，直列接続されたいくつかの抵抗の合成抵抗が個々の抵抗の総和に等しいことを示している．

図 1.4.2 (a) は並列接続された n 個の抵抗を示している．抵抗 $R_1, R_2, \cdots, R_n$ に流れる電流を $i_1, i_2, \cdots, i_n$ とする．各抵抗の端子間電圧はいずれも v であり，したがって $i_1 = v/R_1,\ i_2 = v/R_2,\ \cdots,\ i_n = v/R_n$ である．KCL から

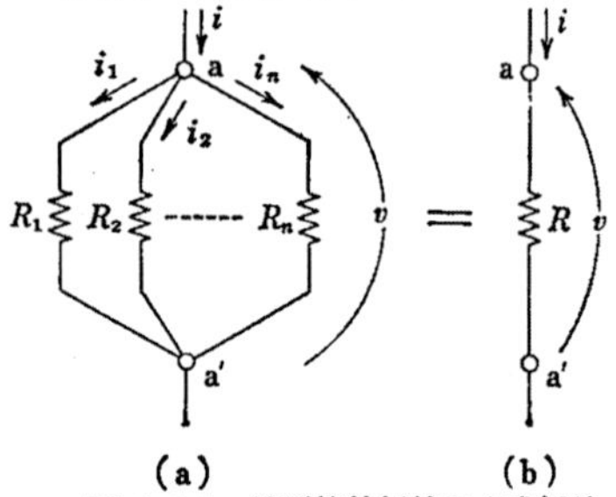

図 1.4.2 並列接続抵抗の合成抵抗

$$i = i_1 + i_2 + \cdots + i_n = \frac{v}{R_1} + \frac{v}{R_2} + \cdots + \frac{v}{R_n}$$
$$= \left(\frac{1}{R_1} + \frac{1}{R_2} + \cdots + \frac{1}{R_n}\right) v \tag{1.4.4}$$

となる．したがって合成抵抗を R とすると，
$$R = \frac{1}{\dfrac{1}{R_1} + \dfrac{1}{R_2} + \cdots + \dfrac{1}{R_n}} \tag{1.4.5}$$

である．式 (1.4.5) はコンダクタンスを用いると簡単に表せて，$G = 1/R,\ G_1 = 1/R_1,\ G_2 = 1/R_2,\ \cdots,\ G_n = 1/R_n$ とおくと，
$$G = G_1 + G_2 + \cdots + G_n \tag{1.4.6}$$

となる．すなわち，並列接続されたいくつかの抵抗の合成コンダクタンスは，個々の抵抗のコンダクタンスの総和に等しいのである．なお 2 個の抵抗の並列接続はよく現れるので，式 (1.4.5) において $n = 2$ となる場合を求めておく．

1.4 直列接続と並列接続

$$R = \frac{R_1 R_2}{R_1 + R_2} \qquad (1.4.7)$$

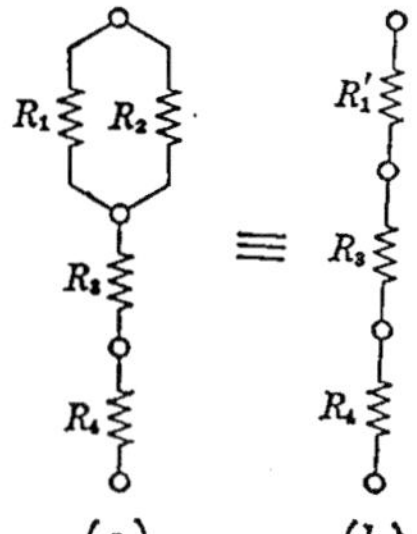

【例題 1.5】 図 1.4.3 に示された回路に等価な合成抵抗を求めよ．

〔解〕 R_1 と R_2 の合成抵抗は式 (1.4.7) から $R_1' = R_1 R_2/(R_1+R_2)$ である．R_1' と R_3, R_4 は直列に接続されているので，その合成抵抗は

$$R = R_1' + R_3 + R_4 = \frac{R_1 R_2}{R_1+R_2} + R_3 + R_4 \qquad (1.4.8)$$

となる．

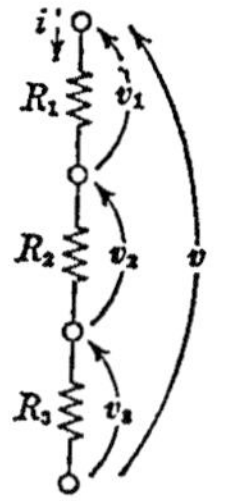

【例題 1.6】 図 1.4.4 のように直列接続された 3 個の抵抗全体に v という電圧が加えられているとき，個々の抵抗に生じる電圧を求めよ．

〔解〕 3 個の抵抗の合成抵抗 R は式 (1.4.3) から $R = R_1 + R_2 + R_3$ である．したがって，$i = v/R = v/(R_1+R_2+R_3)$ なる電流が，各抵抗に共通に流れる．それゆえ

$$\left.\begin{array}{l} v_1 = iR_1 = \dfrac{R_1 v}{R_1+R_2+R_3}, \quad v_2 = \dfrac{R_2 v}{R_1+R_2+R_3} \\[2mm] v_3 = iR_3 = \dfrac{R_3 v}{R_1+R_2+R_3} \end{array}\right\} \qquad (1.4.9)$$

となる．

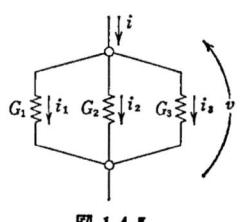

図 1.4.3
図 1.4.4
図 1.4.5

例題 1.6 のように直列接続の場合，個々の抵抗の電圧は全電圧 v を抵抗の値に応じて比例配分したものになる．このため図 1.4.4 のような回路は**電圧分割回路**ともよばれる．

【例題 1.7】 図 1.4.5 のように並列接続された三つの抵抗全体に i という電流が流れているとき個々の抵抗に流れる電流を求めよ．G_1, G_2, G_3 はそれぞれの抵抗のコンダクタンスである．

〔解〕 この回路の合成コンダクタンスを G とすると，式 (1.4.6) から $G = G_1 + G_2 + G_3$ である．三つの抵抗の電圧はすべて等しく，$v = i/G = i/(G_1 + G_2 + G_3)$ となる．それゆえ

$$i_1 = G_1 v = \frac{G_1 i}{G_1 + G_2 + G_3}, \quad i_2 = G_2 v = \frac{G_2 i}{G_1 + G_2 + G_3}$$

$$i_3 = G_3 v = \frac{G_3 i}{G_1 + G_2 + G_3} \tag{1.4.10}$$

となる．

上のように並列接続の場合，個々の抵抗に流れる電流は全電流 i をコンダクタンスの値に応じて比例配分したものになる．

さて，回路のなかの直列接続あるいは並列接続された抵抗をひとつの合成抵抗と置き換える．そうして得られた回路においてさらに直列接続あるいは並列接続された抵抗をひとつの合成抵抗と置き換える．このような置き換えを繰り返して，ついにはひとつの抵抗としてしまえるような回路を**直並列回路**[1]という．図 1.1.1 (a) は直並列回路である．直並列回路の解析は，式 (1.4.3) と式 (1.4.6) を繰り返し用いて合成抵抗が簡単に得られるので，非直並列回路の解析より一般に容易である．このように素子の接続の様子を調べて解析をできるだけ容易なものにすることは，回路網理論の重要な役割のひとつである．

1.5 双　対

さて，式 (1.3.1) と式 (1.3.3)，式 (1.3.2) と式 (1.3.4)，また式 (1.4.3) と式 (1.4.6)，さらに，例題 1.6 と例題 1.7 を比べてみると，非常に似かよっていることに気づく．すなわち，

$$\text{電流} \longleftrightarrow \text{電圧} \quad (i \longleftrightarrow v)$$

$$\text{抵抗} \longleftrightarrow \text{コンダクタンス} \quad (R \longleftrightarrow G)$$

$$\text{直列接続} \longleftrightarrow \text{並列接続}$$

---

[1] ここでは素子を抵抗として直並列回路を説明したが，素子は抵抗に限らない．

1.5 双対

カットセット ⟵⟶ タイセット(閉路)

といった言葉の入れ換えを行なえば，全く同じ式が得られたり，同じ問題になってしまったりするのである．このように適当な対になった言葉を入れ換えると同じことになる二つの事柄は，**双対な (dual) 事柄**であるという．たとえば，キルヒホフの電流法則と電圧法則は双対な法則であり，式 (1.3.2) と式 (1.3.4) は双対な式である．図 1.4.4 の回路と図 1.4.5 の回路は双対な回路であり，例題 1.6 と例題 1.7 は双対な問題といえる．また，1.2 節に説明した電流源は電圧源に双対な素子である．あまりなじみのない電流源といった素子を最初からもち出したのは，電流源がトランジスタを表すのによく用いられるためだけでなく，回路網理論上重要な概念のひとつである双対性を明らかにするためでもある．式 (1.4.6) が式 (1.4.5) よりはるかに簡単であり，式 (1.4.3) と関連づけて記憶できるように，いろいろな公式や問題は双対性によって整理してみると理解しやすかったり，ひとつの問題を解くと，それに双対な問題が直ちに解けたりするのである．

【例題 1.8】 図 1.4.3 (a) の回路に双対な回路を求めよ．また，得られた回路の合成コンダクタンスを求めよ．

〔解〕 抵抗 R_1 と R_2 は並列に接続されているので，これらを直列接続に変える．R_1 と R_2 の合成抵抗 R_1' と R_3, R_4 は図 1.4.3 (b) に示されるように直列接続されているので，これらを並列接続に変えて図 1.5.1 を得る．図 1.5.1 の G_1, G_2, G_3, G_4 はそれぞれの抵抗のコンダクタンスである．得られた回路の合成コンダクタンスは，図 1.4.3 (a) の回路の合成抵抗が例題 1.5 で求まっているので，

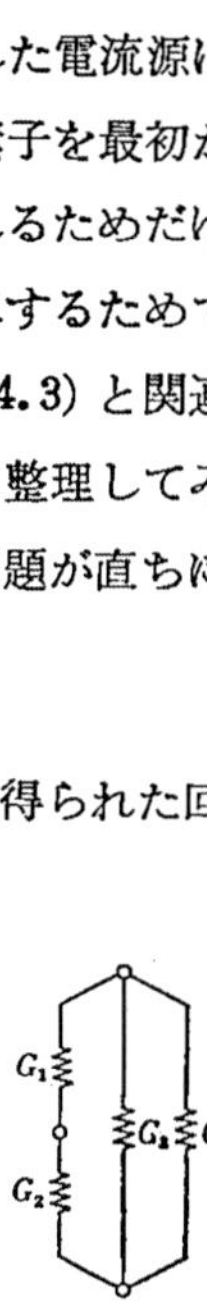

$$G = \frac{G_1 G_2}{G_1 + G_2} + G_3 + G_4 \tag{1.5.1}$$

となることが双対性から直ちにわかる（前節までの計算法によって式 (1.5.1) を確かめよ）．

【例題 1.9】 図 1.5.2 の回路に双対な

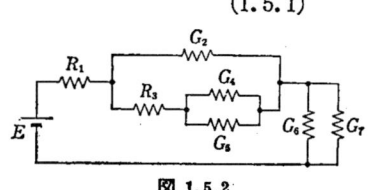

図 1.5.1

図 1.5.2

回路を求めよ．

[解] 電圧源を電流源に置き換え，直列接続と並列接続の置き換え，抵抗とコンダクタンスの置き換えを行なうと図1.5.3を得る．

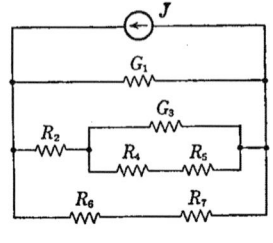

図 1.5.3

1.6 キャパシタとインダクタ

次にキャパシタとインダクタの電圧・電流特性について述べる．キャパシタとインダクタの場合も，抵抗の場合と同様，電流と電圧の方向は図1.6.1に示したように選ぶ．

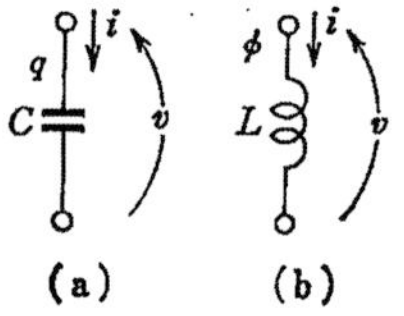

キャパシタに流れ込む電流iは，キャパシタに蓄えられた電荷qの変化する割合に等しく，

$$i = \frac{dq}{dt} \tag{1.6.1}$$

図 1.6.1 キャパシタとインダクタ

である．ここにtは時間を表し，その単位は秒 (second) である．キャパシタに蓄えられた電荷qと端子間電圧vとは

$$q = Cv \tag{1.6.2}$$

のように関係づけられる．Cは**キャパシタンス** (capacitance) とよばれ，単位はファラッド (farad, F) である．式 (1.6.1) と式 (1.6.2) から C が定数である場合

$$i = C\frac{dv}{dt} \tag{1.6.3}$$

という電流・電圧特性が得られる．

一方インダクタの端子間電圧vはインダクタにつくられる磁束ϕの変化する割合に等しく，

$$v = \frac{d\phi}{dt} \tag{1.6.4}$$

である．磁束ϕはインダクタに流れる電流iに比例し，

$$\phi = Li \tag{1.6.5}$$

1.6 キャパシタとインダクタ

と書ける．L は**インダクタンス** (inductance) とよばれ，単位はヘンリ (henry, H) である．式 (1.6.4) と式 (1.6.5) とから

$$v = L \frac{di}{dt} \tag{1.6.6}$$

が得られる．

　式 (1.6.1), (1.6.2), (1.6.3) と式 (1.6.4), (1.6.5), (1.6.6) をそれぞれ比べてみると，キャパシタとインダクタの間にも双対性があることがわかる．すなわち，

$$電流 \longleftrightarrow 電圧 \quad (i \longleftrightarrow v)$$
$$電荷 \longleftrightarrow 磁束 \quad (q \longleftrightarrow \phi)$$
$$キャパシタンス \longleftrightarrow インダクタンス \quad (C \longleftrightarrow L)$$

の対応に基づく双対性がみられる．

　キャパシタやインダクタの電流・電圧特性が，抵抗の電流・電圧特性と非常に異なる点は，電圧または電流の時間に関する微分演算が含まれていることである．このため，キャパシタやインダクタが含まれている回路の取り扱いは抵抗回路よりはるかに難しくなる．抵抗回路では，たとえ電源の電圧が時間的に変化しても，抵抗の電圧や電流も電源電圧に比例して変化するだけである．抵抗の電圧や電流を求めるために必要な式はいずれも代数方程式であり，これらの方程式を解くのに時間を考慮する必要はない．キャパシタやインダクタを含む回路では一般に微分方程式を解かねばならないが，これは代数方程式を解くより通常はるかに困難な作業を必要とする．しかし，特に電源電圧あるいは電源電流が正弦波の場合は，次章に述べるように，キャパシタやインダクタを含む回路もほとんど抵抗回路と同じように取り扱うことができる．その場合には，式 (1.6.3) や式 (1.6.6) をオームの法則の式 (1.2.1) と同様，微分を含まない形に変換することができ，素子の接続関係に基づくキルヒホフの法則はもともと時間的変化を含まないので，回路網方程式はすべて代数方程式となってしまう．

1.7 電力

図 1.7.1 のように 2 端子素子の端子間電圧を v，素子に流れる電流を i とすると，この素子に供給される単位時間当たりのエネルギー，すなわち**電力** (power) p は

$$p = vi \qquad (1.7.1)$$

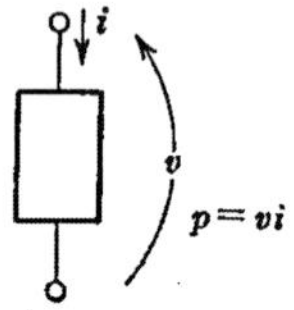

で与えられる．電力の単位はワット (watt, W) である．時刻 $t=0$ から $t=\tau$ までの間に素子に供給されるエネルギー w は

$$w = \int_0^\tau p\,dt \qquad (1.7.2)$$

となる．2 端子素子が抵抗のときは，抵抗を R，コンダクタンスを G とすると，$i=Gv$，あるいは，$v=Ri$ だから

$$p = Ri^2 = Gv^2 \qquad (1.7.3)$$

式 (1.7.1) は素子に供給される電力を表すので，p が負のときは，素子が電力を供給することになる．キャパシタやインダクタはエネルギーを蓄積することができるので，電力を供給するときも供給されるときもある．これに反し，通常の抵抗は $R>0$ なので，式 (1.7.3) から $p>0$ となり，電力を供給することはない．電力を供給する素子を $R<0$ である抵抗によって表現することがあり，このような抵抗を**負性抵抗** (negative resistor) とよぶ．

図 1.7.1 2 端子素子の電力

【例題 1.10】 図 1.7.2 (a) および (b) の回路において，抵抗 R において消費される電力を求めよ．

〔解〕 (a) R に流れる電流は，$6/(1+2) = 2\,\text{A}$ である．したがって，式 (1.7.3) から

$$p = 2 \cdot 2^2 = 8\,\text{W}$$

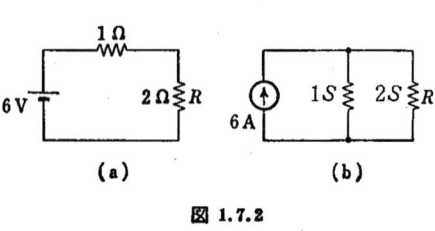

図 1.7.2

(b) R の電圧は $6/(1+2)=2\,\mathrm{V}$ である．したがって，式 (1.7.3) から
$$p=2\cdot 2^2=8\,\mathrm{W}$$
である．

1.8 例題

【例題 1.11】 図 1.8.1 に示す回路において，抵抗 R_1, R_2, R_3 に流れる電流 i_1, i_2, i_3 を求めよ．

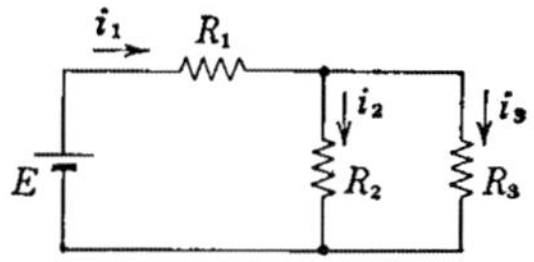

〔解〕 抵抗 R_1, R_2, R_3 の電圧を，それぞれ v_1, v_2, v_3 とする．オームの法則から

図 1.8.1

$$v_1=R_1 i_1,\quad v_2=R_2 i_2,\quad v_3=R_3 i_3 \tag{1.8.1}$$

を得る．また，KCL, KVL から

$$i_1=i_2+i_3 \tag{1.8.2}$$

$$v_1+v_2=E,\quad v_2=v_3 \tag{1.8.3}$$

である．式 (1.8.3) に式 (1.8.1) を代入すると，

$$R_1 i_1+R_2 i_2=E,\quad R_2 i_2=R_3 i_3 \tag{1.8.4}$$

さらに，式 (1.8.2) を代入すると，

$$(R_1+R_2)i_2+R_1 i_3=E,\quad R_2 i_2=R_3 i_3 \tag{1.8.5}$$

を得る．これを解いて，i_2 と i_3 を求めると，

$$i_2=\frac{R_3 E}{R_1 R_2+R_2 R_3+R_3 R_1},\quad i_3=\frac{R_2 E}{R_1 R_2+R_2 R_3+R_3 R_1} \tag{1.8.6}$$

である．式 (1.8.2) に代入して，

$$i_1=\frac{(R_2+R_3)E}{R_1 R_2+R_2 R_3+R_3 R_1} \tag{1.8.7}$$

を得る．

〔別解〕 R_2 と R_3 の合成抵抗を R とし，これを式 (1.4.7) を用いて求めると，

$$R = \frac{R_2 R_3}{R_2 + R_3} \tag{1.8.8}$$

であり，図1.8.1の回路は図1.8.2のように書き換えられる．R_1 と R の合成抵抗は R_1+R である．したがって，オームの法則から

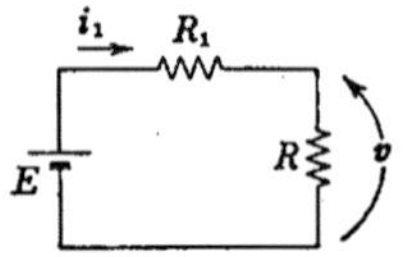

$$E = (R_1 + R)i_1 \tag{1.8.9}$$

であり，

$$i_1 = \frac{E}{R_1+R} = \frac{E}{R_1+\dfrac{R_2 R_3}{R_2+R_3}} = \frac{(R_2+R_3)E}{R_1 R_2 + R_2 R_3 + R_3 R_1}$$

$$\tag{1.8.10}$$

となる．図1.8.2において抵抗 R の電圧 v は

$$v = Ri_1 = \frac{R_2 R_3}{R_2+R_3} \cdot \frac{(R_2+R_3)E}{R_1 R_2 + R_2 R_3 + R_3 R_1} = \frac{R_2 R_3 E}{R_1 R_2 + R_2 R_3 + R_3 R_1}$$

$$\tag{1.8.11}$$

である．v は R_2, R_3 の電圧でもあるので

$$v = R_2 i_2, \quad v = R_3 i_3 \tag{1.8.12}$$

が成立する．式 (1.8.11), (1.8.12) から式 (1.8.6) を得る（このとき，i_2, i_3 は i_1 を $R_3 : R_2$ の割合で分割していることに注意）．

【例題 1.12】 図1.8.1の回路において，抵抗 R_3 を電圧 $R_3 i_3$ をもつ電圧源に置き換えても，R_1, R_2 に流れる電流は変わらないことを示せ．

〔解〕 図1.8.3のように抵抗 R_3 を電圧源で置き換える．このとき，

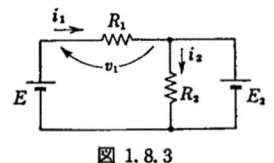

図 1.8.3

$$E = v_1 + E_2 = R_1 i_1 + E_2 \tag{1.8.13}$$

$$E_2 = R_2 i_2 \tag{1.8.14}$$

が成立する．ところが，題意から $E_2 = R_3 i_3$ であるから，式 (1.8.6) から

$$E_2 = \frac{R_2 R_3 E}{R_1 R_2 + R_2 R_3 + R_3 R_1} \tag{1.8.15}$$

1.8 例題

である．この式と (1.8.13) から i_1 を求めると

$$i_1 = \frac{(R_2+R_3)E}{R_1R_2+R_2R_3+R_3R_1} \tag{1.8.16}$$

また，式 (1.8.15), (1.8.14) から

$$i_2 = \frac{R_3 E}{R_1R_2+R_2R_3+R_3R_1} \tag{1.8.17}$$

を得る．これらは式 (1.8.6), (1.8.7) に求めたものと同じである．

【例題 1.13】 図 1.8.1 の回路において，抵抗 R_3 を電流 i_3 を流す電流源で置き換えても，R_1, R_2 に流れる電流は変わらないことを示せ．

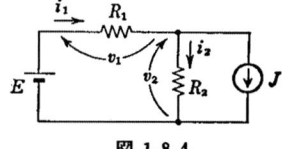

図 1.8.4

〔解〕 図 1.8.4 のように R_3 を電流源で置き換える．このとき，

$$i_1 = i_2 + J \tag{1.8.18}$$
$$E = v_1 + v_2 = R_1 i_1 + R_2 i_2 \tag{1.8.19}$$

が成立する．また，題意から $J=i_3$ だから式 (1.8.6) を用いて，

$$J = \frac{R_2 E}{R_1R_2+R_2R_3+R_3R_1} \tag{1.8.20}$$

である．式 (1.8.18), (1.8.19) から i_2 を消去して，

$$i_1 = \frac{E - R_1 i_1}{R_2} + J$$

を得る．これから i_1 を求めると，

$$i_1 = \frac{R_2}{R_1+R_2}\left(\frac{E}{R_2}+J\right) = \frac{(R_1R_2+R_2R_3+R_3R_1+R_2{}^2)E}{(R_1+R_2)(R_1R_2+R_2R_3+R_3R_1)}$$

$$= \frac{(R_2+R_3)E}{R_1R_2+R_2R_3+R_3R_1} \tag{1.8.21}$$

となる．さらに式 (1.8.18) から

$$i_2 = i_1 - J = \frac{R_3 E}{R_1R_2+R_2R_3+R_3R_1} \tag{1.8.22}$$

を得る．これらは，式 (1.8.6), (1.8.7) に与えた i_1, i_2 と一致する[1]．

【例題 1.14】 図 1.8.1 の回路において，$E=12\,\mathrm{V}$, $R_3=1\,\Omega$ とする．このとき，R_1 に流れる電流を 4 A, R_2 と R_3 に流れる電流の比を 1:3 にするためには，R_1 と R_2 の値をどのように選べばよいか．

〔解〕 例題 1.7 に示されたように，並列接続された抵抗に流れる電流は，抵抗のコンダクタンスに比例する．したがって，R_2 と R_3 のコンダクタンスの比は 1:3 である．R_3 のコンダクタンスは 1 S だから R_2 のコンダクタンスは 1/3 S, $R_2=3\,\Omega$ である．次に R_2 と R_3 の合成抵抗は式 (1.4.7) から 3/4 Ω である．したがって，

$$\frac{12}{R_1+3/4}=4$$

から $R_1=2\frac{1}{4}\,\Omega$ でなければならない．

【例題 1.15】 図 1.8.5 に示す回路の端子対 aa′ から見た合成抵抗を求めよ．

〔解〕 (a) 回路の対称性から，ab 間，ab′ 間の電圧は等しく，bb′ 間の電圧は KVL から 0 (b, b′ は等電位) である．したがって，bb′ 間の抵抗 R に流れる電流は 0 であり，この抵抗はないものと考えてよい．そうすると，合成抵抗は直列接続と並列接続の合成抵抗を求める式 (1.4.3), (1.4.7) を用いて，

$$\frac{1}{2}(R+R)=R$$

となる．

(b) 回路の対称性から，bb′ 間，cc′ 間，c′c″ 間，

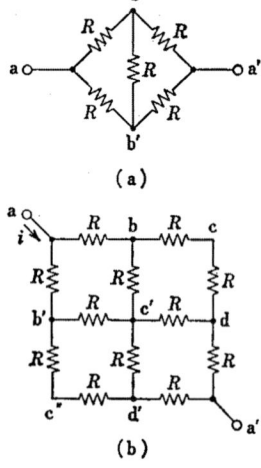

図 1.8.5

---

1) 例題 1.12, 1.13 のように回路網の 1 端子対における電圧，あるいは電流をもつ電源によって回路の一部を置き換えても，残る回路の電圧，電流が変わらない．このことは置き換え定理 (substitution theorem) とよばれる．

dd′ 間の電圧は 0（等電位）である．したがって，a から流れ込む電流を i とすると，ab 間，ab′ 間，da′ 間，d′a′ 間の抵抗には $i/2$，残りの抵抗にはすべて $i/4$ の電流が流れる．aa′ 間の電圧は，ab 間，bc 間，cd 間，da′ 間の電圧を加えて，

$$v = R\left(\frac{i}{2} + \frac{i}{4} + \frac{i}{4} + \frac{i}{2}\right) = \frac{3Ri}{2}$$

の電圧が生じる．したがって，合成抵抗は $v/i = 3R/2$ である（bb′ 間，cc′ 間など等電位の端子間にどのような抵抗がつながれていても合成抵抗は同じとなることに注意）．

【例題 1.16】 図 1.8.6 の回路において，bb′ 間の抵抗 R に流れる電流を求めよ．

〔解〕 図 1.8.7 のように，ab 間，ab′ 間に流れる電流を，それぞれ，i_1，i_2 とすると，回路の対称性から ba′ 間，b′a′ 間の電流は，それぞれ，i_2，i_1 となる．したがって，KCL から bb′ 間に流れる電流は $i_1 - i_2$ となり，a→b→a′→a という閉路と，a→b→b′→a という閉路に対する KVL から

$$\left.\begin{array}{l} 2Ri_1 + Ri_2 = E \\ 2Ri_1 + R(i_1 - i_2) = Ri_2 \end{array}\right\} \quad (1.8.23)$$

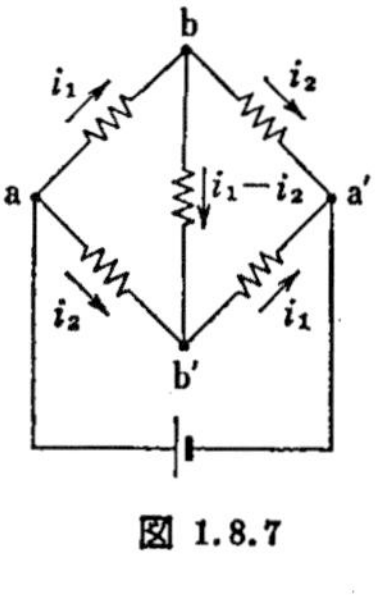

を得る．式 (1.8.23) の下の式から $i_2 = 3i_1/2$ を求め，上の式に代入し，式 (1.8.23) を解けば，

$$i_1 = \frac{2E}{7R}, \quad i_2 = \frac{3E}{7R} \quad (1.8.24)$$

となる．したがって bb′ 間の抵抗には，

$$i_1 - i_2 = -\frac{E}{7R} \quad (1.8.25)$$

という電流が流れる．

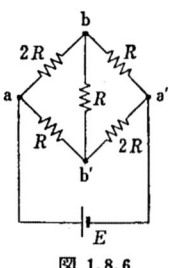

図 1.8.6

図 1.8.7

【例題 1.17】 図 1.8.8 に示す回路において，端子対 bb′ に抵抗 R_b をつない

だとき，端子対 aa' から見た合成抵抗は R_a に等しく，また，端子対 aa' に抵抗 R_a をつないだとき，端子対 bb' から見た合成抵抗は R_b に等しいという。R_a および R_b を求めよ。

〔解〕端子対 bb' に R_b をつなぐと，図 1.8.9 (a) のようになり，式 (1.4.7) から

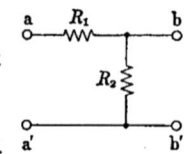

図 1.8.8

$$R_1 + \frac{R_2 R_b}{R_2 + R_b} = R_a \tag{1.8.26}$$

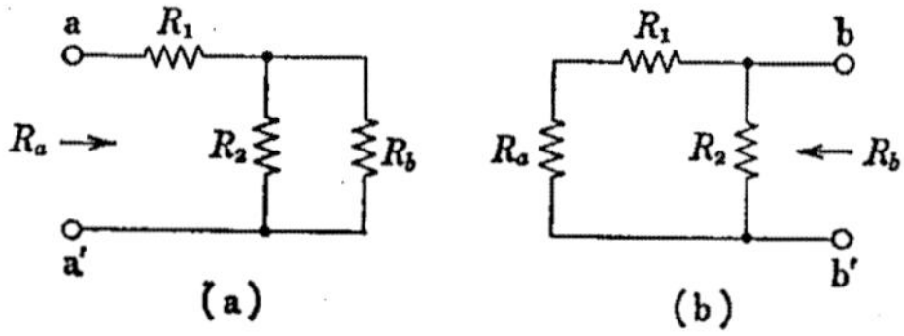

また，端子対 aa' に R_a をつないだときは，図 1.8.6 (b) のようになる。したがって，

図 1.8.9

$$\frac{(R_1 + R_a) R_2}{R_1 + R_a + R_2} = R_b \tag{1.8.27}$$

を得る。式 (1.8.26)，(1.8.27) を R_a, R_b について解く。式 (1.8.27) を式 (1.8.26) に代入して整理すると，

$$R_1 + \frac{(R_1 + R_a) R_2}{2R_1 + 2R_a + R_2} = R_a \tag{1.8.28}$$

となる。分母を払い，整理して R_a を求めると，

$$R_a = \sqrt{R_1(R_1 + R_2)} \tag{1.8.29}$$

を得る。これを式 (1.8.27) に代入して，

$$R_b = \frac{\{R_1 + \sqrt{R_1(R_1 + R_2)}\} R_2}{R_1 + R_2 + \sqrt{R_1(R_1 + R_2)}} = \frac{\sqrt{R_1}(\sqrt{R_1} + \sqrt{R_1 + R_2}) R_2}{\sqrt{R_1 + R_2}(\sqrt{R_1 + R_2} + \sqrt{R_1})}$$

$$= R_2 \sqrt{\frac{R_1}{R_1 + R_2}} \tag{1.8.30}$$

を得る。

【例題 1.18】図 1.8.10 に示すような無限に続く回路の端子対 aa' から見た合成抵抗を求めよ。

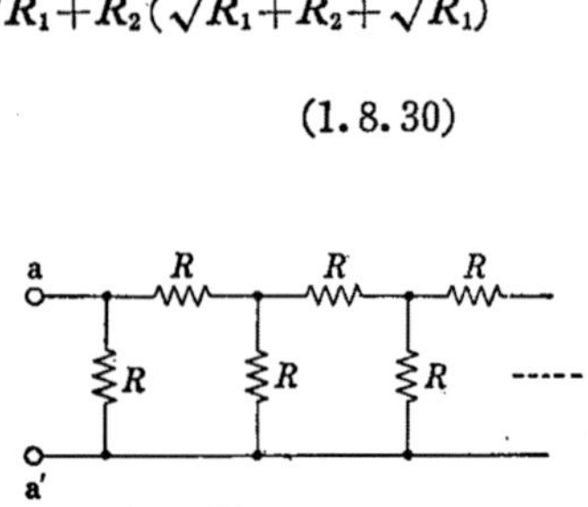

〔解〕求める合成抵抗を R_r とする。図 1.8.10

図 1.8.10

の回路は無限に続くので，図 1.8.11 (a) のように，2 個の抵抗を取り除いて，

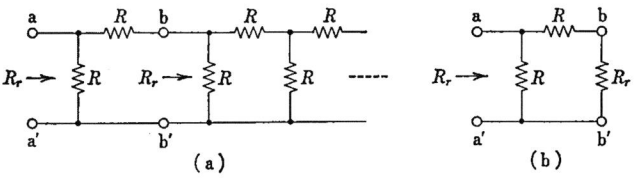

図 1.8.11

端子対 bb' から右を見た合成抵抗も R_r に等しいと考えられる．したがって端子対 bb' に R_r をつないで得られる図 1.8.11 (b) の回路の合成抵抗が R_r であるから，式 (1.4.7) を用いて，

$$\frac{R(R+R_r)}{R+R+R_r} = R_r \tag{1.8.31}$$

を得る．この式を解いて

$$R_r = \frac{-1+\sqrt{5}}{2}R \tag{1.8.32}$$

となる．

【例題 1.19】 図 1.8.12 に示す回路において，抵抗 R における電力を最大とするような R の値を求めよ．

〔解〕 R に流れる電流は

$$i = \frac{E}{R_1+R} \tag{1.8.33}$$

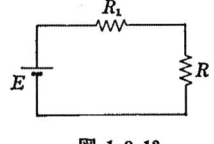

図 1.8.12

だから，式 (1.7.3) を用いて，R における電力 p は

$$p = \frac{RE^2}{(R_1+R)^2} \tag{1.8.34}$$

となる．上式は

$$p = \frac{E^2}{\left(\dfrac{R_1}{\sqrt{R}}+\sqrt{R}\right)^2} \tag{1.8.35}$$

と書けるが，分母の項 $R_1/\sqrt{R}$ と $\sqrt{R}$ をかけると一定になる．したがって，これらの項は，相等しいとき，その和が最小になる（面積が一定である長方形の

縦と横の和が最小になるのは，長方形が正方形のときである）．すなわち，

$$\frac{R_1}{\sqrt{R}} = \sqrt{R} \quad \text{つまり} \quad R = R_1 \tag{1.8.36}$$

のとき p が最大になる．

【例題 1.20】 図 1.8.13 に示す回路において，抵抗 R において消費される電力が最大となるように R を定めよ．

〔解〕 並列接続された抵抗へは，電流がそれらの抵抗の逆比に配分されるので，R に流れる電流 i は

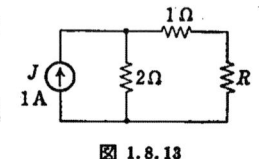

図 1.8.13

$$i = 1 \times \frac{2}{2+1+R} = \frac{2}{3+R} \tag{1.8.37}$$

である．R で消費される電力 p は

$$p = Ri^2 = \frac{4R}{(3+R)^2} = \frac{4}{\left(\frac{3}{\sqrt{R}} + \sqrt{R}\right)^2} \tag{1.8.38}$$

となる．p の最大は，$3/\sqrt{R} = \sqrt{R}$ のとき，すなわち $R = 3$ のときで $p = \dfrac{1}{3}$ W となる．

演 習 問 題

1.1 問図 1.1 の回路において，
（i） KCL, KVL から得られる方程式を示せ．　（ii） 端子対 aa′ から見た合成抵抗を求めよ．　（iii） おのおのの抵抗に流れる電流を求めよ．

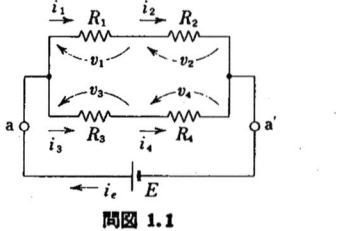

問図 1.1

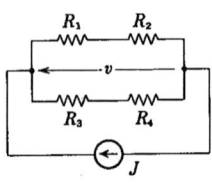

問図 1.2

1.2 問図 1.2 の回路における電圧 v を求めよ．

演習問題

1.3 問図 1.3 (a), (b) の回路において，端子対 aa′ からみた合成抵抗を求めよ．

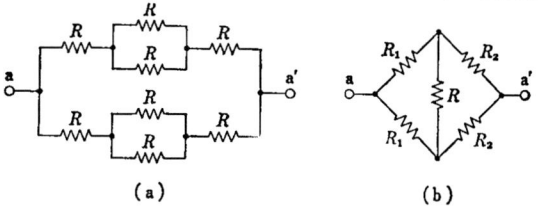

(a)　　　　　　　(b)

問図 1.3

1.4 1 kΩ の抵抗が 2 個，2 kΩ，4 kΩ の抵抗が，それぞれ 1 個ずつある．これらの抵抗を接続して得られる直並列回路を列挙し，その合成抵抗を求めよ．

1.5 問図 1.5 の回路において，最右端の抵抗に流れる電流が 1 アンペアのとき，左端の端子対 aa′ に生じる電圧を求めよ．また，端子 a に流れ込む電流はいくらか．

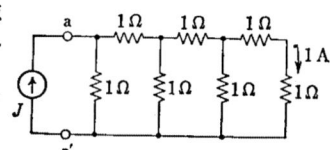

問図 1.5

1.6 問図 1.6 の回路において，端子対 aa′ に電圧 E を加え，端子対 bb′ を短絡したとき R_3 に流れる電流は，端子対 bb′ に電圧 E を加え，端子対 aa′ を短絡したとき抵抗 R_1 に流れる電流に等しいことを示せ．

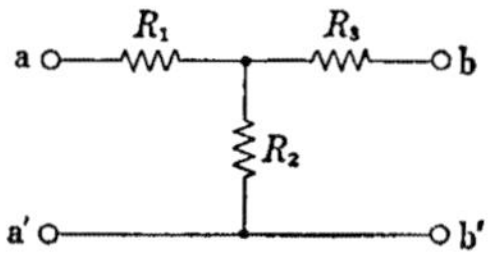

問図 1.6

1.7 問図 1.7 の回路において，抵抗 R_3 の電圧 v を $E/2$，電流 i を抵抗 R_1 に流れる電流 I の 1/3 にしたい．$R_1 : R_2 : R_3$ をどのように選べばよいか．

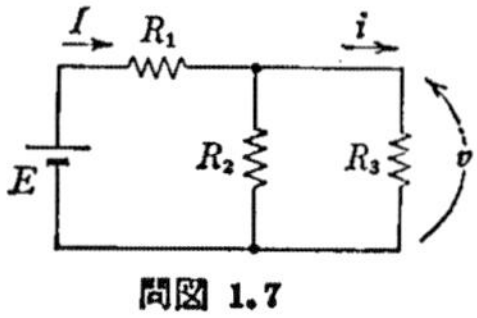

問図 1.7

1.8 問図1.8の回路の端子対 aa′ から見た合成抵抗を求めよ。

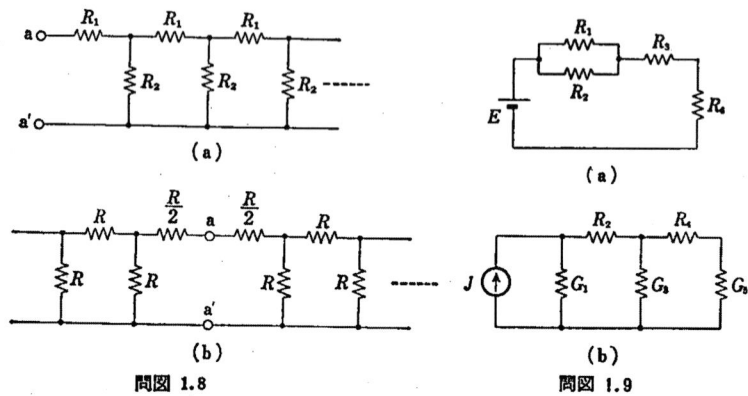

問図 1.8   問図 1.9

1.9 問図1.9の回路に双対な回路を求めよ。

1.10 キャパシタの電圧 v を電流 i から求める式を示せ。また，インダクタの電流 i を電圧 v から求める式を示せ。

1.11 問図1.11の回路において，抵抗 R に供給される電力を求めよ。

1.12 2端子素子の電圧および電流が，それぞれ

$$v = 10 \sin 2\pi t$$
$$i = 15 \sin 2\pi t$$

で与えられるとき， $t=0$ から 10 までの間にこの素子で消費されるエネルギーを求めよ。

1.13 双対な回路における電力について論ぜよ。

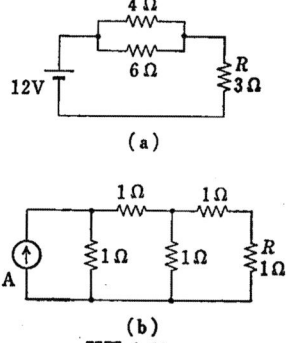

問図 1.11

2

交 流 回 路

2.1 正 弦 波

電池には正の電極と負の電極があって，電池に抵抗をつなげば，正の電極から負の電極の方へ電流が流れる．このように常に一定の方向をもつ電流を**直流** (direct current, 略して **DC**) という．常に一定の方向をもつ電圧は**直流電圧** (DC voltage) である．これに対して，日本の一般家庭用電気機器には**交流** (alternating current, 略して **AC**) が使用され，電流や電圧の方向は時間によって変わる．交流のなかでも図 2.1.1 のような正弦波形をもつものが特に重要であって，ふつう交流回路というと回路の各部の電圧や電流は正弦波形をもつと考えてよい．これは，

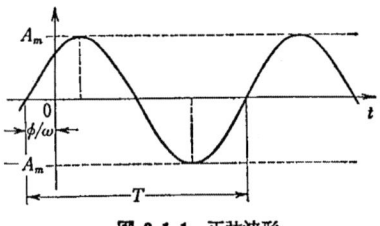

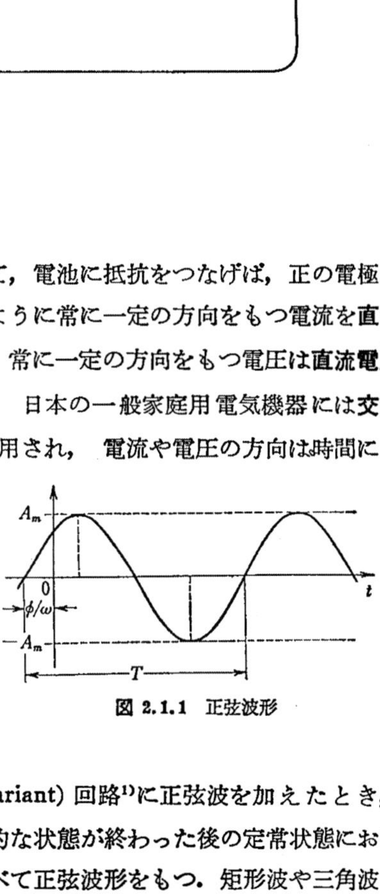

図 2.1.1 正弦波形

(1) 現在，一般家庭，工場などに供給されている交流は正弦波形をもつ．
(2) **線形時間不変な** (linear time invariant) 回路[1]に正弦波を加えたとき，スイッチを入れた直後に起こる過渡的な状態が終わった後の定常状態においては，回路の各部の電圧や電流がすべて正弦波形をもつ．矩形波や三角波の

---
1) 通常の抵抗，キャパシタ，インダクタだけを含む回路は線形時間不変な回路である．ダイオードを含んだり，時間によって値が変わるような抵抗を含む回路は線形時間不変な回路でない．

電圧を加えても回路に矩形波や三角波の電流が流れるとは限らない．
(3) 周期的な波形は，どのようなものでも数多くの正弦波の和として表すことができる，すなわち，フーリエ級数に展開できる．このため，正弦波形でない周期的な波形をもつ電圧や電流を電気回路に加えた場合にも，これを正弦波形をもついくつかの成分に分解し，個々の成分に対する応答を求めた結果を加え合わせれば，元の電圧や電流に対する応答が得られる．

といったような理由からである．

方向が時間によって変わる電圧や電流を記号 v や i で表すときにも，直流の場合と同様，その電圧や電流の方向を一つ選んで定めておく．実際の電圧や電流の方向が選んだ方向と一致するときは，$v>0$ あるいは $i>0$ であり，反対のときは $v<0$ あるいは $i<0$ ということになる．

さて，正弦波形は

$$x = A_m \sin(\omega t + \phi) \tag{2.1.1}$$

のように表せる．この式において，A_m は振幅 (amplitude)，ω は角周波数 (angular frequency)，ϕ は位相角 (phase angle) とよばれている．式 (2.1.1) で表される正弦波は図 2.1.2 に示すように回転するベクトル[1] $\overrightarrow{OP}$ と関係づけることができる．ベクトルの大きさが A_m，回転の角速度が ω，時刻 $t=0$ においてベクトルの横軸となす角が ϕ である．ベクトルが一回転して元の位置にもどるまでの時間を周期 (period) といい，T と記す．

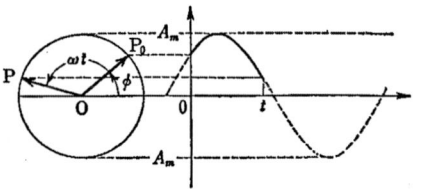

図 2.1.2 回転ベクトルと正弦波

正弦波形はこの1周期間の波形を繰り返す．このことを式で表すと，

$$A_m \sin\{\omega(t+T) + \phi\} = A_m \sin(\omega t + \phi) \tag{2.1.2}$$

となるが，正弦関数 sin の周期は 2π であるから，

$$\omega T = 2\pi \tag{2.1.3}$$

---

[1] 大きさと向きをもつ量を従来から電気工学ではベクトルとよんでいる．これは数学で用いられるベクトルと異なっているので，ベクトルの代わりにフェーザという語が用いられることもある．

2.1 正 弦 波

という関係がある．1秒間における同一波形の繰り返し回数を**周波数**(frequency) という．周波数をfと記すと

$$f=\frac{1}{T}=\frac{\omega}{2\pi} \tag{2.1.4}$$

となる．周波数の単位はサイクル/秒 (cycle/sec)，またはヘルツ (hertz, Hz) である．

また，波形の2乗を1周期にわたって平均し平方根をとったもの(root mean square)を**実効値** (effective value) という．正弦波に対する実効値 A_e は，

$$A_e=\sqrt{\frac{1}{T}\int_0^T A_m^2\sin^2(\omega t+\phi)\,dt}=\frac{1}{\sqrt{2}}A_m \tag{2.1.5}$$

となる．

正弦波に関する術語をいろいろあげたが，式 (2.1.3), (2.1.4), (2.1.5) を考慮すると，
(1) 実効値 A_e (または振幅 A_m)
(2) 角周波数 ω (または周波数 f, または周期 T)
(3) 位相角 ϕ

という三つの数値を与えると正弦波は決まる．つまり，正弦波は式 (2.1.1) のように時々刻々の値，すなわち**瞬時値**で示さなくても，A_e, ω, ϕ を与えると，どのような正弦波であるかがわかってしまう．さらに，抵抗，キャパシタ，インダクタなどの線形素子を含む電気回路では，正弦波形をもつ起電力を加えると，回路の各素子の電圧や電流が定常状態において正弦波形をもつのであるが，この正弦波電圧あるいは電流の角周波数は，加えた起電力の角周波数と同じである．つまり，回路のどの部分の電圧も電流も同一の角周波数で，ただ実効値と位相角が異なる正弦波形となる．したがって，一つの基準となる波形を定め（たとえば，回路に加えられた起電力を $\sqrt{2}A_e\sin\omega t$ とする[1]），他の電圧や電流は，この基準波形と比べてどのように実効値と位相角が異なるかを示しさえすればよい．

---
1) 時間の起点を適当に選べば，任意の波形をこのような形で表しうる．例題2.1参照．

次節に述べる正弦波の複素数表示はこのような事実に基づいているともいえよう．

図 2.1.3 では波形 1 が基準となる波形である．波形 2 のように位相角が 0 と π の間にある場合は，「波形 2 は波形 1 に比べて位相が進んでいる」といい，波形 3 のように位相角が 0 と $-\pi$ の間にある場合は，「波形 3 は波形 1 に比べて位相が遅れている」

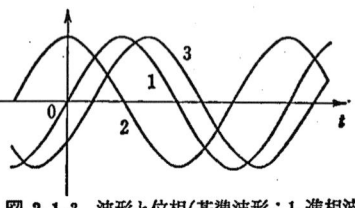

図 2.1.3　波形と位相（基準波形：1，進相波形：2，遅相波形：3）

という．また，いくつかの波形の位相角が等しいときは「これらの波形は**同相**である」という．

【例題 2.1】　二つの正弦波

$$x_1 = A_1 \sin\left(\omega t - \frac{\pi}{3}\right)$$

$$x_2 = A_2 \sin\left(\omega t - \frac{\pi}{6}\right)$$

がある．x_1 を基準波形にするためには，時間の起点をどのように選び直せばよいか．また，このとき x_2 はどのように表されるか．

〔解〕　新しい時間 τ の起点を t の起点より t_0 だけ遅らせる，すなわち，$\tau = t - t_0$ とすると，

$$\omega t - \frac{\pi}{3} = \omega(\tau + t_0) - \frac{\pi}{3} = \omega\tau + \omega t_0 - \frac{\pi}{3}$$

したがって $t_0 = \dfrac{\pi}{3\omega}$ とすると

$$x_1 = A_1 \sin \omega\tau$$

となる．このとき

$$\omega t - \frac{\pi}{6} = \omega(\tau + t_0) - \frac{\pi}{6} = \omega\tau + \frac{\pi}{6}$$

となり，

$$x_2 = A_2 \sin\left(\omega\tau + \frac{\pi}{6}\right)$$

と表される．

【例題 2.2】 $x = A\sin\left(\omega t + \dfrac{\pi}{6}\right)$ より，位相がそれぞれ，$\dfrac{\pi}{6}$, $\dfrac{\pi}{2}$ だけ進んだ正弦波を求めよ．

〔解〕 位相が $\dfrac{\pi}{6}$ だけ進んだ正弦波は

$$A\sin\left(\omega t + \frac{\pi}{6} + \frac{\pi}{6}\right) = A\sin\left(\omega t + \frac{\pi}{3}\right)$$

また，位相が $\dfrac{\pi}{2}$ だけ進んだ正弦波は

$$A\sin\left(\omega t + \frac{\pi}{6} + \frac{\pi}{2}\right) = A\cos\left(\omega t + \frac{\pi}{6}\right)$$

である．

2.2 複 素 数

この節では次節で必要となる複素数の知識を整理して簡単に示す．まず，虚数単位は j で示す．$j^2 = -1$ である．複素数はいろいろの形で表すことができる．

複素数の表現　(1) a と b を二つの実数とすると，複素数 C は

$$C = a + jb \tag{2.2.1}$$

と書ける．a を C の実部 (real part) あるいは実数部，b を**虚部** (imaginary part) あるいは虚数部といい，それぞれ

$$a = \mathcal{R}e\ C\ ,\quad b = \mathcal{I}m\ C \tag{2.2.2}$$

のように記す．図 2.2.1 のように 2 次元座標平面において横軸を実部を表す座標軸，すなわち実軸に，また，縦軸を虚部を表す座標軸，すなわち虚軸にすると，複素数 C はこの平面上の点 c で表せる．これは複素数の**直角座標表示**である．

(2) 図 2.2.1 に示したように，点 c と原点 o を直線で結び，線分 $\overline{oc}$ の大きさを r，$\overline{oc}$ が実軸

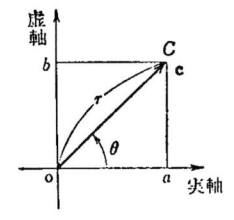

図 2.2.1 複素数の表示

となす角を θ とすると，複素数 C は r と θ とでも表せる．これは複素数の極座標表示である．r を C の絶対値，θ を偏角といい，

$$r=|C|, \quad \theta=\angle C \tag{2.2.3}$$

と記す．直角座標表示と極座標表示との間には，

$$r=\sqrt{a^2+b^2} \tag{2.2.4}$$

$$\theta=\tan^{-1}\frac{b}{a} \tag{2.2.5}$$

$$a=r\cos\theta \tag{2.2.6}$$

$$b=r\sin\theta \tag{2.2.7}$$

の関係がある．

また，図2.2.1に示すように，複素数 C は o から c へ向かうベクトルによっても表しうる．ベクトルの大きさは $|C|$，その角は θ である．この逆に，ベクトルを複素数で表しうることも明らかであろう．

さて，無限級数を用いると，e を自然対数の底 ($e=2.71828\cdots$) として，

$$\begin{aligned}e^{j\theta}&=1+j\theta+\frac{1}{2!}(j\theta)^2+\frac{1}{3!}(j\theta)^3+\frac{1}{4!}(j\theta)^4+\cdots\\&=\left(1-\frac{1}{2!}\theta^2+\frac{1}{4!}\theta^4-\cdots\right)+j\left(\theta-\frac{1}{3!}\theta^3+\cdots\right)=\cos\theta+j\sin\theta\end{aligned} \tag{2.2.8}$$

というオイラーの公式が得られる．式 (2.2.8) を用いると

$$C=a+jb=r(\cos\theta+j\sin\theta)=re^{j\theta} \tag{2.2.9}$$

とも表すことができる．のちほど示すように，式 (2.2.1) のような表現は複素数の和や差の計算に便利であり，式 (2.2.9) のような表現は複素数の積や商の計算に便利である．

また，n を整数とすると，$\sin(\theta+2n\pi)=\sin\theta$，$\cos(\theta+2n\pi)=\cos\theta$ だから，

$$e^{j\theta}=e^{j(\theta+2n\pi)} \tag{2.2.10}$$

である．よく用いられる複素数の例をあげると，

$$e^{j0}=e^{j2\pi}=\cdots\cdots=e^{j2n\pi}=1$$

$$e^{j\frac{\pi}{2}}=j, \quad e^{j\pi}=-1, \quad e^{j\frac{3\pi}{2}}=e^{-j\frac{\pi}{2}}=-j$$

$$e^{j\frac{\pi}{6}} = \frac{\sqrt{3}}{2} + j\frac{1}{2}, \quad e^{j\frac{\pi}{4}} = \frac{1}{\sqrt{2}} + j\frac{1}{\sqrt{2}}$$

$$e^{j\frac{\pi}{3}} = \frac{1}{2} + j\frac{\sqrt{3}}{2}, \quad e^{j\frac{2\pi}{3}} = -\frac{1}{2} + j\frac{\sqrt{3}}{2}, \quad e^{j\frac{4\pi}{3}} = -\frac{1}{2} - j\frac{\sqrt{3}}{2}$$

などがある．

【例題 2.3】 1 の立方根を求めよ．

〔解〕 $C = e^{j\frac{2n\pi}{3}}$ とすると，$C^3 = e^{j2n\pi} = 1$ であるから，C は 1 の立方根である．C は，n を 0, 1, 2 とおけば，それぞれ 1, $e^{j\frac{2\pi}{3}}$, $e^{j\frac{4\pi}{3}}$ となる．n を 0, 1, 2 以外の整数としても上の三つの値のいずれかに等しくなり，1, $e^{j\frac{2\pi}{3}}$, $e^{j\frac{4\pi}{3}}$ が 1 の立方根である．

共役複素数 複素数 $C = a + jb$ から虚部の符号を変えて得られる複素数 $a - jb$ を C の共役複素数といい，$\bar{C}$ で表す．式(2.2.8)において，$-\sin\theta = \sin(-\theta)$ であることを考慮すると，

$$\bar{C} = a - jb = r(\cos\theta - j\sin\theta) = re^{-j\theta} \quad (2.2.11)$$

になる．共役複素数を図示すると図 2.2.2 のようになる．

複素数の演算 $C = a + jb = re^{j\theta}$, $C_1 = a_1 + jb_1 = r_1 e^{j\theta_1}$, $C_2 = a_2 + jb_2 = r_2 e^{j\theta_2}$ とする．

(1) 加算

$$C_1 + C_2 = a_1 + jb_1 + a_2 + jb_2$$
$$= (a_1 + a_2) + j(b_1 + b_2) \quad (2.2.12)$$

となり，図 2.2.3 のように C_1, C_2 をベクトルと考えると，$C_1 + C_2$ はベクトルの和として表される．

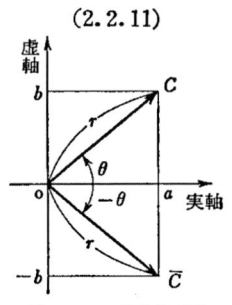

図 2.2.2 共役複素数

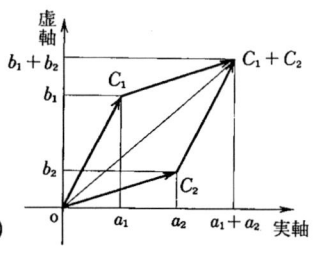

(2) 減算

$$C_1 - C_2 = a_1 + jb_1 - (a_2 + jb_2)$$
$$= a_1 - a_2 + j(b_1 - b_2) \quad (2.2.13)$$

$C_1 - C_2$ は図 2.2.4 のように表される．

図 2.2.3 複素数の加算

(3) 乗算

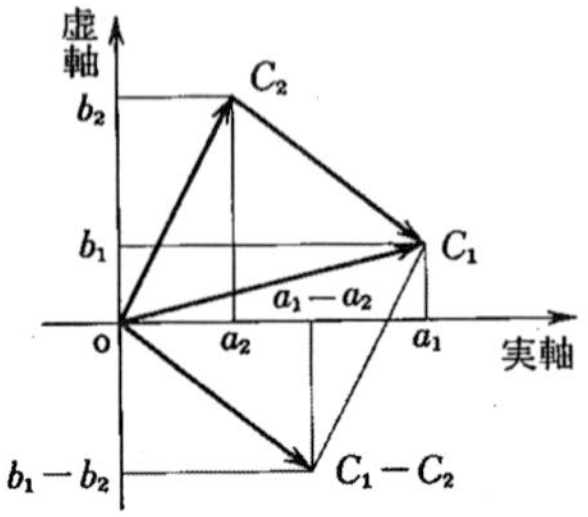

$$C_1C_2 = (a_1+jb_1)(a_2+jb_2)$$
$$= a_1a_2+ja_1b_2+jb_1a_2+j^2b_1b_2$$
$$= a_1a_2-b_1b_2+j(a_1b_2+b_1a_2)$$
$$(2.2.14)$$

また，

$$C_1C_2 = r_1e^{j\theta_1}r_2e^{j\theta_2} = r_1r_2e^{j(\theta_1+\theta_2)}$$
$$(2.2.15)$$

図 2.2.4 複素数の減算

となる．これから

$$|C_1C_2| = r_1r_2 = |C_1||C_2| \quad (2.2.16)$$
$$\angle(C_1C_2) = \theta_1+\theta_2 = \angle C_1+\angle C_2 \quad (2.2.17)$$

であることがわかるので，複素数の乗算は図 2.2.5 に示されるようなものとなる．

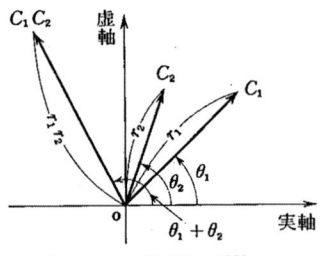

(4) 除算

$$\frac{C_1}{C_2} = \frac{a_1+jb_1}{a_2+jb_2} = \frac{(a_1+jb_1)(a_2-jb_2)}{(a_2+jb_2)(a_2-jb_2)}$$
$$= \frac{a_1a_2+b_1b_2+j(b_1a_2-a_1b_2)}{a_2^2+b_2^2}$$
$$(2.2.18)$$

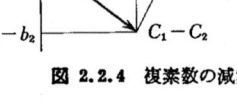

図 2.2.5 複素数の乗算

また，

$$\frac{C_1}{C_2} = \frac{r_1e^{j\theta_1}}{r_2e^{j\theta_2}} = \frac{r_1}{r_2}e^{j(\theta_1-\theta_2)} \quad (2.2.19)$$

となる．これから

$$\left|\frac{C_1}{C_2}\right| = \frac{r_1}{r_2} = \frac{|C_1|}{|C_2|} \quad (2.2.20)$$
$$\angle\left(\frac{C_1}{C_2}\right) = \angle C_1 - \angle C_2 \quad (2.2.21)$$

となる．複素数の除算は図 2.2.6 のように表される．

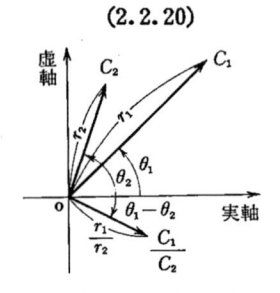

式 (2.2.16) や (2.2.20) は，複素数の積や商の絶対値を式 (2.2.14) や (2.2.18) のように（実部）$+j$（虚部）の形に直さなくても計算しうることを示し

図 2.2.6 複素数の除算

たものであり，次節における正弦波電圧・電流の実効値の計算に応用すると便利である．

【例題 2.4】 $|(2+j)(1-2j)|$, $\left|\dfrac{3-4j}{1+2j}\right|$ を求めよ．

〔解〕 $|(2+j)(1-2j)|=|2+j||1-2j|=\sqrt{2^2+1^2}\cdot\sqrt{1^2+2^2}=\sqrt{5}\cdot\sqrt{5}=5$

$\left|\dfrac{3-4j}{1+2j}\right|=\dfrac{|3-4j|}{|1+2j|}=\dfrac{\sqrt{3^2+4^2}}{\sqrt{1^2+2^2}}=\dfrac{\sqrt{25}}{\sqrt{5}}=\sqrt{5}$

(5) 共役複素数を含む計算

$$C+\bar{C}=a+jb+a-jb=2a=2\mathscr{R}e\,C \tag{2.2.22}$$

$$C-\bar{C}=a+jb-(a-jb)=2jb=2j\mathscr{I}m\,C \tag{2.2.23}$$

$$C\bar{C}=re^{j\theta}\cdot re^{-j\theta}=r^2=|C|^2 \tag{2.2.24}$$

式 (2.2.22), (2.2.23) を用いると，式 (2.2.8) から

$$\cos\theta=\mathscr{R}e\;e^{j\theta}=\dfrac{e^{j\theta}+e^{-j\theta}}{2} \tag{2.2.25}$$

$$\sin\theta=\mathscr{I}m\;e^{j\theta}=\dfrac{e^{j\theta}-e^{-j\theta}}{2j} \tag{2.2.26}$$

が導かれる．さらに

$$\overline{C_1+C_2}=\overline{(a_1+a_2)+j(b_1+b_2)}=a_1+a_2-j(b_1+b_2)$$
$$=a_1-jb_1+a_2-jb_2=\bar{C}_1+\bar{C}_2 \tag{2.2.27}$$

同様に

$$\overline{C_1-C_2}=\bar{C}_1-\bar{C}_2 \tag{2.2.28}$$

$$\overline{C_1C_2}=\overline{r_1e^{j\theta_1}r_2e^{j\theta_2}}=\overline{r_1r_2e^{j(\theta_1+\theta_2)}}=r_1r_2e^{-j(\theta_1+\theta_2)}=r_1e^{-j\theta_1}r_2e^{-j\theta_2}$$
$$=\bar{C}_1\bar{C}_2 \tag{2.2.29}$$

$$\overline{\left(\dfrac{C_1}{C_2}\right)}=\dfrac{\bar{C}_1}{\bar{C}_2} \tag{2.2.30}$$

が得られる．

(6) 微分と積分

$$\dfrac{d}{dt}e^{j\omega t}=j\omega e^{j\omega t} \tag{2.2.31}$$

$$\int e^{j\omega t} dt = \frac{1}{j\omega} e^{j\omega t} \tag{2.2.32}$$

オイラーの公式を用いると式 (2.2.31) から

$$\frac{d}{dt}[\cos \omega t + j \sin \omega t] = j\omega[\cos \omega t + j \sin \omega t]$$

を得るが，実部，虚部をそれぞれ等しいとおくと，

$$\frac{d}{dt}\cos \omega t = -\omega \sin \omega t \tag{2.2.33}$$

$$\frac{d}{dt}\sin \omega t = \omega \cos \omega t \tag{2.2.34}$$

を得る．同じようにして式 (2.2.32) から

$$\int \cos \omega t \, dt = \frac{1}{\omega}\sin \omega t \tag{2.2.35}$$

$$\int \sin \omega t \, dt = -\frac{1}{\omega}\cos \omega t \tag{2.2.36}$$

を得る．

　式 (2.2.31)，(2.2.32) は，sin, cos を微分あるいは積分すると cos, sin に変わるのに比べてかなり簡単である．インダクタンスやキャパシタンスを含む回路に正弦波起電力を加えた場合の回路網解析に際して sin, cos を用いる代わりに正弦波の複素数表示を用いる理由の一つはここにある．

2.3　正弦波の複素数表示と電気回路の法則

オイラーの公式を用いると

$$A_m e^{j(\omega t + \phi)} = A_m \cos(\omega t + \phi) + jA_m \sin(\omega t + \phi) \tag{2.3.1}$$

であるが，この式の右辺の虚部は式 (2.1.1) で示した正弦波である．式 (2.3.1) の左辺を正弦波の**複素数表示**という．前節に示したように，複素数に対して加減算や微積分といった演算を行なえば，その実部と虚部に対して同じ演算を行なったことになる．したがって，正弦波に対して直接演算を行なう代わりに，その複素数表示に対して必要な演算を行ない，その後実部あるいは虚部を求め

2.3 正弦波の複素数表示と電気回路の法則

てもよい．式 (2.2.31) から式 (2.2.33)，(2.2.34) を得たのはその一例である．次に複素数表示を用いた交流回路の解析法を述べよう．この方法は**記号法** (symbolic method) とよばれ，A.E. Kennelly によって創始された (1893 年)．その後，C.P. Steinmetz によって種々の問題に適用され，広く電気工学者に普及するようになった．

正弦波の複素数表示を用いるとキャパシタおよびインダクタの電圧・電流特性は次のようになる．式 (1.6.3) において

$$v = V_m \sin(\omega t + \phi) \tag{2.3.2}$$

とすると，

$$i = \omega C V_m \cos(\omega t + \phi) \tag{2.3.3}$$

を得る．式 (2.3.2) の代わりにその複素数表示である

$$V_c = V_m e^{j(\omega t + \phi)} \tag{2.3.4}$$

を用いると，式 (1.6.3) から

$$I_c = j\omega C V_m e^{j(\omega t + \phi)} \tag{2.3.5}$$

となる．式 (2.3.5) の虚部は式 (2.3.3) であり，I_c は i の複素数表示である．式 (2.3.2)，(2.3.3) と違って，式 (2.3.4)，(2.3.5) には $e^{j\omega t}$ という項が共通に含まれていることに注意しよう．同じようにインダクタに対する電流と電圧の関係式 (1.6.6) から，V_c に対して

$$I_c = \frac{V_m}{j\omega L} e^{j(\omega t + \phi)} \tag{2.3.6}$$

を得る．このように正弦波の複素数表示を用いると $e^{j\omega t}$ がいつも現れてくるので，これを省略し，かつ実用上便利なように実効値 V_e を用いて，

$$V = V_e e^{j\phi} = |V| e^{j\phi} \tag{2.3.7}$$

によって正弦波電圧を表して差し支えない．すなわち

　　　電圧の実効値 ⟷ 複素数の絶対値，電圧の位相 ⟷ 複素数の偏角

と対応づけるのである．式 (2.3.7) の V_e，ϕ を知れば，式 (2.3.2) の V_m，ϕ を直ちに知ることができ，どのような正弦波かがわかる．式 (2.3.7) の V も式 (2.3.2) で与えられる正弦波電圧 v の**複素数表示**という[1]．V は時間を含まな

い．これに対し v を**瞬時値**という．

同じように，電流 i を複素数

$$I = I_e e^{j\theta} = |I| e^{j\theta} \tag{2.3.8}$$

によって表す．I_e は i の実効値である[2]．つまり

電流の実効値⟷複素数の絶対値，電流の位相角⟷複素数の偏角

となる．

キャパシタの電流については，式 (2.3.5) から

$$I = j\omega C V_e e^{j\phi} = \omega C V_e e^{j\left(\phi + \frac{\pi}{2}\right)} \tag{2.3.9}$$

であるから

$$I = j\omega C V, \qquad V = \frac{1}{j\omega C} I \tag{2.3.10}$$

という式が成り立つ．また，

$$I_e = \omega C V_e, \qquad \theta = \phi + \frac{\pi}{2} \tag{2.3.11}$$

である．インダクタの電流については，式 (2.3.6) から

$$I = \frac{1}{j\omega L} V_e e^{j\phi} = \frac{V_e}{\omega L} e^{j\left(\phi - \frac{\pi}{2}\right)} \tag{2.3.12}$$

を得る．したがって

$$I = \frac{V}{j\omega L}, \qquad V = j\omega L I \tag{2.3.13}$$

という式が成り立ち，

$$I_e = \frac{V_e}{\omega L}, \qquad \theta = \phi - \frac{\pi}{2} \tag{2.3.14}$$

である．

式 (2.3.10) や式 (2.3.13) は，式 (1.6.3) や式 (1.6.6) の微分 $\frac{d}{dt}$ を $j\omega$ で置き換えた形となっていて（もちろん v, i を V, I でおきかえて），微分や積分を含んでいない．もし $\frac{1}{j\omega C}$ や $j\omega L$ を抵抗とみなせば，式 (1.2.1) に示され

---

1) 複素数 V は直角座標表示してもよい．
2) 添字 e で実効値を示す．

るオームの法則と同じ形をもっている．抵抗についても，もちろん同じような形で電圧と電流の関係を与えることができ，

$$V = RI, \quad I = \frac{V}{R} \tag{2.3.15}$$

となる．式 (2.3.10)，(2.3.13)，(2.3.15) によって表される電圧と電流の関係は**交流オームの法則**ともいわれている．なお，C の単位にファラッドを用いると，ωC の単位はジーメンス（モー）に，また，L の単位にヘンリーを用いると，ωL の単位はオームとなる．ω の単位はラジアン/秒とする．

交流オームの法則を用いると，交流回路の解析は，キャパシタやインダクタを含んでいても，抵抗だけを含む回路と同様に行なうことができる．キルヒホフの法則から得られる式は素子の接続によって決まり，時間と無関係であるからである．キルヒホフの法則を複素数表示を用いて示すと，

KCL 式 (1.3.2) から

$$I_1' + I_2' + \cdots + I_m' = I_1 + I_2 + \cdots + I_n \tag{2.3.16}$$

ただし，I_1', I_2', $\cdots$, I_m', I_1, I_2, $\cdots$, I_n は，それぞれ，i_1', i_2', $\cdots$, i_m', i_1, i_2, $\cdots$, i_n の複素数表示である．

KVL 式 (1.3.4) から

$$V_1' + V_2' + \cdots + V_m' = V_1 + V_2 + \cdots + V_n \tag{2.3.17}$$

ただし，V_1', V_2', $\cdots$, V_m', V_1, V_2, $\cdots$, V_n は，それぞれ v_1', v_2', $\cdots$, v_m', v_1, v_2, $\cdots$, v_n の複素数表示である．

式 (2.3.10)，(2.3.13)，(2.3.15) で表される交流オームの法則と式 (2.3.16)，(2.3.17) で示されるキルヒホフの法則を用いて，電気回路の定常状態における正弦波の電圧，電流を求めるのが**正弦波定常解析**である．この解析法を用いるときに特に注意しなければならないことは，式 (2.3.10)，(2.3.13)，(2.3.15) が一つの角周波数 ω に対して成立するということである．したがって，複数個の正弦波電源があって，それらの角周波数が異なるときの解析手順には十分注意する必要がある．

【例題 2.5】 周波数 50 ヘルツの正弦波形に対する電圧・電流特性を，次の素子について複素数表示せよ．また，周波数が 1000 k ヘルツの場合はどうなるか．（i）$1\mu F$ のキャパシタ，（ii）$1 mH$ のインダクタ．

〔解〕（i）式 (2.3.10) を用いて $I=j\omega CV=j\times 2\times 3.14\times 50\times 10^{-6}V=3.14\times 10^{-4}jV$．（ii）式 (2.3.13) を用いて，$V=j\omega LI=j\times 2\times 3.14\times 50\times 10^{-3}I=3.14\times 10^{-1}jI$．また，周波数が 1000 k ヘルツの場合は，（i）$I=j\omega CV=j\times 2\times 3.14\times 10^{6}\times 10^{-6}=6.28jV$．（ii）$V=j\omega LI=j\times 2\times 3.14\times 10^{6}\times 10^{-3}=6.28\times 10^{3}jI$．

【例題 2.6】 図 2.3.1 に示すような回路において，電源電圧 v がそれぞれ，

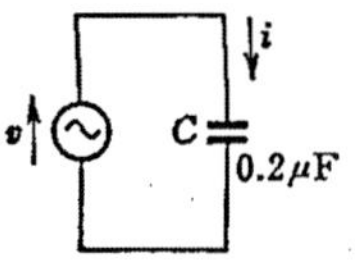

(i) $v=2\sqrt{2}\sin\left(1000t+\dfrac{\pi}{4}\right)$

(ii) $v=3\sqrt{2}\sin\left(1000t-\dfrac{\pi}{3}\right)$

(iii) $v=4\sqrt{2}\cos\left(1000t+\dfrac{\pi}{4}\right)$

図 2.3.1

のとき，キャパシタの電流 i を求めよ．

〔解〕 v, i の複素数表示を，それぞれ V, I とする．$I=j\omega CV=j1000\times 0.2\times 10^{-6}V=2\times 10^{-4}e^{j\frac{\pi}{2}}V$ である．

(i) $V=2e^{j\frac{\pi}{4}}, \therefore I=2\times 10^{-4}e^{j\frac{\pi}{2}}\times 2e^{j\frac{\pi}{4}}=4\times 10^{-4}e^{j\frac{3\pi}{4}}$，したがって，$i=4\times 10^{-4}\times\sqrt{2}\sin\left(1000t+\dfrac{3\pi}{4}\right)=4\times 10^{-4}\times\sqrt{2}\cos\left(1000t+\dfrac{\pi}{4}\right)$．

(ii) $V=3e^{-j\frac{\pi}{3}}, \therefore I=2\times 10^{-4}e^{j\frac{\pi}{2}}\times 3e^{-j\frac{\pi}{3}}=6\times 10^{-4}e^{j\frac{\pi}{6}}$，したがって，$i=6\times 10^{-4}\times\sqrt{2}\sin\left(1000t+\dfrac{\pi}{6}\right)$．

(iii) $\cos\left(1000t+\dfrac{\pi}{4}\right)=\sin\left(1000t+\dfrac{\pi}{2}+\dfrac{\pi}{4}\right)$ であるから，$V=4e^{j\frac{3\pi}{4}}, I=2\times 10^{-4}e^{j\frac{\pi}{2}}\times 4e^{j\frac{3\pi}{4}}=8\times 10^{-4}e^{j\frac{5\pi}{4}}$，したがって，$i=8\times 10^{-4}\times\sqrt{2}\sin\left(1000t+\dfrac{5\pi}{4}\right)=-8\times 10^{-4}\times\sqrt{2}\sin\left(1000t+\dfrac{\pi}{4}\right)$．この場合 $\cos(1000t)$ を基準として複素数表示を求めてもよい．すると，$V=4e^{j\frac{\pi}{4}}, I=2\times 10^{-4}e^{j\frac{\pi}{2}}\times 4e^{j\frac{\pi}{4}}=8\times 10^{-4}e^{j\frac{3\pi}{4}}$，し

たがって，$i=8\times10^{-4}\times\sqrt{2}\cos\left(1000t+\dfrac{3\pi}{4}\right)=-8\times10^{-4}\sqrt{2}\sin\left(1000t+\dfrac{\pi}{4}\right)$
と同じ結果を得る．もちろん式 (2.3.11) を用いて求めてもよい．

【例題 2.7】 実効値 100 V の電圧 v_1 と v_2 がある．v_2 の位相が v_1 の位相より $\dfrac{\pi}{3}$ だけ進んでいるとき，v_1-v_2 の実効値と，v_1 に対する位相角を求めよ．

〔解〕 v_1, v_2 の複素数表示をそれぞれ V_1, V_2 とする．V_1 を位相の基準，すなわち $V_1=100e^{j0}=100$ とすると，$V_2=100e^{j\frac{\pi}{3}}=100\left(\dfrac{1}{2}+j\dfrac{\sqrt{3}}{2}\right)$ となる．$V_1-V_2=100\left(\dfrac{1}{2}-j\dfrac{\sqrt{3}}{2}\right)=100e^{-j\frac{\pi}{3}}$，したがって v_1-v_2 の実効値は 100 V，v_1 に対する位相角は $-\dfrac{\pi}{3}$ である．すなわち，v_1-v_2 は v_1 の位相を $\dfrac{\pi}{3}$ だけ遅らせたものである．

2.4 簡単な回路の正弦波定常解

この節では簡単な電気回路の正弦波定常解析を行なってみる．回路内の電圧，電流はいずれも正弦波形をもつ．電圧，電流が正弦波の場合，その複素数表示を求めることや，逆に複素数表示から正弦波形を求めることは比較的簡単なので，正弦波定常解析では，電圧・電流の複素数表示が求まれば，解が求まったと考えることが多い． 前節では電圧・電流の瞬時値 v, i に対して複素数表示 V, I を求めていたが，この節では最初から複素数表示を用いることにする．

【例題 2.8】 図 2.4.1 に示された回路に流れる電流 I とその実効値，位相角を求めよ．ただし，V の実効値を V_e，位相角を 0 とする．

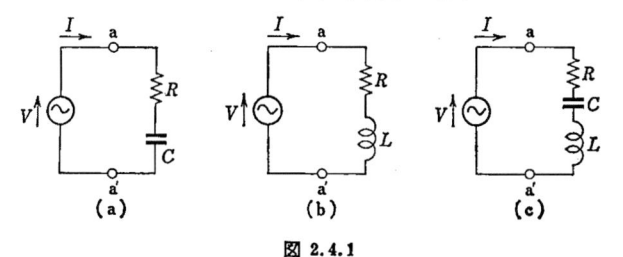

図 2.4.1

〔解〕 抵抗 R, キャパシタ C, インダクタ L の電圧をそれぞれ V_R, V_C, V_L とすると, $V_R=RI$, $V_C=I/(j\omega C)$, $V_L=j\omega LI$ である.

(a) $$V=V_R+V_C=\left(R+\frac{1}{j\omega C}\right)I=\frac{1+j\omega CR}{j\omega C}I$$

$$\therefore\ I=\frac{j\omega CV}{1+j\omega CR} \tag{2.4.1}$$

電流 I の実効値 $|I|$ は式 (2.2.16), (2.2.20) を用いて

$$|I|=\frac{|j\omega C||V|}{|1+j\omega CR|}=\frac{\omega CV_e}{\sqrt{1+\omega^2C^2R^2}} \tag{2.4.2}$$

また, I の位相角は式 (2.2.17), (2.2.21) を用いて

$$\angle I=\angle(j\omega C)-\angle(1+j\omega CR)+\angle V=\frac{\pi}{2}-\tan^{-1}\omega CR \tag{2.4.3}$$

となる.

(b) $$V=V_R+V_L=(R+j\omega L)I$$

$$\therefore\ I=\frac{V}{R+j\omega L} \tag{2.4.4}$$

$$|I|=\frac{|V|}{|R+j\omega L|}=\frac{V_e}{\sqrt{R^2+\omega^2L^2}} \tag{2.4.5}$$

$$\angle I=\angle V-\angle(R+j\omega L)=-\tan^{-1}\frac{\omega L}{R} \tag{2.4.6}$$

(c) $$V=V_R+V_L+V_C=\left(R+j\omega L+\frac{1}{j\omega C}\right)I$$

$$\therefore\ I=\frac{V}{R+j\left(\omega L-\frac{1}{\omega C}\right)} \tag{2.4.7}$$

$$|I|=\frac{|V|}{\left|R+j\left(\omega L-\frac{1}{\omega C}\right)\right|}=\frac{V_e}{\sqrt{R^2+\left(\omega L-\frac{1}{\omega C}\right)^2}} \tag{2.4.8}$$

$$\angle I=\angle V-\angle\left\{R+j\left(\omega L-\frac{1}{\omega C}\right)\right\}=-\tan^{-1}\frac{\omega L-\frac{1}{\omega C}}{R} \tag{2.4.9}$$

2.4 簡単な回路の正弦波定常解

【例題 2.9】 図 2.4.2 に示される回路の電圧 V を求めよ。

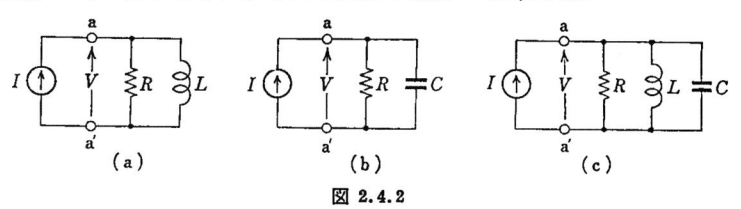

図 2.4.2

〔解〕 抵抗 R, インダクタ L, キャパシタ C に流れる電流をそれぞれ I_R, I_L, I_C とする。また $G=\frac{1}{R}$ とおく。すると，$I_R=GV$, $I_L=V/(j\omega L)$, $I_C=j\omega CV$ である。

(a) $\quad I=I_R+I_L=\left(G+\dfrac{1}{j\omega L}\right)V=\dfrac{1+j\omega LG}{j\omega L}V$

$\quad\therefore\ V=\dfrac{j\omega LI}{1+j\omega LG}$ \hfill (2.4.10)

(b) $\quad I=I_R+I_C=(G+j\omega C)V$

$\quad\therefore\ V=\dfrac{I}{G+j\omega C}$ \hfill (2.4.11)

(c) $\quad I=I_R+I_C+I_L=\left(G+j\omega C+\dfrac{1}{j\omega L}\right)V$

$\quad\therefore\ V=\dfrac{I}{G+j\left(\omega C-\dfrac{1}{\omega L}\right)}$ \hfill (2.4.12)

式 (2.4.10), (2.4.11), (2.4.12) は，それぞれ式 (2.4.1), (2.4.4), (2.4.7) から，V と I を入れ換え，L と C を入れ換え，R を G に置き換えて得られる。つまり，図 2.4.2 の回路は図 2.4.1 の回路に双対である。したがって V の実効値，位相角も例題 2.8 の解から文字の入れ換えだけで求めることができる。

【例題 2.10】 図 2.4.3 の回路に流れる電流 I およびその実効値を求めよ。

〔解〕 抵抗 R, キャパシタ C, インダクタ L の電流，電圧をそれぞれ I_R, V_R, I_C, V_C, I_L, V_L とする。KCL, KVL から

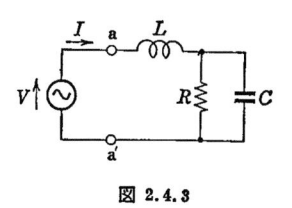

図 2.4.3

$$I = I_L = I_R + I_C$$
$$V = V_C + V_L, \quad V_R = V_C$$

を得る．したがって

$$I = \frac{V_R}{R} + j\omega C V_C = \left(\frac{1}{R} + j\omega C\right) V_C = \frac{(1+j\omega CR)}{R} V_C$$

$$\therefore \quad V_C = \frac{R}{1+j\omega CR} I \tag{2.4.13}$$

$$V = V_C + V_L = \frac{R}{1+j\omega CR} I + j\omega L I_L = \left(\frac{R}{1+j\omega CR} + j\omega L\right) I$$

$$= \frac{R(1-\omega^2 LC) + j\omega L}{1+j\omega CR} I$$

$$\therefore \quad I = \frac{1+j\omega CR}{R(1-\omega^2 LC) + j\omega L} V \tag{2.4.14}$$

$$|I| = \frac{|1+j\omega CR||V|}{|R(1-\omega^2 LC) + j\omega L|} = \frac{\sqrt{1+\omega^2 C^2 R^2} V_e}{\sqrt{R^2(1-\omega^2 LC)^2 + \omega^2 L^2}} \tag{2.4.15}$$

となる．

式 (2.4.13) は式 (2.4.11) から V を V_C, $G=1/R$ とおいて求めることができる．また，式 (2.4.14) は式 (2.4.4) において R の代わりに $R/(1+j\omega CR)$ を入れて求めうる．このように一つの抵抗，キャパシタあるいはインダクタの電圧・電流特性だけでなく，いくつかの素子が集まった回路の電圧・電流特性を求めておくと回路網解析上有用である．1.4節において求めた合成抵抗はこのようないくつかの素子を含む回路の電圧・電流特性を表すものと考えられる．抵抗のほかにキャパシタやインダクタも含む回路の電圧・電流特性は次節に述べるインピーダンス，アドミタンスで表される．

2.5 インピーダンスとアドミタンス

電気回路は図 1.1.1 に示したような素子の結線図で表すほか，図 2.5.1 のようにいくつかの素子を接続したものをまとめて長方形とそれから引き出され

2.5 インピーダンスとアドミタンス

た線と端子で表すことが多い。図の N は、いくつかの素子で作られる回路を表す。たとえば、図 2.4.3 の回路のような場合、N は端子対 aa′ より右の L, R, C から成る回路を示す。引き出された端子が 2 個のときこの回路を 2 端子回路 (2-terminal network) あるいは 1 端子対回路 (1-port network) という。回路から引き出された端子の数が n のときは、その回路を n 端子回路 (n-terminal network)、また端子対が n 個のときは、n 端子対回路 (n-port network) という。

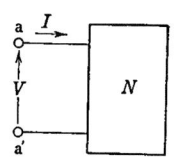

図 2.5.1 回路網の表示

いま回路に接続された電源電圧あるいは電流が正弦波形をもち、したがって定常状態においては回路内の素子の電圧、電流がいずれも電源と同じ角周波数をもつ正弦波であるとしよう。2 端子回路 N の端子間の電圧と端子に流れ込む電流の複素数表示を、それぞれ、V, I と記す。前節の例題で得られたように一般に、V と I の間には、

$$V = ZI \tag{2.5.1}$$

という関係がある。たとえば、例題 2.10、図 2.4.3 の回路に対しては、式 (2.4.14) から

$$Z = \frac{R(1-\omega^2 LC)+j\omega L}{1+j\omega CR} \tag{2.5.2}$$

が求まる。式 (2.5.1) は 2 端子回路の電圧・電流特性を表しており、Z は回路 N の端子対 aa′ から見た**複素インピーダンス** (complex impedance) とよばれる。式 (2.5.1) は

$$I = YV \tag{2.5.3}$$

とも書き直せる。ここに

$$Y = \frac{1}{Z} \tag{2.5.4}$$

である。Y は**複素アドミタンス** (complex admittance) とよばれる。インピーダンスとアドミタンスを総称して**イミッタンス** (immittance=impedance+admittance) という。式 (2.5.1), (2.5.3) から

$$Z = \frac{V}{I} \tag{2.5.5}$$

$$Y = \frac{I}{V} \tag{2.5.6}$$

となるが，ここで特に注意しなければならないのは，V や I が正弦波電圧や電流の複素数表示であって，瞬時値 v や i ではないということである．Z や Y は時間 t の関数ではなく回路から定まる値をもつ．

Z や Y は一般に複素数である．$|Z|$，$|Y|$ を，それぞれ単に**インピーダンス**，**アドミタンス**という[1]．Z の極座標表示を

$$Z = Z_e e^{j\phi} = |Z| e^{j\phi} \tag{2.5.7}$$

とし，V，I をそれぞれ式 (2.3.7)，(2.3.8) のように表すと

$$Z_e = |Z| = \frac{V_e}{I_e} = \frac{|V|}{|I|} \tag{2.5.8}$$

であり，Z_e は電圧の実効値と電流の実効値の比を示す．さらに

$$\phi = \psi - \theta \tag{2.5.9}$$

となり，ϕ は電圧と電流の位相差を示す．また，Z を直角座標表示して

$$Z = R + jX \tag{2.5.10}$$

と表したとき，R を**抵抗分** (resistance component)，X を**リアクタンス分** (reactance component) という．通常の抵抗，キャパシタ，インダクタを含む電気回路に対しては $R \geq 0$ である．また，$X > 0$，すなわち $\phi > 0$ の場合の Z を**誘導性** (inductive) **インピーダンス**，$X < 0$ のときは**容量性** (capacitive) **インピーダンス**という．

同様に，複素アドミタンス Y についても，

$$Y = Y_e e^{j\phi_y} = |Y| e^{j\phi_y} \tag{2.5.11}$$

と表せば

$$Y_e = |Y| = \frac{1}{Z_e} = \frac{I_e}{V_e}, \quad \phi_y = -\phi \tag{2.5.12}$$

である．また

---

[1] 複素インピーダンス，複素アドミタンスも省略されて，単にインピーダンス，アドミタンスといわれるときがある．

2.5 インピーダンスとアドミタンス

$$Y = G + jS \tag{2.5.13}$$

と表したとき，G を**コンダクタンス分** (conductance component)，S を**サセプタンス分** (susceptance component) という．

いくつかの回路の複素インピーダンス，複素アドミタンスを表2.1に示す．

表 2.1

2端子回路	R—C	R—L	L—C	R—L—C
複素インピーダンス	$\dfrac{1+j\omega CR}{j\omega C}$	$R+j\omega L$	$j\left(\omega L - \dfrac{1}{\omega C}\right)$	$R + j\left(\omega L - \dfrac{1}{\omega C}\right)$
インピーダンス	$\dfrac{\sqrt{1+\omega^2 C^2 R^2}}{\omega C}$	$\sqrt{R^2+\omega^2 L^2}$	$\omega L - \dfrac{1}{\omega C}$	$\sqrt{R^2+\left(\omega L - \dfrac{1}{\omega C}\right)^2}$
2端子回路	G∥L	G∥C	C∥L	(C∥L)—G
複素アドミタンス	$\dfrac{1+j\omega LG}{j\omega L}$	$G+j\omega C$	$j\left(\omega C - \dfrac{1}{\omega L}\right)$	$G + j\left(\omega C - \dfrac{1}{\omega L}\right)$
アドミタンス	$\dfrac{\sqrt{1+\omega^2 L^2 G^2}}{\omega L}$	$\sqrt{G^2+\omega^2 C^2}$	$\omega C - \dfrac{1}{\omega L}$	$\sqrt{G^2+\left(\omega C - \dfrac{1}{\omega L}\right)^2}$

さて，式 (2.5.1) や (2.5.3) は抵抗に対するオームの法則の式 (1.2.1) や (1.2.2) と同じ形をしているので，いくつかの2端子回路を直列接続あるいは並列接続したときの合成複素インピーダンス，あるいは合成複素アドミタンスは式 (1.4.3)，(1.4.5) あるいは式 (1.4.6) と同じような形になる．まず，図 2.5.2 のように n 個の2端子回路を直列接続した場合を考えよう．端子対 aa' 間の電圧を V，端子 a に流れ込む電流を I，おのおのの2端子回路の電圧を

$V_1, V_2, \cdots, V_n$ とすると，$V_1=Z_1I$，$V_2=Z_2I$，$\cdots$，$V_n=Z_nI$ であるから，$V=V_1+V_2+\cdots+V_n=(Z_1+Z_2+\cdots+Z_n)I$ であり，合成複素インピーダンス Z は

$$Z=\frac{V}{I}=Z_1+Z_2+\cdots+Z_n \qquad (2.5.14)$$

となる．次に n 個の2端子素子を並列接続した場合は，図2.5.3のように端子対 aa' 間の電圧を V，端子 a に流れ込む電流を I，おのおのの2端子回路に流れこむ電流を $I_1, I_2, \cdots, I_n$ とすれば，$I_1=Y_1V$，$I_2=Y_2V$，$\cdots$，$I_n=Y_nV$ であるから，$I=I_1+I_2+\cdots+I_n=(Y_1+Y_2+\cdots+Y_n)V$ となる．合成複素アドミタンス Y は

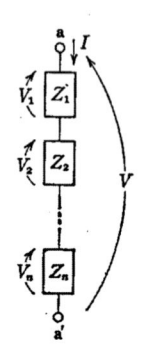

図 2.5.2 直列接続

$$Y=\frac{I}{V}=Y_1+Y_2+\cdots+Y_n \qquad (2.5.15)$$

となる．$Z_1=1/Y_1$，$Z_2=1/Y_2$，$\cdots$，$Z_n=1/Y_n$ とおくと，

$$Z=\frac{1}{Y}=\frac{1}{\frac{1}{Z_1}+\frac{1}{Z_2}+\cdots+\frac{1}{Z_n}} \qquad (2.5.16)$$

が求まる．特に $n=2$ のときは

$$Z=\frac{Z_1Z_2}{Z_1+Z_2} \qquad (2.5.17)$$

である．

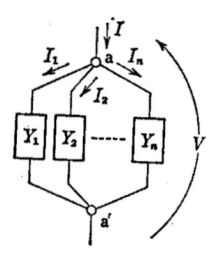

図 2.5.3 並列接続

【例題 2.11】 図2.5.4に示される2端子回路の複素インピーダンスおよびインピーダンスを求めよ．

〔解〕 (a) L と R の直列接続回路の合成複素インピーダンス Z_1 は式 (2.5.

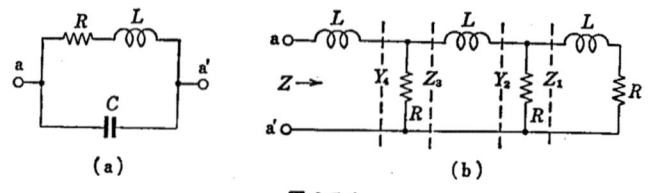

図 2.5.4

14) を用いて, $Z_1=R+j\omega L$ である. $Y_1=1/Z_1=1/(R+j\omega L)$ と C が並列接続されているので, 式 (2.5.15) から合成複素アドミタンス Y は

$$Y=\frac{1}{R+j\omega L}+j\omega C=\frac{1-\omega^2 LC+j\omega CR}{R+j\omega L}$$

となる. 合成複素インピーダンス Z は

$$Z=\frac{1}{Y}=\frac{R+j\omega L}{1-\omega^2 LC+j\omega CR} \tag{2.5.18}$$

また, インピーダンスは

$$|Z|=\frac{|R+j\omega L|}{|1-\omega^2 LC+j\omega CR|}=\frac{\sqrt{R^2+\omega^2 L^2}}{\sqrt{(1-\omega^2 LC)^2+\omega^2 C^2 R^2}} \tag{2.5.19}$$

である.

(b) 図に示すように点線から右の回路の複素インピーダンスあるいは複素アドミタンスを, それぞれ Z_1, Y_2, Z_3, Y_4 と記すと,

$$Z_1=R+j\omega L$$

$$Y_2=\frac{1}{R}+\frac{1}{Z_1}=\frac{1}{R}+\frac{1}{R+j\omega L}=\frac{2R+j\omega L}{R^2+j\omega LR}$$

$$Z_3=j\omega L+\frac{1}{Y_2}=j\omega L+\frac{R^2+j\omega LR}{2R+j\omega L}=\frac{R^2-\omega^2 L^2+3j\omega LR}{2R+j\omega L}$$

$$Y_4=\frac{1}{R}+\frac{1}{Z_3}=\frac{1}{R}+\frac{2R+j\omega L}{R^2-\omega^2 L^2+3j\omega LR}$$

$$=\frac{3R^2-\omega^2 L^2+4j\omega LR}{R^3-\omega^2 L^2 R+3j\omega LR^2}$$

$$Z=j\omega L+\frac{1}{Y_4}=j\omega L+\frac{R^3-\omega^2 L^2 R+3j\omega LR^2}{3R^2-\omega^2 L^2+4j\omega LR}$$

$$=\frac{R^3-5\omega^2 L^2 R+j(6\omega LR^2-\omega^3 L^3)}{3R^2-\omega^2 L^2+4j\omega LR} \tag{2.5.20}$$

$$|Z|=\sqrt{\frac{(R^3-5\omega^2 L^2 R)^2+(6\omega LR^2-\omega^3 L^3)^2}{(3R^2-\omega^2 L^2)^2+16\omega^2 L^2 R^2}} \tag{2.5.21}$$

となる.

上にあげた例題からもわかるように, 回路が少し複雑になるとインピーダン

スやアドミタンスを表す式はかなり複雑になり，演算の際に間違いをすることもあろう．演算を順序よく行なって，誤りをなくすようにすることが大切であるほか，誤りを調べる方法がいくつかある．その一つは，得られた式に含まれる項の次元を調べる方法である．R, ωL, $1/\omega C$, $|Z|$ はいずれも抵抗の次元をもっており，これらの単位はいずれもオームである．したがって，Z には，たとえば $R^2+j\omega L$ とか $R+j\omega CR$ といったような項が含まれることはありえない．R^2 の次元は [抵抗]^2 であり，$j\omega L$ の次元は [抵抗]，ωCR の次元は無次元であるからである．例題2.11 (b) の Y_4 を見ると分子の各項の次元はいずれも [抵抗]^2，分母のそれは [抵抗]^3 となっている．

誤りを調べるもう一つの方法は，ある変数を 0 または ∞ とおいて式を簡単化し，それに対応する回路から得られる式が簡単化されたものと一致するかどうか確かめるのである．たとえば，ある式で ω を 0 とすると，これに対応する回路は元の回路においてキャパシタを開放除去し，インダクタを短絡除去したものとなる．例題2.11 (b) の回路において ω を 0 とすると，それに対応する回路は R を 3 個並列接続したものとなり，$Z=1/3R$ となるはずである．これは解で得られた式において $\omega=0$ としたものに一致する．また，$\omega=\infty$ とすると，これに対応する回路は，元の回路からキャパシタを短絡除去し，インダクタを開放除去したものとなる．ω のほか適当な素子の値を 0 または ∞ としてみてもよい．もちろん，これらの方法で調べた結果が正しくても，元の式が正しいとは限らないが，このように特殊な場合を調べることによって多くの間違いを発見できよう．

これまでに述べたように，電気回路の正弦波定常状態における電圧や電流は複素数で表され，電圧と電流の関係は複素インピーダンスや複素アドミタンスで表される．このような複素数で表されたいろいろの量は，フーリエ変換などの積分変換論からも解釈できる．

2.6 ベクトル図

複素電圧 V, 複素電流 I, 複素インピーダンス Z, 複素アドミタンス Y などの量は複素数であるから, 2.2 節に述べたように 2 次元複素平面上の点あるいはベクトルによって表すことができる. いくつかのベクトルの関係を示す図を**ベクトル図**という. また, ベクトルの始点を原点に合わせたとき, ベクトルの先端が描く軌跡を**ベクトル軌跡**という.

電圧 V と電流 I が図 2.6.1 (a) のように表されたとしよう. ベクトル V の先端からベクトル I および I と直交する直線に垂線をおろせば, V は I に同相な成分 V_R と I に垂直な成分 V_X とに分解される. V と I との間の角 ϕ は, 図 2.6.1 (b) に示すように, 複素インピーダンス Z の角となる. 同様に V, I と Y との関係を図 2.6.2 に示す. 図 2.6.1, 図 2.6.2 は $\phi>0$ の場合を示しており, 電圧 V は I より位相が進んでいる. このとき $X>0$, $S<0$ である. 逆に $\phi<0$, すなわち電圧 V が I より遅れているときは $X<0$, $S>0$ であり, $\phi=0$, すなわち同相のときは $X=S=0$ となる.

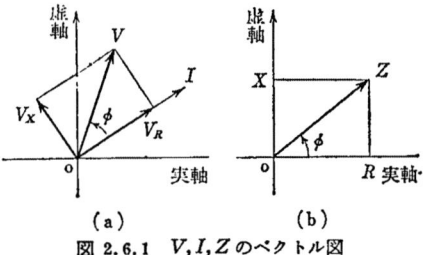

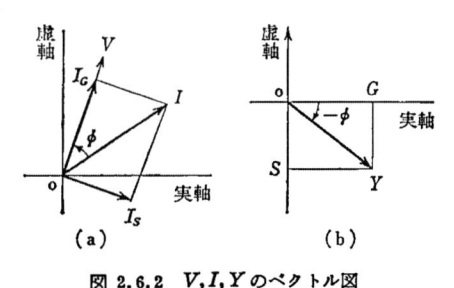

図 2.6.1 V, I, Z のベクトル図

図 2.6.2 V, I, Y のベクトル図

【例題 2.12】 図 2.6.3 に示した回路のインピーダンスのベクトルを示せ. 電圧 V と電流 I とが同相となるためにはキャパシタンス C をどのような値とすればよいか. また, V が I より $\pi/4$ だけ遅れるようにするためには C の値をどのように選べばよいか.

図 2.6.3　　　　図 2.6.4

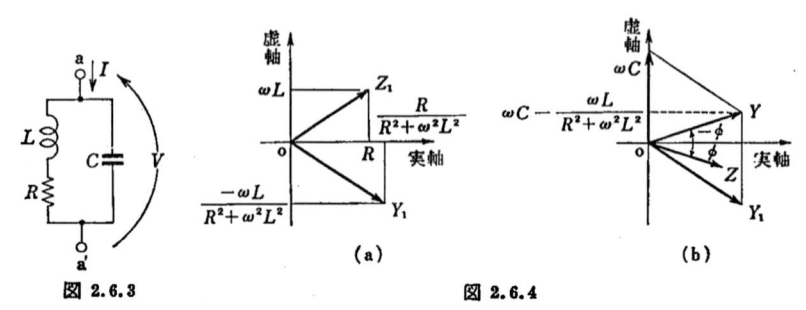

〔解〕 L と R の直列接続に対しては，図 2.6.4 (a) に示すような $Z_1=R+j\omega L$ を得る．Z_1 から $Y_1=1/Z_1$ を求め，同図 (b) に示すように Y_1 と C の並列接続に対して $Y=j\omega C+Y_1=j\omega C+1/(R+j\omega L)$ を求める．Y から Z を求めればよい．次に，V と I が同相となるためには Z, Y が実数となればよい．Y の虚部 $=0$ から

$$\omega C - \frac{\omega L}{R^2+\omega^2 L^2} = 0$$

$$\therefore\ C = \frac{L}{R^2+\omega^2 L^2} \tag{2.6.1}$$

を得る．V が I より $\pi/4$ だけ遅れるときは $\phi=-\pi/4$ である．したがって

$$Y=|Y|e^{j\frac{\pi}{4}}=|Y|\frac{1+j}{\sqrt{2}}$$

となり，Y の実部と虚部が等しくなる．図 2.6.4 の回路に対してこの条件は

$$\frac{R}{R^2+\omega^2 L^2} = \omega C - \frac{\omega L}{R^2+\omega^2 L^2}$$

となり，したがって

$$C = \frac{R+\omega L}{\omega(R^2+\omega^2 L^2)} \tag{2.6.2}$$

を得る．

【例題 2.13】 R と L を直列接続した回路の複素インピーダンスのベクトルは，角周波数 ω が変わるときどのような軌跡を描くか．また，複素アドミタンスベクトルの軌跡はどのようなものか．

〔解〕 $Z=R+j\omega L$ である．ω が変わっても Z の実部は変わらないが，虚部

は ω に比例して変化する．ベクトルの先端は，図 2.6.5 (a) に示すような実軸

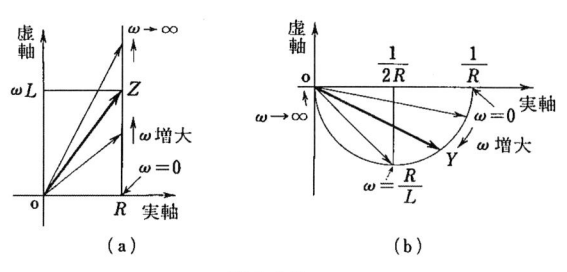

図 2.6.5

に垂直な直線上を移動する．次に，

$$Y = \frac{1}{R+j\omega L} = \frac{R}{R^2+\omega^2 L^2} - j\frac{\omega L}{R^2+\omega^2 L^2}$$

$$G = \frac{R}{R^2+\omega^2 L^2}, \quad S = -\frac{\omega L}{R^2+\omega^2 L^2} \tag{2.6.3}$$

とおいて，上の2式から ω を消去する．まず，2式の比から

$$\omega L = -\frac{S}{G}R$$

を得る．これを第1式に代入して整理すれば

$$\left(G - \frac{1}{2R}\right)^2 + S^2 = \frac{1}{(2R)^2} \tag{2.6.4}$$

を得る．この式は，中心が $(1/2R, 0)$，半径 $1/2R$ の円を表すが，式 (2.6.3) から $S \leq 0$ だから，この円の下半分が Y のベクトル軌跡である．ω が変化するときベクトル Y の先端は図 2.6.5 (b) に示すように円周上を移動する．

【例題 2.14】 図 2.6.6 に示す回路に対する電圧ベクトル図を示せ．また，$R_1 = R_2$，$L_1 = L_2$ のとき，端子対 aa′ 間の電圧 V_T のベクトルは，ω の変化に対してどのような軌跡を描くか．

〔解〕 R_1, R_2, L_1, L_2 の電圧をそれぞれ V_{R_1}, V_{R_2}, V_{L_1}, V_{L_2} とし，R_1, L_1 を流れる電流を I_1, R_2, L_2 を流れる電流を I_2 とする．

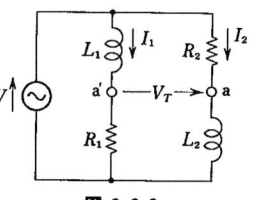

図 2.6.6

$$V_{R_1}=R_1I_1, \quad V_{L_1}=j\omega L_1 I_1 = \omega L_1 I_1 e^{j\frac{\pi}{2}}, \quad V_{R_1}+V_{L_1}=V \tag{2.6.5}$$

だから V_{R_1} と V_{L_1} は直交し，V_{L_1} の位相が V_{R_1} の位相より $\pi/2$ だけ進んでいる．したがって V_{R_1}, V_{L_1}, V の間の関係は図 2.6.7 (a) に示すようなものとなる．

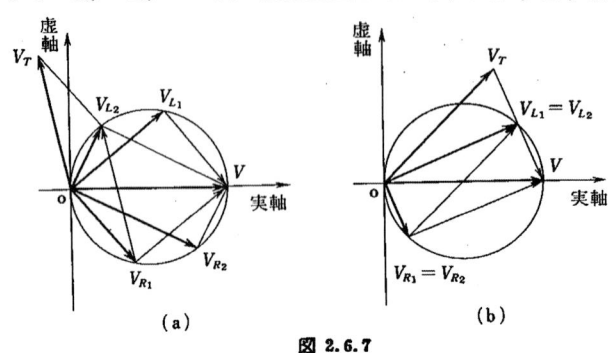

図 2.6.7

同様に

$$V_{R_2}=R_2I_2, \quad V_{L_2}=j\omega L_2 I_2 = \omega L_2 I_2 e^{j\frac{\pi}{2}}, \quad V_{R_2}+V_{L_2}=V \tag{2.6.6}$$

だから，V_{R_2}, V_{L_2}, V の間の関係も図 2.6.7 (a) に示したようになる．また，$V_T = V_{L_2} - V_{R_1}$ である．$R_1=R_2$，$L_1=L_2$ のときは，V_{R_1}, V_{R_2}, V_{L_1}, V_{L_2} は長方形をつくり，図 2.6.7 (b) に示すように V_T は円の直径に対応する．ω が変化すると V_{L_1}, V_{L_2} の大きさが変わり，V_T の先端は図 2.6.8 に示すような半径 $|V|$ の円を描く．

例題 2.12，例題 2.13 からわかるように，ベクトル軌跡は円となることが多いが，このような軌跡を円線図という．

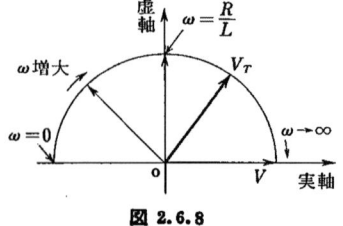

図 2.6.8

2.7 正弦波定常状態における電力

2端子素子の素子の電圧 v，電流 i が正弦波形をもち

$$v = V_m \sin(\omega t + \phi) \tag{2.7.1}$$

$$i = I_m \sin(\omega t + \theta) \tag{2.7.2}$$

と書けるとしよう。この2端子素子に供給される電力 p は vi である。

まず，2端子素子が抵抗のときは $\theta = \phi$ となり，

$$p = V_m \sin(\omega t + \phi) I_m \sin(\omega t + \phi) = V_e I_e \{1 - \cos(2\omega t + 2\phi)\} \tag{2.7.3}$$

となる。V_e は電圧の実効値，I_e は電流の実効値である。p は図 2.7.1 に示すような波形をもち，$p \geq 0$ である。

2端子素子がキャパシタの場合は式 (2.3.11) に与えられたように $\theta = \phi + \pi/2$ であり，

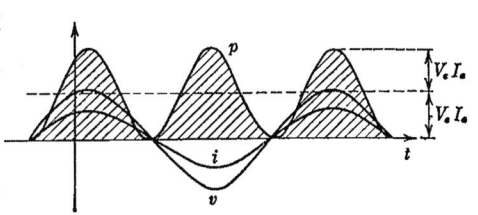

図 2.7.1　v, i, p の波形（抵抗の場合）

$$p = V_m \sin(\omega t + \phi) I_m \sin\left(\omega t + \phi + \frac{\pi}{2}\right)$$
$$= V_e I_e \sin(2\omega t + 2\phi) \tag{2.7.4}$$

となる。p は図 2.7.2 に示すような波形をもつ。

2端子素子がインダクタの場合は式 (2.3.14) から $\theta = \phi - \pi/2$ であり，

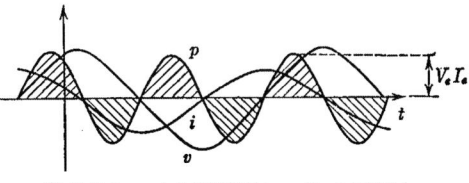

図 2.7.2　v, i, p の波形（キャパシタの場合）

$$p = V_m \sin(\omega t + \phi) I_m \sin\left(\omega t + \phi - \frac{\pi}{2}\right) = -V_e I_e \sin(2\omega t + 2\phi) \tag{2.7.5}$$

となる。図 2.7.3 に p の波形を示す。キャパシタ，インダクタの場合 $p < 0$ と

なる期間があるが，この期間にはキャパシタ，インダクタから電源にエネルギーが送り返されている．キャパシタ，インダクタはエネルギーを蓄積しうる素子であり，$p>0$の期間に電源から供給されたエネルギーを蓄積し，$p<0$の期間は再び電源にエネルギーを送り返しているわけである．

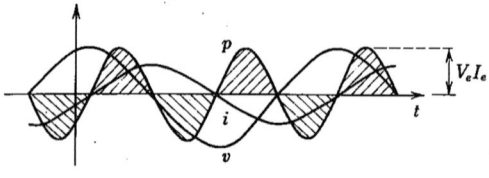

図2.7.3 v, i, pの波形（インダクタの場合）

図2.7.4のように抵抗やキャパシタ，インダクタを含む2端子回路の電圧vと電流iが式(2.7.1)，(2.7.2)で与えられたとき，$\theta=\psi+\phi$とすると，電力pは

$$\begin{aligned}p &= V_m \sin(\omega t+\psi) I_m \sin(\omega t+\theta) \\ &= V_m \sin(\omega t+\psi) I_m \sin(\omega t+\psi+\phi) \\ &= V_m \sin(\omega t+\psi) I_m \sin(\omega t+\psi)\cos\phi \\ &\quad + V_m \sin(\omega t+\psi) I_m \cos(\omega t+\psi)\sin\phi \\ &= V_e I_e \cos\phi\{1-\cos(2\omega t+2\psi)\} + V_e I_e \sin\phi \sin(2\omega t+2\psi)\end{aligned}$$

(2.7.6)

となる．pの波形は図2.7.5に示すようなものである．

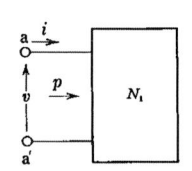

図2.7.4 2端子回路の電力　　　図2.7.5 v, i, pの波形

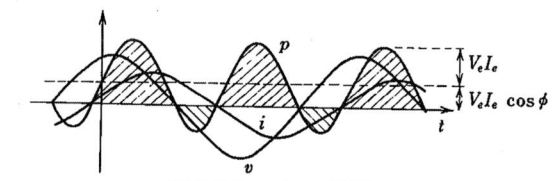

このようにpは2ωの角周波数で変動し，電源が回路に電力を供給したり，逆に回路が電源に電力を送り返したりしているのであるが，差し引き回路に電源から供給される電力は1周期の平均をとればわかる．これを**平均電力**といい，

$$P_e = \frac{1}{T}\int_0^T p\,dt \qquad (2.7.7)$$

によって求められる．ここにTは周期であり，$T=2\pi/\omega$である．式(2.7.6)からP_eを求めてみると，$\cos(2\omega t+2\psi)$，$\sin(2\omega t+2\psi)$の平均は0であるから

2.7 正弦波定常状態における電力

$$P_e = V_e I_e \cos\phi \tag{2.7.8}$$

となる．

式 (2.7.8) からわかるように電源から回路に供給される平均電力は，電圧の実効値 V_e と電流の実効値 I_e の積だけでは決まらず，電圧と電流との間の位相角 ϕ にも依存している．$V_e I_e$ を**皮相電力** (apparent power), $\cos\phi$ を**力率** (power factor) とよび，これらの積が平均電力となる．平均電力は**有効電力** (effective power) あるいは単に**電力**ともよばれる．なお，皮相電力の単位はボルト・アンペア (volt-ampere, VA) である．

さて，正弦波の複素数表示は電圧や電流の計算に非常に有効であった．複素数表示された電圧や電流から電力を求めることができないだろうか．$V = V_e e^{j\theta}$, $I = I_e e^{j\phi}$ から単に VI としただけでは式 (2.7.8) は求まらない．しかし，V あるいは I の複素共役数を用いて $\bar{V}I$ あるいは $V\bar{I}$ を求めると，その実部が P_e となっていることがわかる．したがって，$\bar{V}I$ あるいは $V\bar{I}$ を電力の複素数表示として用いることを考えてみよう．電力の複素数表示を P とし，$P = \bar{V}I$ とすると，

$$P = \bar{V}I = V_e I_e e^{j(\theta-\phi)} = V_e I_e e^{j\phi} = V_e I_e \cos\phi + j V_e I_e \sin\phi \tag{2.7.9}$$

となる．P は図 2.7.6 に示すようなベクトルで表される．P の実部は有効電力 P_e であり，P の虚部 $V_e I_e \sin\phi$ は**無効電力** (reactive power) とよばれる．$|P|$ は皮相電力 $V_e I_e$ である．

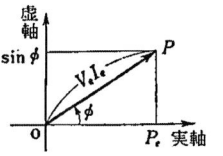

式 (2.7.9) から

$$皮相電力 = \sqrt{(有効電力)^2 + (無効電力)^2} \tag{2.7.10}$$

図 2.7.6 電力の複素数表示

であり，また，

$$力率 = \frac{有効電力}{皮相電力} = \frac{P_e}{|P|} \tag{2.7.11}$$

となる．無効電力は，式 (2.7.6) の第 2 項と式 (2.7.4), (2.7.5) とを比較すればわかるように，電源と回路の間を往復する電力の大きさを表している．図

2.7.7のようにIをVに同相な成分と直交する成分とに分けてみると，Vと同相な成分$I_e\cos\phi$がVと共に有効電力をつくり，直交する成分$I_e\sin\phi$がVと共に無効電力をつくっているとも考えられる．無効電力の単位はバール (VAR, volt-ampere reactive の略) である．なお，電力の複素数表示として$\bar{V}I$の代わりに$V\bar{I}$を用いても差し支えない．しかし，$\bar{V}I$を用いたときと$V\bar{I}$を用いたときでは，有効電力は同じだが，無効電力の符号が逆になってしまうことに注意する必要がある．本書では式 (2.7.9) によって電力の複素数表示を定義しておく．

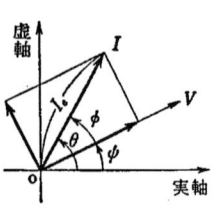

図 2.7.7 Iの分解

【例題 2.15】 図 2.7.8 において点線の枠に囲まれた回路で消費される電力と力率を求めよ．

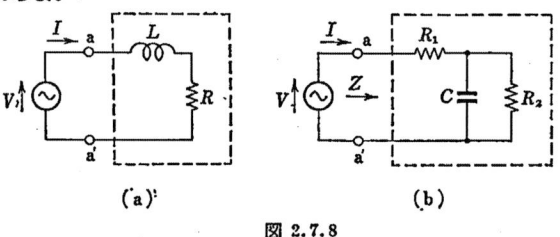

図 2.7.8

〔解〕 端子 a に流れ込む電流をIとする．

(a) $$I = \frac{V}{R+j\omega L}$$

$$P = \bar{V}I = \frac{\bar{V}V}{R+j\omega L} = \frac{(R-j\omega L)|V|^2}{R^2+\omega^2 L^2} \tag{2.7.12}$$

ただし式 (2.2.24) から$\bar{V}V = |V|^2$であり，これは実数である．したがって，電力はPの実数部をとって

$$P_e = \frac{R|V|^2}{R^2+\omega^2 L^2} \tag{2.7.13}$$

となる．皮相電力$|P|$は

$$|P| = \frac{|V|^2}{\sqrt{R^2+\omega^2 L^2}} \tag{2.7.14}$$

2.7 正弦波定常状態における電力

である。力率は

$$\cos\phi = \frac{P_e}{|P|} = \frac{R}{\sqrt{R^2+\omega^2L^2}} \qquad (2.7.15)$$

となる。

(b) 点線の枠で囲まれた回路の複素インピーダンスを Z とすると，

$$Z = R_1 + \frac{1}{1/R_2+j\omega C} = R_1 + \frac{R_2}{1+j\omega CR_2} = \frac{R_1+R_2+j\omega CR_1R_2}{1+j\omega CR_2}$$

$$I = \frac{V}{Z} = \frac{(1+j\omega CR_2)V}{R_1+R_2+j\omega CR_1R_2}$$

$$\therefore \quad P = \bar{V}I = \frac{(1+j\omega CR_2)|V|^2}{R_1+R_2+j\omega CR_1R_2} \qquad (2.7.16)$$

P の実部を求めると

$$P_e = \frac{(R_1+R_2+\omega^2C^2R_1R_2^2)|V|^2}{(R_1+R_2)^2+\omega^2C^2R_1^2R_2^2} \qquad (2.7.17)$$

となる。また，皮相電力は

$$|P| = \frac{\sqrt{1+\omega^2C^2R_2^2}|V|^2}{\sqrt{(R_1+R_2)^2+\omega^2C^2R_1^2R_2^2}} \qquad (2.7.18)$$

である。力率は

$$\cos\phi = \frac{P_e}{|P|} = \frac{R_1+R_2+\omega^2C^2R_1R_2^2}{\sqrt{\{(R_1+R_2)^2+\omega^2C^2R_1^2R_2^2\}(1+\omega^2C^2R_2^2)}} \qquad (2.7.19)$$

となる。

さて，一般に，2端子回路の複素インピーダンスを Z とすると，

$$Z = \frac{V}{I} = \frac{V_e}{I_e}e^{j(\phi-\theta)} = \frac{V_e}{I_e}e^{-j\phi} = \frac{V_e}{I_e}\cos\phi - j\frac{V_e}{I_e}\sin\phi \qquad (2.7.20)$$

である。これを $Z=R+jX$ とおくと，

$$\text{有効電力} = V_eI_e\cos\phi = RI_e^2 \qquad (2.7.21)$$

$$\text{無効電力} = V_eI_e\sin\phi = -XI_e^2 \qquad (2.7.22)$$

$$\text{皮相電力} = |Z|I_e^2 \qquad (2.7.23)$$

を得る．また，複素アドミタンスを Y とし，$Y=G+jS$ とおくと，

$$\text{有効電力}=GV_e^2 \tag{2.7.24}$$

$$\text{無効電力}=SV_e^2 \tag{2.7.25}$$

$$\text{皮相電力}=|Y|V_e^2 \tag{2.7.26}$$

となる．逆に有効電力，無効電力，皮相電力および I_e とから，R, X, あるいはインピーダンス $|Z|$ を求めることができる．このように電力から求めた R, X, $|Z|$ を実効抵抗 (effective resistance)，実効リアクタンス (effective reactance)，実効インピーダンス (effective impedance) という．アドミタンスに関しても，実効コンダクタンス，実効サセプタンス，実効アドミタンスが定義できる．

【例題 2.16】 図 2.7.8 (b) の回路において，抵抗 R_2 で消費される電力が一定のとき，抵抗 R_1 で消費される電力は C の大きさによってどのように変わるか．

〔解〕 抵抗 R_1, R_2 で消費される電力をそれぞれ P_{1e}, P_{2e} とする．また，R_2 に流れる電流を I_2，その実効値を I_{2e} とする．まず，式 (2.7.21) から $P_{2e}=R_2I_{2e}^2$ である．R_2 の電圧は R_2I_2，したがって C に流れる電流は $j\omega CR_2I_2$ であり，R_1 に流れる電流は $I_2+j\omega CR_2I_2=(1+j\omega CR_2)I_2$ となる．その実効値は $\sqrt{1+\omega^2C^2R_2^2}\,I_{2e}$ である．再び式 (2.7.21) を用いて

$$P_{1e}=R_1(1+\omega^2C^2R_2^2)I_{2e}^2=\frac{R_1}{R_2}(1+\omega^2C^2R_2^2)P_{2e} \tag{2.7.27}$$

となる．C が増大するに従って P_{1e} も増大することがわかる．

2.8 固有振動と共振

ブランコの板を引いた後離せばブランコは独りで振れる．この振動はブランコの固有振動である．ブランコを手で繰り返し押して振らせたときの振動は強制振動である．押すときブランコの振れに合わせて押せば，ブランコは大きく

2.8 固有振動と共振

振れる．このように強制力の振動数が固有振動の振動数と一致したとき振幅が大きくなる現象を共振 (resonance) という．電気回路においても同じような現象が起こりうる．図 2.8.1 (a) のようにキャパシタ，インダクタを直列接続し，キャパシタに充電した後スイッチSを閉じると，回路内に図 2.8.1 (b) に示すような振動が起こる．この振動はこの回路の固有振動であり，抵抗 R が非常に小さいと正弦波に近い波形をもっていて，その角周波数 ω_r は

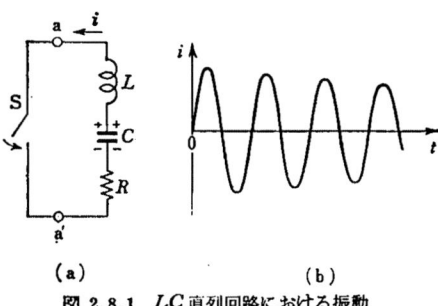

$$\omega_r = \frac{1}{\sqrt{LC}} \qquad (2.8.1)$$

図 2.8.1 LC 直列回路における振動

で与えられる．

次に，図 2.8.1 の回路において，スイッチの代わりに角周波数 ω の電圧源をおいてみよう．得られる回路は，図 2.8.2 に示したものになる．このとき回路に流れる電流は例題 2.8 で求めたように，

$$I = \frac{V}{R + j\left(\omega L - \dfrac{1}{\omega C}\right)} \qquad (2.8.2)$$

$$I_e = \frac{V_e}{\sqrt{R^2 + \left(\omega L - \dfrac{1}{\omega C}\right)^2}} \qquad (2.8.3)$$

図 2.8.2 直列共振回路

となる．I_e, V_e は，それぞれ，I, V の実効値である．角周波数 ω を変えると，この電流がどのように変わるかを検討してみよう．抵抗 R は非常に小さいとする．式 (2.8.3) を用いて電流の実効値を ω に対して描いてみると，図 2.8.3 (a) のようになる．この図に示した曲線は共振曲線とよばれていて，電源の角周波数 ω が式 (2.8.1) で与えられる固有振動の角周波数 ω_r と等しくなると，

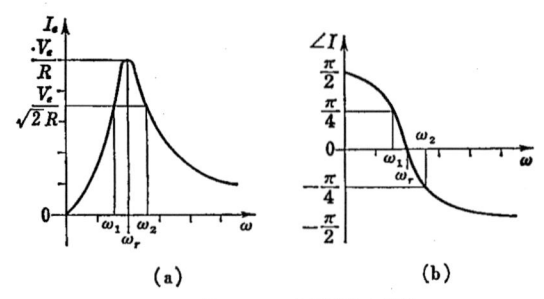

図 2.8.3 共振回路の電流

非常に大きい電流が流れることを示している．$\omega=\omega_r$ では式 (2.8.2) の右辺の分母の虚数部は 0 となり，回路は非常に小さい抵抗だけしか存在しないのと同じ状態になる．電流 I は V/R となり，電源電圧 V と同相になる．このときキャパシタの電圧を V_C，インダクタの電圧を V_L とすると

$$V_C = \frac{I}{j\omega_r C} = \frac{V}{j\omega_r CR} \tag{2.8.4}$$

$$V_L = j\omega_r LI = \frac{j\omega_r LV}{R} \tag{2.8.5}$$

であるが，式 (2.8.1) を用いると，

$$V_C = -V_L, \quad \text{あるいは} \quad V_C + V_L = 0 \tag{2.8.6}$$

となることがわかる．すなわち，これらの電圧は，実効値が等しく，位相角が π だけ異なっている．これらの電圧の実効値と電源電圧 V の実効値の比を**電圧拡大率**といい，通常 Q と記す．

$$Q = \frac{\omega_r L}{R} = \frac{1}{\omega_r CR} \tag{2.8.7}$$

である．R が小さいと $Q \gg 1$ である．共振の際にはキャパシタとインダクタには大きな電圧が生じているが，それらの電圧がちょうど打ち消し合って，抵抗に生じている電圧だけが電源電圧とつりあっているのである．電源の角周波数 ω が ω_r から離れると，電流 I の実効値は急速に小さくなる．

電流 I の位相角を ω に対して描いてみると図 2.8.3 (b) のようになり，$\omega < \omega_r$ の範囲では I は V より進み，$\omega > \omega_r$ では I は V より遅れる．ω が非常に小

さいときは，式(2.8.2)の R と ωL を無視して $I \fallingdotseq j\omega CV$ を得る．また，ω が非常に大きいときは，R と $1/\omega C$ を無視して，$I \fallingdotseq V/j\omega L$ となる．

図 2.8.3 (a) に示したように，電流の実効値がその最大値の $1/\sqrt{2}$ となる角周波数を ω_1，ω_2 とする．ω_1 に対しては，式 (2.8.3) から

$$\frac{1}{\sqrt{R^2+\left(\omega_1 L-\dfrac{1}{\omega_1 C}\right)^2}}=\frac{1}{\sqrt{2}R}$$

だから，

$$\left(\omega_1 L-\frac{1}{\omega_1 C}\right)^2=R^2 \tag{2.8.8}$$

である．ω_2 についても同様にして，

$$\left(\omega_2 L-\frac{1}{\omega_2 C}\right)^2=R^2 \tag{2.8.9}$$

が得られる．したがって，$\omega_1 < \omega_2$ とすると，

$$\omega_1 L-\frac{1}{\omega_1 C}=-R, \quad \omega_2 L-\frac{1}{\omega_2 C}=R \tag{2.8.10}$$

である．これらの式から ω_1，ω_2 を求め，R が小さいことを用いれば，

$$\omega_1 \fallingdotseq \frac{1}{\sqrt{LC}}-\frac{R}{2L} \fallingdotseq \omega_r - \frac{R}{2L} \tag{2.8.11}$$

$$\omega_2 = \frac{1}{\sqrt{LC}}+\frac{R}{2L} \fallingdotseq \omega_r + \frac{R}{2L} \tag{2.8.12}$$

を得る．これから

$$\frac{\omega_2-\omega_1}{\omega_r}=\frac{R}{L\omega_r}=\frac{1}{Q} \tag{2.8.13}$$

となることがわかる．左辺の値が小さいほど共振曲線は鋭く尖ってくるので，Q は共振曲線の尖鋭度をも表すことになる．また，ω_1，ω_2 における I の位相は V のそれより $\pi/4$ だけ進んでいる，あるいは遅れている．さらに，これらの角周波数において回路で消費される電力は，共振時に消費される電力の $1/2$ となっていることを注意しておこう．$f_2=\omega_2/2\pi$，$f_1=\omega_1/2\pi$ とすると，$f_b=f_2-f_1$ を帯域幅 (band width) という．

式 (2.8.2) は Q と ω_r を用いると

$$I = \frac{V}{R} \cdot \frac{1}{1 + jQ\left(\dfrac{\omega}{\omega_r} - \dfrac{\omega_r}{\omega}\right)} \qquad (2.8.14)$$

とも書ける．

　上に述べた共振現象はキャパシタとインダクタの直列接続回路において起こるので**直列共振** (series resonance) といわれる．この共振現象と双対の現象は，キャパシタ・インダクタを並列に接続した回路における共振であり，これは**並列共振** (parallel resonance) とよばれている．並列共振回路は電流源で励振される．図 2.8.4 に示した回路は並列共振回路の一例である．この並列共振回路は図 2.8.2 の回路に双対であり，電圧と電流，キャパシタとインダクタ，抵抗とコンダクタンスといった言葉の置き換えをすれば，上に述べた説明がすべてこの回路にも当てはまる．並列共振回路のもう一つの例として，インダクタの巻線抵抗として小さな R がインダクタンス L と直列に入った回路を考察してみよう．

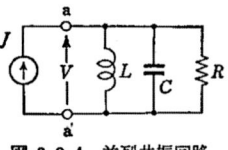

図 2.8.4　並列共振回路

【例題 2.17】　図 2.8.5 に示すような並列共振回路の共振角周波数 ω_r，共振時の電圧 V，回路の Q を求めよ．ただし $R \ll \omega L$ とする．

〔解〕　この回路において端子対 aa′ から右側をみた複素アドミタンス Y は

$$Y = j\omega C + \frac{1}{R + j\omega L} = j\omega C + \frac{1}{j\omega L} \cdot \frac{1}{1 + \dfrac{R}{j\omega L}}$$

$$\fallingdotseq j\omega C + \frac{1}{j\omega L}\left(1 - \frac{R}{j\omega L}\right) = \frac{R}{\omega^2 L^2} + j\left(\omega C - \frac{1}{\omega L}\right)$$

$$(2.8.15)$$

図 2.8.5

である．したがって

$$V = \frac{J}{\dfrac{R}{\omega^2 L^2} + j\left(\omega C - \dfrac{1}{\omega L}\right)} \qquad (2.8.16)$$

2.8 固有振動と共振

となる．$|V|$ が最大値をとるのは，$R \ll \omega L$ なので，近似的に上式の分母の虚数部が 0 になるときであると考えてよい．共振角周波数は $\omega C - 1/\omega L = 0$ から，

$$\omega_r = \frac{1}{\sqrt{LC}} \tag{2.8.17}$$

である．このとき，

$$V = \frac{\omega_r^2 L^2 J}{R} = \frac{LJ}{CR} \tag{2.8.18}$$

また，このときキャパシタ C に流れる電流 I_C は

$$I_C = j\omega_r C V = \frac{j\omega_r L J}{R} \tag{2.8.19}$$

となる．

$$Q = \frac{|I_C|}{|J|} = \frac{\omega_r L}{R} = \frac{1}{\omega_r C R} \tag{2.8.20}$$

である．

これまでは共振現象を電圧や電流の面から見てきたが，これをインピーダンスあるいはアドミタンスの面から見てみよう．電圧，電流の実効値をそれぞれ V_e, I_e，インピーダンス，アドミタンスをそれぞれ Z_e, Y_e とすると，$I_e = Y_e V_e$，あるいは $V_e = Z_e I_e$ である．直列共振の場合 V_e が一定であるから，角周波数 ω の変化に対する Y_e の変化を描いてみると図 2.8.2 に示した共振曲線と同じ形をした曲線が得られる．共振が起こるのは Y_e が最大のときである．もちろん，このとき Z_e は最小となる．並列共振の場合は，I_e が一定だから Z_e が共振曲線を描くことになり，Z_e が最大のとき共振が起こる．Z_e や Y_e の ω に対する変化は，回路を励振するのが電圧源であっても電流源であっても同じである．もし，L と C を並列接続した回路を電圧源で励振したとすると，$\omega_r = 1/\sqrt{LC}$ において回路のアドミタンス Y_e が最小になり，並列接続回路全体にはほとんど電流が流れ込まない．L に流れ込む電流と C に流れ込む電流の位相は π だけ異なるが，角周波数が $\omega_r = 1/\sqrt{LC}$ のとき，これらの電流の大きさがちょうど等しくなり，互いに打ち消し合ってしまうからである．同様のことは L と C を直列

接続した回路を電流源で励振した場合についてもいえ，$\omega_r=1/\sqrt{LC}$ においては，回路の端子間電圧は非常に小さくなる．

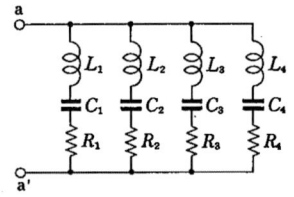

図 2.8.6 直列共振回路の並列接続

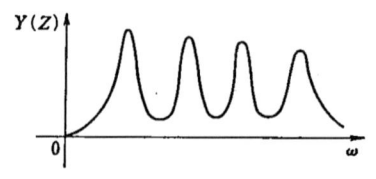

図 2.8.7 Y または Z の周波数特性

次に，図 2.8.6 に示したような直列共振回路をいくつか並列に接続した回路を考えてみよう．この回路の複素アドミタンス Y は，個々の直列共振回路の複素アドミタンスの和である．個々の直列共振回路のアドミタンスは，その部分回路の共振周波数において非常に大きくなる．したがって，回路全体のアドミタンス Y_s はおおよそ図 2.8.7 に示したようなものとなり，回路全体としてはいくつかの共振点をもつことになる．これと双対のことが図 2.8.8 に示したような並列共振回路をいくつか直列に接続した回路についていえる．個々の並列共振回路の共振周波数ごとに回路全体のインピーダンスが非常に大きくなる．

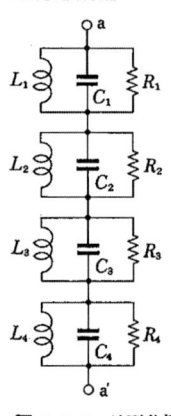

図 2.8.8 並列共振回路の直列接続

2.9 例 題

【例題 2.18】 次の各組の正弦波間の位相差を求めよ．
 (i) $\sin\left(t+\dfrac{\pi}{4}\right)$ と $\sin\left(t-\dfrac{\pi}{6}\right)$ (ii) $\sin\left(400t+\dfrac{\pi}{3}\right)$ と $\cos\left(400t+\dfrac{\pi}{6}\right)$
(iii) $\sin\left(60t-\dfrac{2\pi}{3}\right)$ と $-\sin\left(60t+\dfrac{\pi}{6}\right)$ (iv) $\sin\left(50t+\dfrac{\pi}{4}\right)$ と $-\cos\left(50t+\dfrac{\pi}{6}\right)$

〔解〕 (i) $\dfrac{\pi}{4}-\left(-\dfrac{\pi}{6}\right)=\dfrac{5\pi}{12}$ (ii) $\cos\left(400t+\dfrac{\pi}{6}\right)=\sin\left(400t+\dfrac{\pi}{2}+\dfrac{\pi}{6}\right)$ であるから $\dfrac{\pi}{3}-\left(\dfrac{\pi}{2}+\dfrac{\pi}{6}\right)=-\dfrac{\pi}{3}$，位相差は $\dfrac{\pi}{3}$ で，$\sin\left(400t+\dfrac{\pi}{3}\right)$ が $\cos\left(400t+\dfrac{\pi}{6}\right)$

より $\frac{\pi}{3}$ だけ遅れた位相にある。 (iii) $-\sin\left(60t+\frac{\pi}{6}\right)=\sin\left(60t+\pi+\frac{\pi}{6}\right)$ だから，$-\frac{2\pi}{3}-\left(\pi+\frac{\pi}{6}\right)=-\frac{11\pi}{6}$, $-\frac{11\pi}{6}+2\pi=\frac{\pi}{6}$, 位相差は $\frac{\pi}{6}$ で，$\sin\left(60t-\frac{2\pi}{3}\right)$ が $-\sin\left(60t+\frac{\pi}{6}\right)$ より $\frac{\pi}{6}$ だけ進んだ位相にある。 (iv) $-\cos\left(50t+\frac{\pi}{6}\right)=\sin\left(50t-\frac{\pi}{2}+\frac{\pi}{6}\right)$ であるから $\frac{\pi}{4}-\left(-\frac{\pi}{2}+\frac{\pi}{6}\right)=\frac{7\pi}{12}$, 位相差は $\frac{7\pi}{12}$, $\sin\left(50t+\frac{\pi}{4}\right)$ が $-\cos\left(50t+\frac{\pi}{6}\right)$ より $\frac{7\pi}{12}$ だけ進んだ位相にある。

【例題 2.19】 次の正弦波形の実効値を求めよ。

(i) $v=A\sin\omega t+B\cos\omega t$ (ii) $v=A_1\sin\omega t+A_3\sin 3\omega t$ (iii) $v=B_1\cos\omega t+B_3\cos 3\omega t$ (iv) $v=A_1\sin\omega t+B_3\cos 3\omega t$

〔解〕 実効値を V_e とする。波形の周期 T は，いずれも $1/2\pi\omega$ である。

(i)
$$V_e=\sqrt{\frac{1}{T}\int_0^T(A\sin\omega t+B\cos\omega t)^2 dt}$$
$$=\sqrt{\frac{1}{T}\int_0^T(A^2\sin^2\omega t+2AB\sin\omega t\cos\omega t+B^2\cos^2\omega t)dt}$$
$$=\sqrt{\frac{1}{T}\int_0^T\left\{\frac{A^2+B^2}{2}+\left(\frac{B^2}{2}-\frac{A^2}{2}\right)\cos 2\omega t+AB\sin 2\omega t\right\}dt}$$
$$=\sqrt{\frac{A^2+B^2}{2}} \qquad (2.9.1)$$

(ii)
$$V_e=\sqrt{\frac{1}{T}\int_0^T(A_1\sin\omega t+A_3\sin 3\omega t)^2 dt}$$
$$=\sqrt{\frac{1}{T}\int_0^T(A_1^2\sin^2\omega t+2A_1A_3\sin\omega t\sin 3\omega t+A_3^2\sin^2 3\omega t)dt}$$
$$=\sqrt{\frac{1}{T}\int_0^T\left\{\frac{A_1^2+A_3^2}{2}-\frac{A_1^2}{2}\cos 2\omega t-\frac{A_3^2}{2}\cos 6\omega t+A_1A_3(\cos 2\omega t-\cos 4\omega t)\right\}dt}=\sqrt{\frac{A_1^2+A_3^2}{2}} \qquad (2.9.2)$$

(iii)
$$V_e=\sqrt{\frac{1}{T}\int_0^T(B_1\cos\omega t+B_3\cos 3\omega t)^2 dt}$$
$$=\sqrt{\frac{1}{T}\int_0^T(B_1^2\cos^2\omega t+2B_1B_3\cos\omega t\cos 3\omega t+B_3^2\cos^2 3\omega t)dt}$$
$$=\sqrt{\frac{1}{T}\int_0^T\left\{\frac{B_1^2+B_3^2}{2}+\frac{B_1^2}{2}\cos 2\omega t+\frac{B_3^2}{2}\cos 6\omega t\right.}$$

$$+B_1B_3(\cos 2\omega t+\cos 4\omega t)\Big\}dt=\sqrt{\frac{B_1{}^2+B_3{}^2}{2}} \qquad (2.9.3)$$

(iv) $\quad V_e=\sqrt{\dfrac{1}{T}\int_0^T(A_1\sin\omega t+B_3\cos 3\omega t)^2 dt}$

$\qquad =\sqrt{\dfrac{1}{T}\int_0^T(A_1{}^2\sin^2\omega t+2A_1B_3\sin\omega t\cos 3\omega t+B_3{}^2\cos^2 3\omega t)\,dt}$

$\qquad =\sqrt{\dfrac{1}{T}\int_0^T\Big\{\dfrac{A_1{}^2+B_3{}^2}{2}-\dfrac{A_1{}^2}{2}\cos 2\omega t+\dfrac{B_3{}^2}{2}\cos 6\omega t}$

$$+A_1B_3(\sin 2\omega t-\sin 4\omega t)\Big\}dt=\sqrt{\frac{A_1{}^2+B_3{}^2}{2}} \qquad (2.9.4)$$

【例題 2.20】 次に示す正弦波の複素数表示を求めよ．

(ⅰ) $\quad 5\sin 10t+4\cos 10t \qquad$ (ⅱ) $\quad 100\sin 500t-50\cos\left(500t+\dfrac{\pi}{6}\right)$

(ⅲ) $\quad \sin t+\sin\left(t+\dfrac{\pi}{3}\right)+\cos\left(t+\dfrac{\pi}{6}\right)$

〔解〕 $\cos\omega t=\sin\left(\omega t+\dfrac{\pi}{2}\right)$ だから，$\cos\omega t$ の複素数表示は $\dfrac{1}{\sqrt{2}}e^{j\frac{\pi}{2}}=\dfrac{1}{\sqrt{2}}j$

(ⅰ) $\quad \dfrac{1}{\sqrt{2}}(5+4e^{j\frac{\pi}{2}})=\dfrac{1}{\sqrt{2}}(5+4j)$

(ⅱ) $\quad \dfrac{1}{\sqrt{2}}(100-50e^{j(\frac{\pi}{2}+\frac{\pi}{6})})=\dfrac{1}{\sqrt{2}}(100-50e^{j\frac{2\pi}{3}})$

$\qquad =\dfrac{1}{\sqrt{2}}\left(100+\dfrac{50}{2}-\dfrac{50\sqrt{3}}{2}j\right)=\dfrac{1}{\sqrt{2}}(125-25\sqrt{3}j)$

(ⅲ) $\quad \dfrac{1}{\sqrt{2}}\{1+e^{j\frac{\pi}{3}}+e^{j(\frac{\pi}{2}+\frac{\pi}{6})}\}=\dfrac{1}{\sqrt{2}}\left(1+\dfrac{1}{2}+\dfrac{\sqrt{3}}{2}j-\dfrac{1}{2}+\dfrac{\sqrt{3}}{2}j\right)$

$\qquad =\dfrac{1}{\sqrt{2}}(1+\sqrt{3}j)$

【例題 2.21】 例題 2.20 の正弦波の実効値を求めよ．

〔解〕 例題 2.20 の解に正弦波の複素数表示が求められているので，それらの絶対値を求めればよい． (ⅰ) $\left|\dfrac{1}{\sqrt{2}}(5+4j)\right|=\dfrac{1}{\sqrt{2}}\sqrt{5^2+4^2}=\sqrt{\dfrac{41}{2}}.$

(ⅱ) $\left|\dfrac{1}{\sqrt{2}}(125-25\sqrt{3}j)\right|=\dfrac{1}{\sqrt{2}}\sqrt{125^2+25^2\cdot 3}=\sqrt{8750}.$

(ⅲ) $\left|\dfrac{1}{\sqrt{2}}(1+\sqrt{3}j)\right|=\dfrac{1}{\sqrt{2}}\sqrt{1^2+3}=\sqrt{2}$

2.9 例題

【例題 2.22】 次に示す正弦波にどのような正弦波を加えれば，$\sin \omega t$ と同相の正弦波が得られるか．ただし，加える正弦波の実効値はもとの正弦波の実効値と等しいものとする．

(i) $5\sqrt{2} \sin\left(\omega t + \dfrac{\pi}{4}\right)$ (ii) $6\sqrt{2} \cos\left(\omega t + \dfrac{\pi}{3}\right)$

(iii) $\sqrt{2} \sin\left(\omega t + \dfrac{\pi}{4}\right) + 2\sqrt{2} \cos\left(\omega t + \dfrac{\pi}{4}\right)$

〔解〕 $\sin \omega t$ と同相の正弦波の複素数表示は，実数である．ところが，絶対値が等しくて加えれば実数になる二つの複素数は互いに複素共役である．したがって，正弦波の複素数表示を求め，その共役複素数が表す正弦波を求めればよい．(i) 複素数表示は $5e^{j\frac{\pi}{4}}$，この共役複素数は $5e^{-j\frac{\pi}{4}}$，したがって，$5\sqrt{2} \sin\left(\omega t - \dfrac{\pi}{4}\right)$ を加える．(ii) 複素数表示は $6e^{j\left(\frac{\pi}{2}+\frac{\pi}{3}\right)}$，この共役複素数は $6e^{-j\left(\frac{\pi}{2}+\frac{\pi}{3}\right)}$，したがって，$6\sqrt{2} \sin\left(\omega t - \dfrac{\pi}{2} - \dfrac{\pi}{3}\right) = -6\sqrt{2} \cos\left(\omega t - \dfrac{\pi}{3}\right)$ を加える．

(iii) 複素数表示は $e^{j\frac{\pi}{4}} + 2e^{j\left(\frac{\pi}{2}+\frac{\pi}{4}\right)}$，この共役複素数は $e^{-j\frac{\pi}{4}} + 2e^{-j\left(\frac{\pi}{2}+\frac{\pi}{4}\right)}$，したがって，$\sqrt{2} \sin\left(\omega t - \dfrac{\pi}{4}\right) + 2\sqrt{2} \sin\left(\omega t - \dfrac{\pi}{2} - \dfrac{\pi}{4}\right) = \sqrt{2} \sin\left(\omega t - \dfrac{\pi}{4}\right) - 2\sqrt{2} \cos\left(\omega t - \dfrac{\pi}{4}\right)$ を加える．

【例題 2.23】 図 2.9.1 (a)(b) のように抵抗とキャパシタを並列接続した回路と直列接続した回路がある．これらの回路に同一の正弦波電圧を加えるとき，流れる電流が同一となるためには素子値間にどのような関係が必要か．

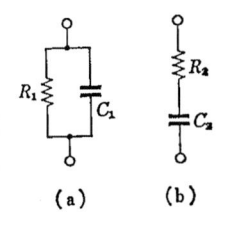

図 2.9.1

〔解〕 回路の複素インピーダンスを Z とすると，電圧 V を加えたとき，回路に流れる電流は V/Z である．したがって，二つの回路に同一の電圧を加えたときに流れる電流が同一になるための条件は，二つの回路の複素インピーダンスが等しくなることである．表 2.1 から (a)(b) の回路の複素インピーダンスを求め，それらを等しいとおくと，

$$\frac{R_1}{1+j\omega C_1 R_1} = R_2 + \frac{1}{j\omega C_2} \tag{2.9.5}$$

を得る。実部と虚部に分けて整理し，

$$R_2 = \frac{R_1}{1+\omega^2 C_1{}^2 R_1{}^2}, \quad C_2 = \frac{1+\omega^2 C_1{}^2 R_1{}^2}{\omega^2 C_1 R_1{}^2} \tag{2.9.6}$$

が求める関係式である。

【例題 2.24】 図 2.9.2 のように，端子対 aa′ に実効値 E の交流電圧を加えたとき，端子対 bb′ に現れる電圧の実効値と位相は，周波数に対してどのような変化をするか。その概略図を示せ。

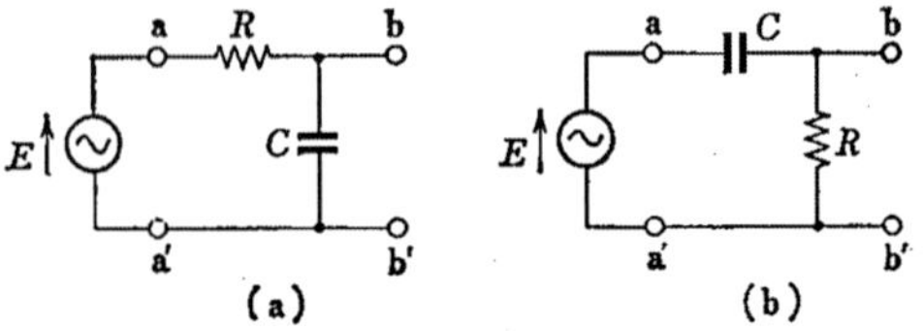

図 2.9.2

〔解〕 回路のインピーダンスは，$R+1/j\omega C$ であるから，回路に流れる電流 I は

$$I = \frac{E}{R+\dfrac{1}{j\omega C}} = \frac{j\omega CE}{1+j\omega CR} \tag{2.9.7}$$

である。端子対 bb′ に現れる電圧を V，その実効値を V_e，位相角を θ とすると，

(a) $$V = \frac{1}{j\omega C} I = \frac{E}{1+j\omega CR} \tag{2.9.8}$$

$$V_e = \frac{E}{|1+j\omega CR|} = \frac{E}{\sqrt{1+\omega^2 C^2 R^2}} \tag{2.9.9}$$

$$\theta = \angle E - \angle(1+j\omega CR) = -\tan^{-1}\omega CR \tag{2.9.10}$$

となる。

(b) $$V = RI = \frac{j\omega CRE}{1+j\omega CR} \tag{2.9.11}$$

$$V_e = \frac{|j\omega CRE|}{|1+j\omega CR|} = \frac{\omega CRE}{\sqrt{1+\omega^2 C^2 R^2}} \tag{2.9.12}$$

$$\theta = \angle j\omega CRE - \angle(1+j\omega CR) = \frac{\pi}{2} - \tan^{-1}\omega CR \quad (2.9.13)$$

V_e, θ の周波数 $f=\dfrac{\omega}{2\pi}$ に対する概略図を図 2.9.3 に示す．ただし A は図 2.9.2 (a) に対するもの，B は図 2.9.2 (b) に対するものである．

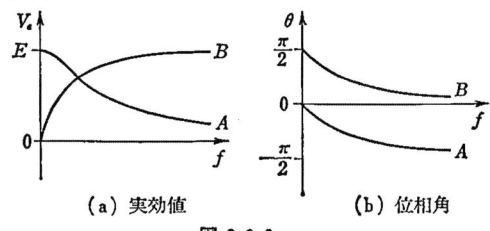

(a) 実効値　　(b) 位相角

図 2.9.3

【例題 2.25】 図 2.9.4 に示す回路において $\omega L = 1/2\omega C$ という関係があるときには，抵抗 R を変化させてもインダクタ L を流れる電流 I の実効値 I_e は変わらないことを示せ．また，抵抗 R を流れる電流 I_R が不変であるための条件を求めよ．

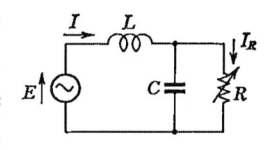

図 2.9.4

〔解〕 電源側から見た回路のインピーダンスは，

$$Z = j\omega L + \frac{1}{\frac{1}{R}+j\omega C} = j\omega L + \frac{R}{1+j\omega CR} = \frac{R(1-\omega^2 LC)+j\omega L}{1+j\omega CR} \quad (2.9.14)$$

である．したがって

$$I = \frac{(1+j\omega CR)E}{R(1-\omega^2 LC)+j\omega L} \quad (2.9.15)$$

である．問題の条件を入れて整理すると，

$$I = \frac{2\omega C(1+j\omega CR)E}{(\omega CR+j)} \quad (2.9.16)$$

したがって

$$I_e = \frac{|2\omega C(1+j\omega CR)E|}{|\omega CR+j|} = \frac{2\omega C\sqrt{1+\omega^2 C^2 R^2}\,E}{\sqrt{1+\omega^2 C^2 R^2}} = 2\omega CE \quad (2.9.17)$$

となり，R に無関係になる．また，I は抵抗とキャパシタに，それぞれのアドミタンスに比例して分流するから

$$I_R = \frac{\frac{1}{R}}{\frac{1}{R}+j\omega C}I = \frac{E}{R(1-\omega^2 LC)+j\omega L} \qquad (2.9.18)$$

となる．したがって，R の係数が 0 となるよう，

$$1-\omega^2 LC = 0 \quad \text{すなわち} \quad \omega L = \frac{1}{\omega C} \qquad (2.9.19)$$

とすれば，I_R は R を変えても不変である．

【例題 2.26】 図 2.9.5 の回路において，端子 ab 間に容量が

$$C_1 = \frac{R_2}{R_1}C_2 \qquad (2.9.20)$$

であるキャパシタを挿入すると，端子対 ba′ 間の電圧 V は，周波数と無関係に

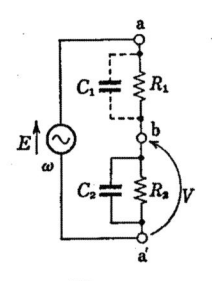

$$V = \frac{R_2 E}{R_1 + R_2} \qquad (2.9.21)$$

図 2.9.5

となることを示せ[1]．

〔解〕 C_1 を挿入したときの端子対 ab 間，ba′ 間のインピーダンスを，それぞれ，Z_1, Z_2 とすると，

$$Z_1 = \frac{R_1}{1+j\omega C_1 R_1} = \frac{R_1}{1+j\omega C_2 R_2} \qquad (2.9.22)$$

$$Z_2 = \frac{R_2}{1+j\omega C_2 R_2} \qquad (2.9.23)$$

である．ba′ 間の電圧 V は，電圧 E をインピーダンス Z_2 に応じて分圧したもので，

$$V = \frac{Z_2}{Z_1 + Z_2}E \qquad (2.9.24)$$

---

1) 図 2.9.5 の回路は電圧の分圧回路としてよく用いられる．

となる．この式に式 (2.9.22)，(2.9.23) を代入すると，

$$V = \frac{R_2 E}{R_1 + R_2} \tag{2.9.25}$$

となる．

【例題 2.27】 図 2.9.6 の回路の複素インピーダンスが周波数と無関係になるように R を定めよ．

〔解〕 回路の複素インピーダンスを Z とすると

図 2.9.6

$$Z = \frac{R \cdot j\omega L}{R + j\omega L} + \frac{R}{1 + j\omega CR} = \frac{R^2(1-\omega^2 LC) + 2j\omega LR}{R(1-\omega^2 LC) + j\omega(L+CR^2)} \tag{2.9.26}$$

である．これが，周波数と無関係な定数 K になるとすると，

$$\frac{R^2(1-\omega^2 LC) + 2j\omega LR}{R(1-\omega^2 LC) + j\omega(L+CR^2)} = K \tag{2.9.27}$$

である．この式の分母を払って ω について整理すると，

$$-RLC(R-K)\omega^2 + j\{2LR - K(L+CR^2)\}\omega + R(R-K) = 0 \tag{2.9.28}$$

を得る．この式がいかなる ω についても成立するためには，ω の各冪の係数が 0 でなければならない．それゆえ，

$$R - K = 0, \quad 2LR - K(L+CR^2) = 0 \tag{2.9.29}$$

である．これから，

$$R^2 = \frac{L}{C}, \quad \text{すなわち}, \quad R = \sqrt{\frac{L}{C}} \tag{2.9.30}$$

を得る．

【例題 2.28】 図 2.9.7 の回路において，インダクタ L_2 に流れる電流 I_2 の位相を E の位相より 90° だけ遅らせるためには，R_1 をどのような値とすればよいか．

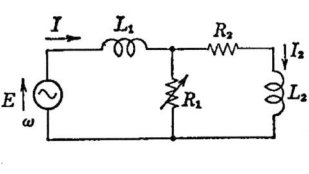

図 2.9.7

〔解〕 電源から右を見た回路のインピーダンス Z は，式(2.5.14), (2.5.17)を用いて，

$$Z = j\omega L_1 + \frac{R_1(R_2+j\omega L_2)}{R_1+R_2+j\omega L_2} = \frac{j\omega L_1(R_1+R_2+j\omega L_2)+R_1(R_2+j\omega L_2)}{R_1+R_2+j\omega L_2} \quad (2.9.31)$$

であるから，電源から流れ出す電流 I は

$$I = \frac{E}{Z} = \frac{(R_1+R_2+j\omega L_2)E}{j\omega L_1(R_1+R_2+j\omega L_2)+R_1(R_2+j\omega L_2)} \quad (2.9.32)$$

となる．I は，R_1 と $R_2+j\omega L_2$ に逆比例して分流し，

$$I_2 = \frac{R_1}{R_1+R_2+j\omega L_2} I = \frac{R_1 E}{j\omega L_1(R_1+R_2+j\omega L_2)+R_1(R_2+j\omega L_2)} \quad (2.9.33)$$

である．I_2 の位相が E の位相より $90°$ だけ遅れるためには，上式の分母の複素数の偏角が $\frac{\pi}{2}$，すなわち分母の複素数の実部が 0 で虚部が正とならねばならない．式(2.9.33)の分母を整理し，その実部を0とおくと，

$$R_1 R_2 - \omega^2 L_1 L_2 = 0 \quad (2.9.34)$$

を得る．また，その虚部は正である．したがって，

$$R_1 = \omega^2 L_1 L_2 / R_2 \quad (2.9.35)$$

が求める R_1 の値である．

【例題 2.29】 図2.9.8の回路において，C を連動して変化させたときの電圧 V のベクトル軌跡を描け．また，V の位相が E のそれより $45°$ だけ遅れるためには，C の値をどのようにすればよいか．

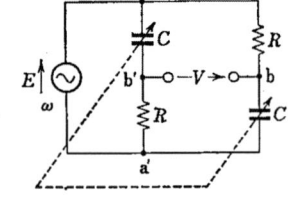

〔解〕 ba' 間，$b'a'$ 間の電圧は，それぞれ，

$$\frac{\frac{1}{j\omega C} E}{R+\frac{1}{j\omega C}}, \quad \frac{RE}{R+\frac{1}{j\omega C}}$$

図 2.9.8

だから，電圧 V は，

$$V = \frac{\frac{1}{j\omega C}E}{R+\frac{1}{j\omega C}} - \frac{RE}{R+\frac{1}{j\omega C}} = \frac{1-j\omega CR}{1+j\omega CR}E \qquad (2.9.36)$$

である。V の実部および虚部を，それぞれ V_r, V_i とすると，

$$V_r = \frac{1-\omega^2 C^2 R^2}{1+\omega^2 C^2 R^2}E \qquad (2.9.37)$$

$$V_i = -\frac{2\omega CR}{1+\omega^2 C^2 R^2}E \qquad (2.9.38)$$

となる。上の2式から C を消去するため $V_r^2 + V_i^2$ を求めると，

$$V_r^2 + V_i^2 = \frac{(1-\omega^2 C^2 R^2)^2 + 4\omega^2 C^2 R^2}{(1+\omega^2 C^2 R^2)^2}E^2 = E^2 \qquad (2.9.39)$$

を得る。式 (2.9.39) は中心が原点，半径が E の円であるが，式 (2.9.38) から $V_i \leq 0$ であるから，C を変化させたとき，V_r と V_i は図 2.9.9 に示すような半円上の値をとる。すなわち V のベクトル軌跡は，図 2.9.9 の半円となる。

V の位相が E の位相 (0°) より 45° だけ遅れるときは，

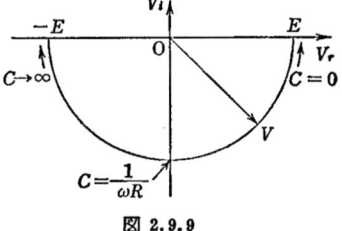

$$V_r = -V_i \qquad (2.9.40)$$

図 2.9.9

である。したがって，式 (2.9.37)，(2.9.38) から

$$1 - \omega^2 C^2 R^2 = 2\omega CR \qquad (2.9.41)$$

を得る。これを解いて

$$C = \frac{-1+\sqrt{2}}{\omega R} \qquad (2.9.42)$$

が求める C の値である。

【例題 2.30】 2端子回路のインピーダンスとアドミタンスを，それぞれ $Z=R+jX$, $Y=G+jS$ とするとき，この回路の力率を R と X，あるいは G と S で表す式を求めよ。また，それらを用

図 2.9.10

いて図 2.9.10 の回路の力率を求めよ．

〔解〕 式 (2.7.21), (2.7.23) を用いて

$$\text{力率} = \frac{\text{有効電力}}{\text{皮相電力}} = \frac{RI_e^2}{|Z|I_e^2} = \frac{R}{\sqrt{R^2+X^2}} \tag{2.9.43}$$

を得る．また，式 (2.7.24), (2.7.26) を用いると

$$\text{力率} = \frac{GV_e^2}{|Y|V_e^2} = \frac{G}{\sqrt{G^2+S^2}} \tag{2.9.44}$$

と表せる．

図 2.9.10 (a) の回路のインピーダンスは，

$$Z = R + j\omega L + \frac{1}{j\omega C} = R + j\left(\omega L - \frac{1}{\omega C}\right) \tag{2.9.45}$$

だから，式 (2.9.43) から，力率 $\cos\phi$ は

$$\cos\phi = \frac{R}{\sqrt{R^2 + \left(\omega L - \frac{1}{\omega C}\right)^2}} \tag{2.9.46}$$

となる．また，図 2.9.10 (b) の回路のアドミタンスは

$$Y = G_1 + \frac{1}{R_2 + j\omega L} = G_1 + \frac{R_2}{R_2^2 + \omega^2 L^2} - j\frac{\omega L}{R_2^2 + \omega^2 L^2} \tag{2.9.47}$$

である．したがって，式 (2.9.44) から，力率は

$$\cos\phi = \frac{G_1 + \dfrac{R_2}{R_2^2 + \omega^2 L^2}}{\sqrt{\left(G_1 + \dfrac{R_2}{R_2^2 + \omega^2 L^2}\right)^2 + \left(\dfrac{\omega L}{R_2^2 + \omega^2 L^2}\right)^2}}$$

$$= \frac{G_1 R_2^2 + G_1 \omega^2 L^2 + R_2}{\sqrt{(G_1 R_2^2 + G_1 \omega^2 L^2 + R_2)^2 + \omega^2 L^2}} \tag{2.9.48}$$

である．

【例題 2.31】 図 2.9.11 の回路に供給される全電流 I が一定のとき，抵抗 R で消費される電力を最大にする R の値を求めよ．

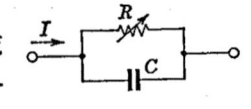

図 2.9.11

〔解〕 回路のアドミタンスは $j\omega C+1/R$ だから，回路の端子間電圧 V は

$$V=\frac{I}{j\omega C+\frac{1}{R}}=\frac{RI}{1+j\omega CR} \tag{2.9.49}$$

となる．複素電力 P は，

$$P=\bar{V}I=\frac{R\bar{I}I}{1-j\omega CR}=\frac{RI_e^2}{1-j\omega CR} \tag{2.9.50}$$

であり，電力 P_e は

$$P_e=\mathscr{R}eP=\frac{RI_e^2}{1+\omega^2C^2R^2} \tag{2.9.51}$$

となる．

$$P_e=\frac{I_e^2}{\frac{1}{R}+\omega^2C^2R} \tag{2.9.52}$$

と書けるが，この分母の2項の積は $\omega^2C^2=$ 一定 である．それゆえ，これらの項が相等しいとき，その和が最小になる．したがって，

$$\frac{1}{R}=\omega^2C^2R \quad \text{すなわち} \quad R=\frac{1}{\omega C} \tag{2.9.53}$$

のとき P_e は最大となる．

演 習 問 題

2.1 次に示す正弦波について，$\sin\omega t$ に対する位相差を求めよ．
 (i) $\sin\left(\omega t-\frac{3\pi}{2}\right)$ (ii) $\cos\left(\omega t+\frac{\pi}{4}\right)$ (iii) $-\sin\left(\omega t+\frac{\pi}{6}\right)$
 (iv) $\sin\omega t+\cos\omega t$ (v) $\sin\omega t-\cos\omega t$

2.2 正弦波 $\sin(\omega t+\theta)$ の $\sin\omega t$ に対する位相差と $\cos\omega t$ に対する位相差はどれだけ異なるか．

2.3 次に示す正弦波の実効値を求めよ．
 (i) $200\sin\left(\omega t+\frac{\pi}{3}\right)$ (ii) $6\sin\omega t+8\cos\omega t$
 (iii) $6\sin\left(\omega t+\frac{\pi}{4}\right)-8\cos\left(\omega t+\frac{\pi}{4}\right)$ (iv) $3\sin\omega t+3\sin\left(\omega t+\frac{2\pi}{3}\right)$

2.4 問図 2.4 の回路に角周波数 $\omega=400$ (周波数約 60 Hz), 実効値 200 V の正弦波電圧を加えるとき, 回路に流れ込む電流の実効値はいくらか.

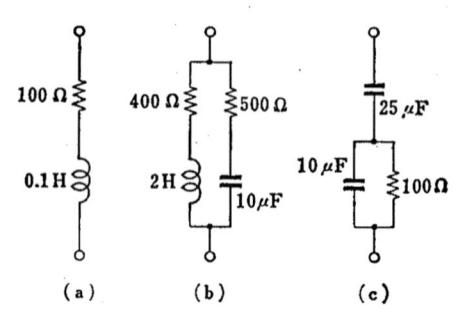

問図 2.4

2.5 2端子回路の電圧と電流が次のように与えられるとき, この回路の複素インピーダンスを求めよ.

(i) $v=8\cos\omega t,\ i=2\sin\left(\omega t+\dfrac{\pi}{6}\right)$ (ii) $v=5\sin\omega t,\ i=\cos\left(\omega t-\dfrac{\pi}{4}\right)$

(iii) $v=6\cos\left(\omega t+\dfrac{\pi}{4}\right),\ i=3\sin\left(\omega t+\dfrac{\pi}{3}\right)$

2.6 問図 2.6 の回路の複素インピーダンスを求めよ.

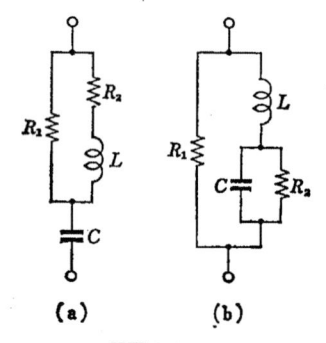

問図 2.6

2.7 問図 2.6 の回路に交流電圧 E を加えたとき, 抵抗 R_2 に流れる電流を求めよ.

2.8 問図 2.8 の回路の複素アドミタンスを求めよ.

2.9 問図 2.9 のような回路において, リアクタンス X_2 に流れる電流を電圧 E と同相にするためには, 抵抗 R_1 をどのような値にすればよいか.

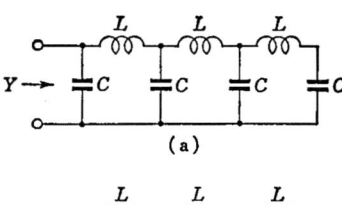

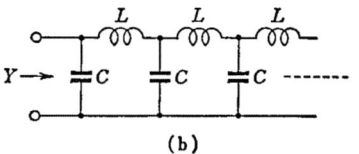

問図 2.8

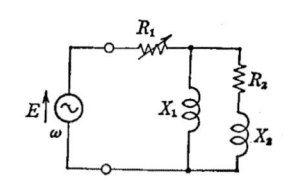

2.10 問図 2.10 のような回路に流れる電流 I が電圧 E と同相となるためには,抵抗 R_2 の値をどのようにすればよいか. ただし,$\omega L < 1/\omega C$ とする.

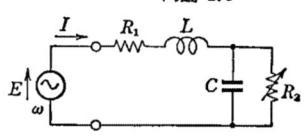

2.11 問図 2.11 の回路においてインダクタ L を流れる電流を電圧 E に対し $60°$ だけ遅らせたい. 抵抗 R をどのように選べばよいか.

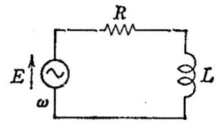

2.12 問図 2.12 の回路において,全電流 I を周波数と無関係に一定の割合で R_1 と R_2 に分流させるためには, C_2 をどのような値とすればよいか.

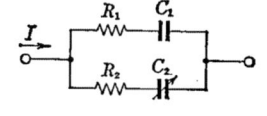

2.13 問図 2.13 に示す回路における電圧 V, 電流 I_R, I_C, I_r を電圧 E を基準としたベクトル図に示せ.

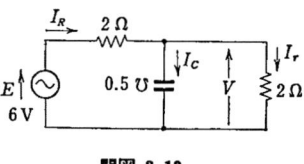

問図 2.9

問図 2.10

問図 2.11

問図 2.12

問図 2.13

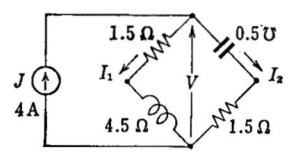

問図 2.14

2.14 問図 2.14 に示す回路における電流 J, I_1, I_2, 電圧 V の関係を示すベクトル図を求めよ.

2.15 問図 2.15 に示す回路において，キャパシタンス C を変化させたときの電圧 V のベクトル軌跡を示せ．

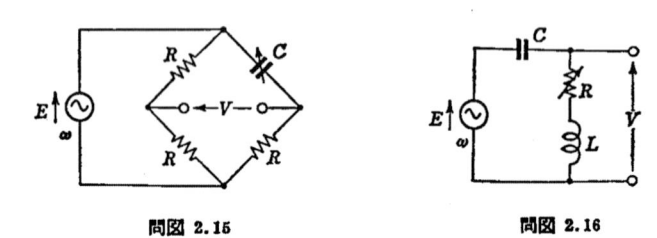

問図 2.15

問図 2.16

2.16 問図 2.16 の回路において抵抗 R を変化させても電圧 V の実効値は変わらず，電圧 E に対する位相角だけが変化する．このとき V のベクトル軌跡を描け．また，L と C にはどのような関係があるか．

2.17 問図 2.17 の回路において消費される電力を求めよ．

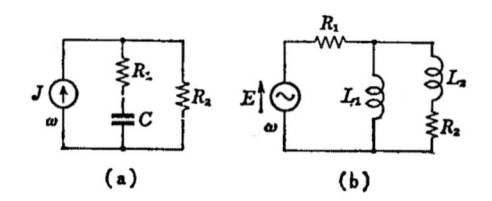

(a)　　(b)

問図 2.17

2.18 問図 2.18 の回路における電力，無効電力，皮相電力を求めよ．また，力率を 1 とするキャパシタンス C の値を求めよ．

2.19 問図 2.19 のような回路において，電流 I の実効値と電流 I_R の実効値は等しいという．電圧 E の周波数を求めよ．また，このときの I を求めよ．

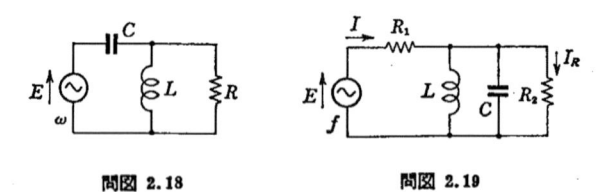

問図 2.18

問図 2.19

2.20 $C = 0.01 \mu F$, $L = 10 mH$, $R = 100 k\Omega$ の並列共振回路の共振周波数，Q，帯域幅を求めよ．

演 習 問 題

2.21 問図 2.21 の並列共振回路の共振周波数を求めよ.

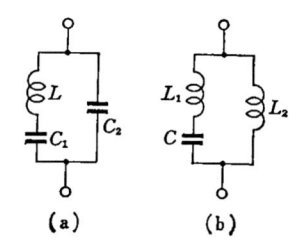

問図 2.21

3

回路網の諸定理

3.1 回路網の基本的な性質

これまで，抵抗，キャパシタ，インダクタだけを含む電気回路，すなわち，RLC 回路を取り扱ってきた．このような回路は次のような性質をもっている．

線形性 回路網方程式，すなわち素子の電圧と電流の関係を表す方程式，および KCL, KVL から求まる電流間，電圧間の関係を表す方程式はいずれも線形方程式である．

これらの方程式のなかには電圧や電流を表す変数はすべて1次の項として含まれ，v^2 とか i^3，あるいは $\sqrt{v}$ といったような項は含まれていない．このような線形方程式で表される回路を**線形回路** (linear circuit) といい，線形回路以外の回路を**非線形回路** (nonlinear circuit) という．KCL, KVL から得られる式は常に線形方程式なので，回路が線形であるか，非線形であるかは素子の特性によって決まる．電圧によってキャパシタンスが変わるようなバラクタや，飽和鉄心をもつインダクタを含む回路は非線形回路である．

時間不変性 抵抗，キャパシタ，インダクタの値が時間によって変わらないので，回路網方程式に含まれる係数は定数である．また，素子の接続状態を変えないかぎり，KCL, KVL から得られる方程式は変わらない．このように時間によって回路網方程式が変わらない回路を**時間不変回路** (time-invariant circuit) という．抵抗値が時間の関数である場合とか，回路にスイッチが含まれており，スイッチの開閉によって素子の接続状態が変わってくるような回路は**時間変化回路** (time-varying circuit) である．

相反性　図 3.1.1 (a) に示したように，端子対 aa′ に電圧 e をもつ電圧源を接続したとき，端子対 bb′ 間に電流 i が流れたとしよう．次に，端子対の役

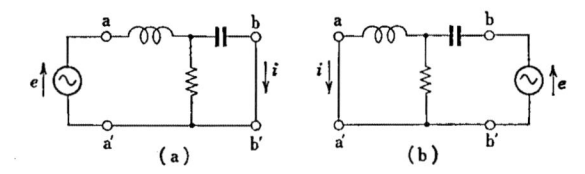

図 3.1.1　回路の相反性

割を逆にして同図 (b) のように端子対 bb′ に電圧 e をもつ電圧源を接続すると，端子対 aa′ 間には同図 (a) の端子間 bb′ に流れたのと同じ電流 i が流れる．回路を一つのシステムと考えると，電圧 e は回路に対する**励振**（あるいは入力），電流 i は回路の応答（あるいは出力）であるといえるが，この回路のように，励振の場所と応答の場所を入れ換えても，同じ励振に対して同じ応答が得られるとき，回路は**相反性** (reciprocity) をもつという．相反性をもつ回路を**相反回路** (reciprocal circuit) という．トランジスタやダイオードを含む回路は一般に非相反回路である．3.9 節に述べる**相反定理**は相反性を数式の形で表現したものである．

受動性　抵抗，キャパシタ，インダクタを含む回路ではエネルギーを発生することはない．このように回路内でエネルギーを発生しない回路を**受動回路** (passive circuit) という．回路内でエネルギーを発生しうる回路を**能動回路** (active circuit) という．トランジスタを用いた増幅回路などは能動回路である．この場合，回路内で発生するエネルギーは増幅すべき信号に関するものを考えているわけで，増幅回路はもちろん直流電源からそれ以上のエネルギーを受けている．

上にあげた性質に基づいていくつかの回路網定理が導かれている．それらの定理は回路網の性質を表すと共に，回路網解析に用いると便利なことが多い．

RLC 回路以外の回路に対しても，それらの定理が適用できる．もちろん適用に際しては，定理が成立するための条件を回路が満たしているかどうかを調べておかねばならない．

3.2 重ね合わせの理

重ね合わせの理は線形回路に対して成立する．重ね合わせの理が成立する回路が線形回路と考えてもよい．

〔**重ね合わせの理**〕　線形回路において複数個の電源が存在する場合，回路の中の任意の素子の電圧あるいは電流は，それぞれの電源が一つずつ存在する場合におけるその素子の電圧あるいは電流を加え合わせたものに等しい．

【例題 3.1】　図 3.2.1 に示すような回路において，重ね合わせの理が成立することを示せ．

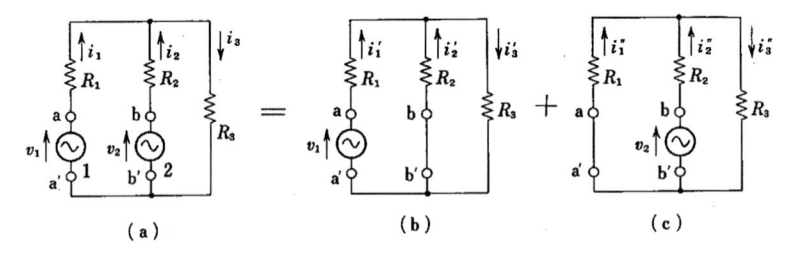

図 3.2.1

〔解〕　(a)の回路に対しては

$$i_1 + i_2 = i_3 \tag{3.2.1}$$

$$v_1 - R_1 i_1 = v_2 - R_2 i_2 = R_3 i_3 \tag{3.2.2}$$

が成立する．これを解いて，

$$i_1 = \frac{(R_2 + R_3) v_1 - R_3 v_2}{R_1 R_2 + R_2 R_3 + R_3 R_1} \tag{3.2.3}$$

$$i_2 = \frac{-R_3 v_1 + (R_1 + R_3) v_2}{R_1 R_2 + R_2 R_3 + R_3 R_1} \tag{3.2.4}$$

$$i_3 = \frac{R_2 v_1 + R_1 v_2}{R_1 R_2 + R_2 R_3 + R_3 R_1} \tag{3.2.5}$$

が求まる．(b) の回路は (a) の回路から電圧源 2 を取り除いたのち端子対 bb' を短絡して得られる回路，いいかえれば，電圧源 2 を**短絡除去**して得られる回路である．この回路に対しては

$$i_1' + i_2' = i_3' \tag{3.2.6}$$
$$v_1 - R_1 i_1' = -R_2 i_2' = R_3 i_3' \tag{3.2.7}$$

が成立する．電圧源 2 を短絡除去したことは $v_2 = 0$ としたことに対応する．式 (3.2.6), (3.2.7) の解は，

$$i_1' = \frac{(R_2 + R_3) v_1}{R_1 R_2 + R_2 R_3 + R_3 R_1} \tag{3.2.8}$$

$$i_2' = \frac{-R_3 v_1}{R_1 R_2 + R_2 R_3 + R_3 R_1} \tag{3.2.9}$$

$$i_3' = \frac{R_2 v_1}{R_1 R_2 + R_2 R_3 + R_3 R_1} \tag{3.2.10}$$

である．次に (c) の回路は (a) の回路から電圧源 1 を短絡除去したものである．この回路に対しては

$$i_1'' + i_2'' = i_3'' \tag{3.2.11}$$
$$-R_1 i_1'' = v_2 - R_2 i_2'' = R_3 i_3'' \tag{3.2.12}$$

が成り立ち，この解は

$$i_1'' = \frac{-R_3 v_2}{R_1 R_2 + R_2 R_3 + R_3 R_1} \tag{3.2.13}$$

$$i_2'' = \frac{(R_1 + R_3) v_1}{R_1 R_2 + R_2 R_3 + R_3 R_1} \tag{3.2.14}$$

$$i_3'' = \frac{R_1 v_2}{R_1 R_2 + R_2 R_3 + R_3 R_1} \tag{3.2.15}$$

である．式 (3.2.3), (3.2.4), (3.2.5), (3.2.8), (3.2.9), (3.2.10), (3.2.13), (3.2.14), (3.2.15) から直ちに

$$i_1 = i_1' + i_1'' \tag{3.2.16}$$
$$i_2 = i_2' + i_2'' \tag{3.2.17}$$
$$i_3 = i_3' + i_3'' \tag{3.2.18}$$

であり，重ね合わせの理が成立している．

上の例からもわかるように，重ね合わせの理を用いるため，ある電源を残して他の電源を回路から取り除く際，取り除く電源が電圧源ならこれを短絡除去することになる．この操作によって，回路網方程式内におけるその電圧源の電圧は0とおかれる．また，取り除く電源が電流源の場合は，これを開放除去することになる．これに対応して回路網方程式内におけるその電流源の電流は0となる．

いくつかの電源を含む回路を図3.2.2(a)のように電源と注目している素子

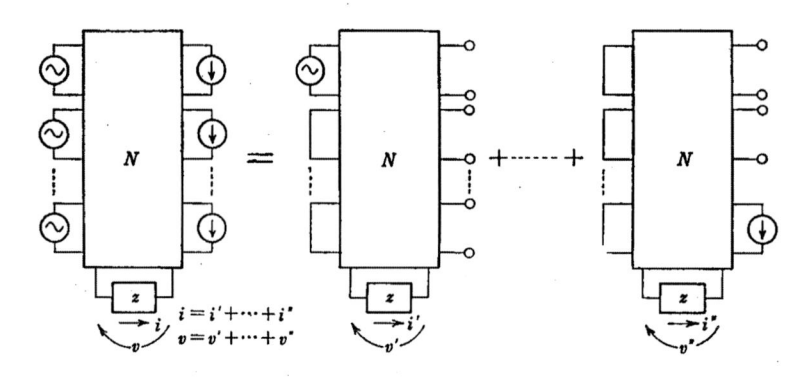

図 3.2.2 重ね合わせの理

を取り出して描く．重ね合わせの理によれば，図3.2.2(a)に示した回路の素子zの電圧あるいは電流は，同図(b)に示した複数個の回路の素子zの電圧あるいは電流を加え合わせたものになる．

重ね合わせの理が極めて有効に用いうるのは，異なった周波数の正弦波電源が存在する回路の定常状態解析である．第2章2.3節に述べた正弦波の複素数表示は回路内のすべての電圧，電流の角周波数が同一であるという前提に立っている．複素インピーダンスや複素アドミタンスも異なった周波数に対しては同時に定義されえない．したがって，異なった周波数の正弦波電源を含む場合は，重ね合わせの理を用いて回路を同一の周波数の正弦波電源のみを含むいく

つかの回路に分解し，これらの回路に対し複素数表示を用いて計算を行なうこととなる．得られた複素数表示の電圧あるいは電流を瞬時値に直した後，それらを加え合わせれば，元の回路の電圧あるいは電流が求まる．

【例題 3.2】 図 3.2.3 に示した回路において，抵抗 R に流れる電流を求めよ．ただし，

$$v_1 = V_{1m}\sin\omega_1 t, \quad v_2 = V_{2m}\cos\omega_2 t$$

とする．

図 3.2.3

〔解〕 図 3.2.3 の回路を図 3.2.4 のように二つの回路に分ける．同図 (a) の

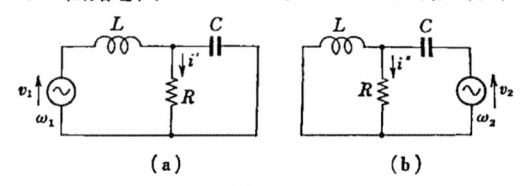

(a)　(b)

図 3.2.4

回路において v_1, i' の複素数表示をそれぞれ V_1, I' とする．R の電圧は RI' であり，この電圧が C にかかっているので，C に流れる電流は $j\omega_1 CRI'$ であり，したがって L に流れる電流は $(1+j\omega_1 CR)I'$ となる．それゆえ

$$V_1 = j\omega_1 L(1+j\omega_1 CR)I' + RI'$$

から

$$I' = \frac{V_1}{R(1-\omega_1^2 LC)+j\omega_1 L} \tag{3.2.19}$$

を得る．これから i' の振幅と位相角が，

$$I_m' = \frac{V_{1m}}{\sqrt{R^2(1-\omega_1^2 LC)^2+\omega_1^2 L^2}} \tag{3.2.20}$$

$$\phi' = -\tan^{-1}\frac{\omega_1 L}{R(1-\omega_1^2 LC)} \tag{3.2.21}$$

のように求めることができる．同じようにして同図 (b) の回路において v_2, i'' の複素数表示をそれぞれ V_2, I'' とすると，

$$I'' = \frac{-\omega_2^2 LC V_2}{R(1-\omega_2^2 LC)+j\omega_2 L} \tag{3.2.22}$$

が求まる．これから i'' の振幅と位相角が

$$I_m''=\frac{\omega_2^2 LCV_{2m}}{\sqrt{R^2(1-\omega_2^2 LC)^2+\omega_2^2 L^2}} \quad (3.2.23)$$

$$\phi''=\pi-\tan^{-1}\frac{\omega_2 L}{R(1-\omega_2^2 LC)} \quad (3.2.24)$$

と求まる．もとの回路において R に流れる電流 i は

$$i=i'+i''=I_{1m}\sin(\omega_1 t+\phi')+I_{2m}\cos(\omega_2 t+\phi'')$$

となる（ϕ'' は $\cos\omega_2 t$ に対する位相角であることに注意）．

電子回路では，直流電源と交流電源（信号）が共存することが多い．このとき，重ね合わせの理を用いて回路を解析するのが普通である．

3.3 テブナンの定理とノートンの定理

テブナンの定理とノートンの定理は，数多くの電源を含む2端子回路が一つの電源だけを有する回路に置き換えうることを示している．

テブナンの定理　図 3.3.1 (a) の回路 N^* はいくつかの電源を含んでおり，その端子対 aa' に現れる電圧は E_0 である．同図 (b) に示したように，端子対 aa' に複素インピーダンス Z の回路を接続するとき Z に流れる電流 I は，

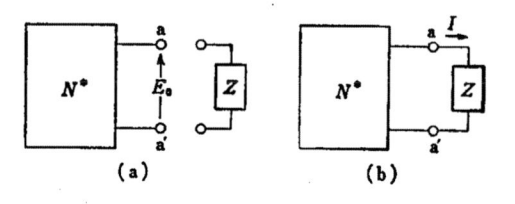

$$I=\frac{E_0}{Z_0+Z} \quad (3.3.1)$$

図 3.3.1　テブナンの定理

である．ただし，Z_0 は回路 N^* から電圧源を短絡除去，電流源を開放除去して得られる回路の端子対 aa' から見た複素インピーダンスである．

テブナンの定理によれば，回路 N^* は，図 3.3.2 に示したような1個の電源と複素インピーダンス Z_0 を直列に接続した回路と端子対 aa' から見て等価であ

る．それゆえテブナンの定理は**等価電圧源の定理**ともいわれる．また，図3.3.2 (b)の回路は同図(a)の回路に対する**テブナン等価回路**(Thévenin equivalent circuit) といわれる．

テブナンの定理は重ね合わせの理を用いて次のように証明できる．まず，回路N^*に複素インピーダンスZを接続した回路は，図3.3.3(a)のように電源を取り出して描ける．この回路は図3.3.3(b)に示した回路と等価である．

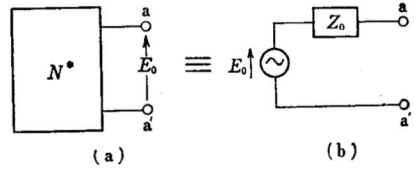

図 3.3.2 テブナン等価回路

なぜなら，電圧源1の電圧と電圧源2の電圧は打ち消し合ってしまい，2個の

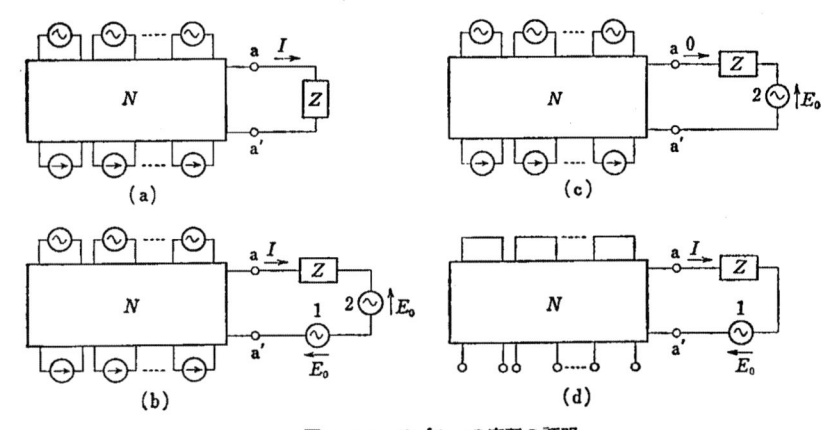

図 3.3.3 テブナンの定理の証明

電圧源の合成電圧は0，すなわち短絡回路と同じになってしまうからである．次に，重ね合わせの理を用いると図3.3.3(b)の回路は，同図(c)および(d)の回路に分けて考えうる．ところが，同図(c)の回路ではZに流れる電流は0である．なぜなら，Zを接続する前に端子対aa'に現れていた電圧はE_0であり，この電圧と電圧源2の電圧が等しいからである．同図(d)の回路は図3.3.2の等価回路にZを接続したものであり，Zに流れる電流Iは式(3.3.1)で与えられる．

【例題 3.3】 図3.3.4に示す回路において，抵抗R_5に流れる電流を求めよ．

〔解〕 図3.3.4の回路の端子対 aa′ を図3.3.2の端子対 aa′ と考える．電圧源とR_1，R_2，R_3，R_4が図3.3.2の回路N^*をつくることになる．R_5を取り除いたとき端子対 aa′ に現れる電圧E_0は

$$E_0 = \frac{R_2 E}{R_1 + R_2} - \frac{R_4 E}{R_3 + R_4} \tag{3.3.2}$$

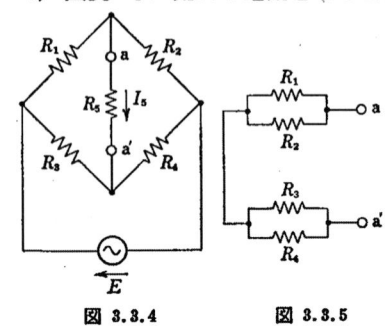

図 3.3.4

図 3.3.5

である．N^*から電圧源を短絡除去すると図3.3.5に示すような回路が得られ，端子対 aa′ からみた合成抵抗R_0は

$$R_0 = \frac{R_1 R_2}{R_1 + R_2} + \frac{R_3 R_4}{R_3 + R_4} \tag{3.3.3}$$

である．抵抗R_5に流れる電流I_5は式(3.3.1)を用いて

$$\begin{aligned} I_5 &= \frac{E_0}{R_0 + R_5} \\ &= \frac{(R_2 R_3 - R_1 R_4) E}{R_1 R_2 (R_3 + R_4) + R_3 R_4 (R_1 + R_2) + R_5 (R_1 + R_2)(R_3 + R_4)} \end{aligned} \tag{3.3.4}$$

を得る．

【例題 3.4】 図3.3.6に示す回路において，インダクタLに流れる電流を求めよ．ただし，電源はいずれも角周波数ωの正弦波電源である．

〔解〕 電圧源，電流源，R_1，Cが図3.3.2の回路N^*を作ると考える．R_2とLを取り

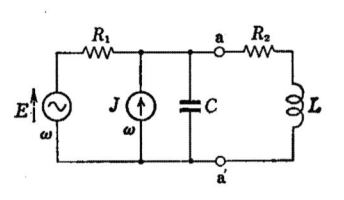

図 3.3.6

図 3.3.7

除いたときに端子対 aa' に現れる電圧 V を，重ね合わせの理を用いて求める．まず，電圧源によって aa' に現れる電圧は，図 3.3.7 (a) より

$$\frac{\frac{1}{j\omega C}E}{R_1+\frac{1}{j\omega C}}=\frac{E}{1+j\omega CR_1}$$

である．電流源によって aa' に現れる電圧は，図 3.3.7 (b) より

$$\frac{J}{j\omega C+\frac{1}{R_1}}=\frac{R_1 J}{1+j\omega CR_1}$$

である．したがって

$$E_0=\frac{E}{1+j\omega CR_1}+\frac{R_1 J}{1+j\omega CR_1} \tag{3.3.5}$$

となる．また，N^* から電圧源を短絡除去し，電流源を開放除去して得られる回路は図 3.3.7 (c) のようになる．したがって，端子対 aa' からみたインピーダンス Z_0 は

$$Z_0=\frac{1}{\frac{1}{R_1}+j\omega C}=\frac{R_1}{1+j\omega CR_1} \tag{3.3.6}$$

である．インダクタ L に流れる電流 I は式 (3.3.1) を用いて，

$$I=\frac{E_0}{Z_0+R_2+j\omega L}=\frac{E+R_1 J}{R_1+(1+j\omega CR_1)(R_2+j\omega L)} \tag{3.3.7}$$

となる．

ノートンの定理　　ノートンの定理はテブナンの定理に双対な定理である．図 3.3.8 (a) に示した回路 N^* はいくつかの電源を含んでおり，その端子対 aa' を短絡したとき aa' に流れる電流が J_0 とする．同図 (b) のように，aa' に複素アドミタンス Y の回路を接続するとき，端子対 aa' の電圧 V は，

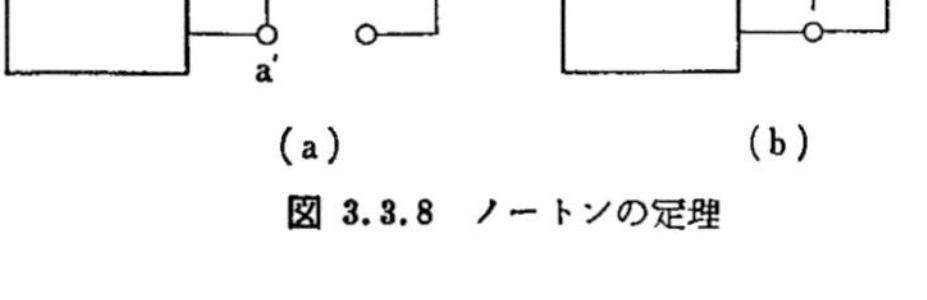

図 3.3.8　ノートンの定理

$$V = \frac{J_0}{Y_0 + Y} \tag{3.3.8}$$

で与えられる．ただし，Y_0 は，N^* から電圧源を短絡除去し，電流源を開放除去した回路の aa' から見た複素アドミタンスである．ノートンの定理によれば，図 3.3.9 (a) の回路は端子対 aa' から見たとき，図 3.3.9 (b) の回路に等価である．

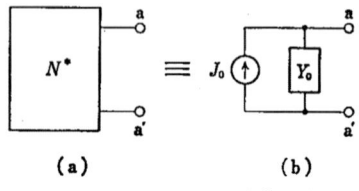

図 3.3.9　ノートンの等価回路

図 3.3.9 (b) の回路を同図 (a) の回路に対する**ノートン等価回路** (Norton equivalent circuit) という．

ノートンの等価回路とテブナンの等価回路を比べてみよう．まず，定義から

$$Y_0 = \frac{1}{Z_0} \tag{3.3.9}$$

である．次に，テブナンの等価回路において，端子対 aa' を短絡してみると，

$$J_0 = \frac{E_0}{Z_0} = Y_0 E_0 \tag{3.3.10}$$

であることがわかる．この関係はノートンの等価回路において端子対 aa' になにも接続しないときに現れる電圧が J_0/Y_0 であることからも求まる．

ノートンの定理もテブナンの定理同様，重ね合わせの理を用いて証明することができる（演習問題 3.3）．

【例題 3.5】 図 3.3.10 の回路において端子対 aa' 間の電圧を求めよ．ただし，G_1, G_2, G_3, G_4 はコンダクタンスを表す．

〔解〕電圧源と G_1, G_2, G_3 からなる回路を N^* と考える．端子対 aa' を短絡したときに流れる電流 J_0 は，重ね合わせの理を用いると，

図 3.3.10

$$J_0 = G_1 E_1 + G_2 E_2 + G_3 E_3 \tag{3.3.11}$$

と求まる．また，端子対 aa′ からみた合成コンダクタンス Y_0 は

$$Y_0 = G_1 + G_2 + G_3 \tag{3.3.12}$$

となる．したがって，元の回路の端子対 aa′ に生じる電圧 V は式 (3.3.8) を用いて，

$$V = \frac{J_0}{Y_0 + G_4 + j\omega C} = \frac{G_1 E_1 + G_2 E_2 + G_3 E_3}{G_1 + G_2 + G_3 + G_4 + j\omega C} \tag{3.3.13}$$

となる．

帆足-ミルマンの定理 ノートンの等価回路から容易に導かれる定理に帆足-ミルマン (Millman) の定理がある．図 3.3.11 に示した回路に対するノートンの等価回路を考えてみよう．端子対 aa′ を短絡したとき，ここに流れる電流 J_0 は

$$J_0 = Y_1 E_1 + Y_2 E_2 + \cdots + Y_n E_n \tag{3.3.14}$$

である．また，電圧源をすべて短絡除去したとき端子対 aa′ から見た複素アドミタンス Y_0 は

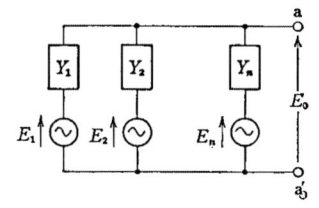

図 3.3.11 帆足-ミルマンの定理

$$Y_0 = Y_1 + Y_2 + \cdots + Y_n \tag{3.3.15}$$

となる．端子対 aa′ を開放状態にしたときここに現れる電圧 E_0 は，テブナンの等価回路における E_0 に等しいから，式 (3.3.9), (3.3.10) を用いて，次のような式が求まる．

$$E_0 = \frac{J_0}{Y_0} = \frac{Y_1 E_1 + Y_2 E_2 + \cdots + Y_n E_n}{Y_1 + Y_2 + \cdots + Y_n} \tag{3.3.16}$$

上式が帆足-ミルマンの定理を示す．

テブナンの等価回路やノートンの等価回路を複雑な回路に適用すれば，複雑な回路を簡単な形で表せるので，これらの等価回路の応用範囲は広い．

3.4 補償の定理

図 3.4.1 (a) に示すように，回路 N^* の端子対 aa′ を短絡したとき，ここに J_0 という電流が流れているとしよう．次に，同図 (b) に示すように，端子対 aa′ に複素インピーダンス Z である回路を接続する．Z を接続したことによって回路 N^* 中の電圧・電流には変化が生じる．この変化はどのようなものであろうか．図 3.4.1 (b) の回路は図 3.4.2 に示すような回路と等価であると考えてよい．2個の電圧源の電圧は大きさが等しく方向が逆なので互いに打ち消し合って，2個

図 3.4.1 補償の定理の説明 (1)

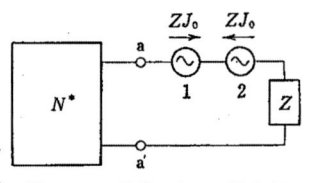

図 3.4.2 補償の定理の説明 (2)

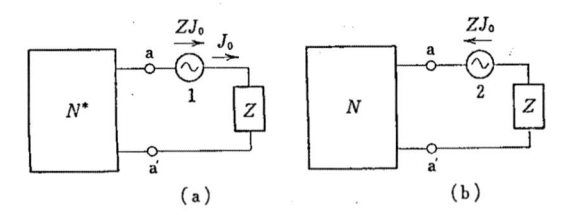

の電圧源は全体として短絡回路と変わらない．この回路に含まれる電源を次の2組に分けて重ね合わせの理を用いる．電源の第1の組は N^* にある電源と電圧源1，第2の組は電圧源2とする．図 3.4.3 (a) の回路は，図 3.4.2 の回路から電圧源2を短絡除去して得られるもの，図 3.4.3 (b) の回路は図 3.4.2 の

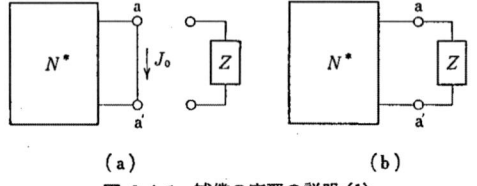

図 3.4.3 補償の定理の説明 (3)

回路から N^* にある電圧源を短絡除去，電流源を開放除去し，さらに電圧源1を短絡除去したものである．図 3.4.2 の回路は，図 3.4.3 の二つの回路を重ね合わせて得られる．ところが，図 3.4.3 (a) の回路は図 3.4.1 (a) の回路と等価である．それは，Z に電流 J_0 が流れ込み，ZJ_0 という電圧を生じるが，こ

の電圧は電圧源1の電圧 ZJ_0 と打ち消し合って，端子対 aa′ を短絡したのと変わらないからである．したがって，図 3.4.3 (b) の回路の電圧，電流が，図 3.4.1 (a) の回路を図 3.4.1 (b) のように変えたときに生じる変化分の電圧，電流を与えることになる．補償の定理はこのことを述べたものである．

〔補償の定理〕　図 3.4.1 に示すように，回路 N^* の短絡端子対 aa′ に電流 J_0 が流れているとき，aa′ にインピーダンス Z を挿入することによって生じる回路中の電圧・電流の**変化分**は，回路中の電圧源を短絡除去，電流源を開放除去し，Z に直列に電圧源 ZJ_0 を J_0 と逆向きに加えたときの電圧・電流に等しい．

【例題 3.6】　図 3.4.4 の回路において R_3 に流れる電流を測定するために，内部抵抗 R_0 をもつ電流計を R_3 と直列に挿入する．電流計の示す電流 I から，電流計の挿入前に R_3 に流れていた電流を求めよ．

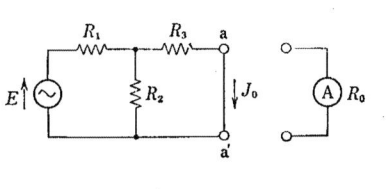

図 3.4.4

〔解〕　電流計の挿入前に流れていた電流を J_0 とする．補償の定理から，電流計の挿入による R_3 の電流の変化分は，図 3.4.5 から求めることができ，

図 3.4.5

$$-\frac{J_0 R_0}{\dfrac{R_1 R_2}{R_1+R_2}+R_3+R_0} \tag{3.4.1}$$

である．したがって

$$J_0-\frac{J_0 R_0}{\dfrac{R_1 R_2}{R_1+R_2}+R_3+R_0}=I \tag{3.4.2}$$

である．この式から

$$J_0=\frac{R_1 R_2+(R_1+R_2)(R_3+R_0)}{R_1 R_2+R_1 R_3+R_2 R_3}I \tag{3.4.3}$$

が求まる．

次に，補償の定理の双対となる定理を考えてみよう．図 3.4.1 (a) の回路から，端子対 aa' の短絡を開放に置き換え，電流 J_0 を電圧 E_0 に，インピーダンスをアドミタンスに置き換えると，図 3.4.6 が得られ，補償の定理の双対は次のようになる．

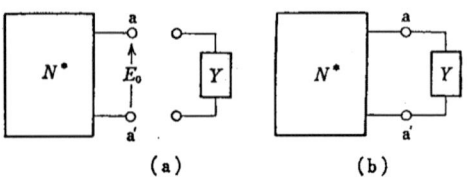

〔補償の定理の双対〕 図 3.4.6 に示すように，回路 N^* の

図 3.4.6 補償の定理の双対に対する説明 (1)

開放端子対 aa' に電圧 E_0 が現れているとき，aa' にアドミタンス Y を接続することによって生じる回路中の電圧・電流の変化分は，回路中の電圧源を短絡除去，電流源を開放除去し，Y に並列に電流源 YE_0 を E_0 と逆向きに加えたときの電圧，電流に等しい．

この定理の証明も，図 3.4.2，図 3.4.3 の双対回路である図 3.4.7，図 3.4.8 を用いて，容易にすることができる．図 3.4.8 (b) が定理にいう変化分を与える回路である．

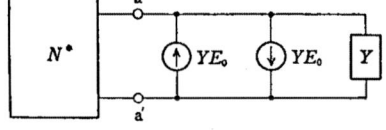

図 3.4.7 補償の定理の双対に対する説明 (2)

図 3.4.8 補償の定理の双対に対する説明 (3)

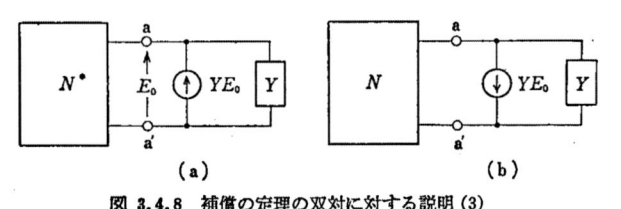

図 3.4.3 (b) の回路は，補償の定理において変化分の電圧・電流を与えるのであるが，端子対 aa' から右の部分はノートンの定理によって，電流源とそれに並列接続されたアドミタンス Y に置き換えることができる．図 3.4.8 (b) の回路についても同様のことがいえ，端子対 aa' から右の回路はテブナンの等価回路に置き換えうる．回路網解析に便利なように，電圧源か電流源を選択すればよい．

【例題 3.7】 図 3.4.9 の回路において，キャパシタ C に並列にコンダクタン

ス G の電圧計を接続したとき，電圧計の指示（電圧の実効値 V_e）から，接続前のキャパシタの電圧を求めよ．

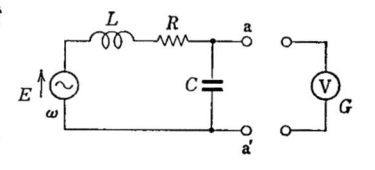

〔解〕 電圧計の接続前におけるキャパシタ C の電圧を E_0 とする．電圧計の接続によって生じる変化分を与える回路は図 3.4.10 のようになり，変化分は

$$-\frac{E_0 G}{\frac{1}{R+j\omega L}+j\omega C+G} \quad (3.4.4)$$

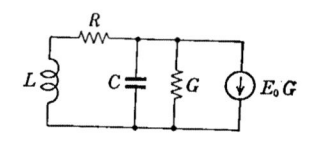

である．したがって，電圧計にかかる電圧を V とすると

図 3.4.9

図 3.4.10

$$E_0 - \frac{E_0 G}{\frac{1}{R+j\omega L}+j\omega C+G} = V \quad (3.4.5)$$

となる．この式から E_0 を求めれば，

$$E_0 = \frac{1-\omega^2 LC+RG+j\omega(LG+CR)}{1-\omega^2 LC+j\omega CR} V \quad (3.4.6)$$

である．ゆえに

$$|E_0| = \sqrt{\frac{(1-\omega^2 LC+RG)^2+\omega^2(LG+CR)^2}{(1-\omega^2 LC)^2+\omega^2 C^2 R^2}} V_e \quad (3.4.7)$$

となる（$V_e = |V|$）．

3.5 Δ-Y 変換

前節では，二つの端子から見た電圧・電流特性に注目して，複雑な回路を簡単な形をしたテブナン，あるいはノートンの等価回路に置き換えた．この節では，3 個の端子から見た電圧・電流特性が等価であるような二つの回路相互間の変換について述べる．二つの回路とは，図 3.5.1 に示したようなものであり，その接続の形から同図 (a) は Δ（デルタ）形回路, (b) は Y 形回路とよばれてい

る．

　3個の端子 a, b, c に対して，各インピーダンスあるいはアドミタンスの添字は，Δ形回路では端子の向い側のものに α, β, γ が，またY形回路では端子に接続されたものに a, b, c が付けられている．これは，変換式の形が規則正しくなるようにするためである．

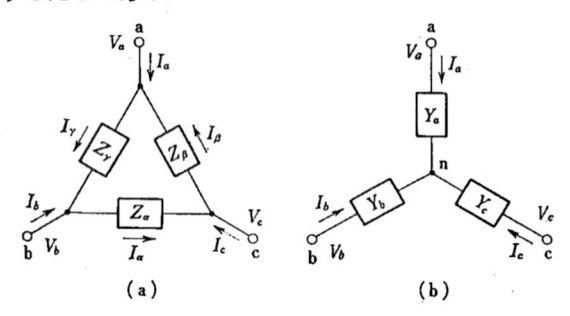

図 3.5.1　Δ-Y 変換

　さて，二つの回路が等価であるための条件は，ある基準点からの端子電圧 V_a, V_b, V_c に対して，端子に流れ込む電流 I_a, I_b, I_c が二つの回路で等しくなることである．

　まず，Δ形回路において Z_α, Z_β, Z_γ に流れる電流 I_α, I_β, I_γ は，

$$I_\alpha = \frac{V_b - V_c}{Z_\alpha} \tag{3.5.1}$$

$$I_\beta = \frac{V_c - V_a}{Z_\beta} \tag{3.5.2}$$

$$I_\gamma = \frac{V_a - V_b}{Z_\gamma} \tag{3.5.3}$$

である．端子に流れ込む電流は

$$I_a = I_\gamma - I_\beta \tag{3.5.4}$$
$$I_b = I_\alpha - I_\gamma \tag{3.5.5}$$
$$I_c = I_\beta - I_\alpha \tag{3.5.6}$$

と表される．

　次に，Y形回路では，中央の n 点の電圧を V_n とすると，

3.5 Δ-Y 変換

$$I_a = Y_a(V_a - V_n) \tag{3.5.7}$$

$$I_b = Y_b(V_b - V_n) \tag{3.5.8}$$

$$I_c = Y_c(V_c - V_n) \tag{3.5.9}$$

である．n 点に対してキルヒホフの電流法則を当てはめると，

$$I_a + I_b + I_c = 0 \tag{3.5.10}$$

を得るので，式 (3.5.7), (3.5.8), (3.5.9) を式 (3.5.10) に代入し，V_n を求めると

$$V_n = \frac{Y_a V_a + Y_b V_b + Y_c V_c}{Y_a + Y_b + Y_c} \tag{3.5.11}$$

となる．この式を式 (3.5.7), (3.5.8), (3.5.9) に入れると，

$$I_a = \frac{Y_a\{(Y_b + Y_c)V_a - Y_b V_b - Y_c V_c\}}{Y_a + Y_b + Y_c} \tag{3.5.12}$$

である．一方，式 (3.5.4), (3.5.2), (3.5.3) から

$$I_a = \left(\frac{1}{Z_\gamma} + \frac{1}{Z_\beta}\right) V_a - \frac{1}{Z_\gamma} V_b - \frac{V_c}{Z_\beta} \tag{3.5.13}$$

を得る．式 (3.5.12), (3.5.13) の右辺を等しいとおいて，得られる等式が V_a, V_b, V_c のどのような値に対しても成立するためには，V_a, V_b, V_c の係数が等しくなければならない．すなわち

$$\frac{1}{Z_\gamma} + \frac{1}{Z_\beta} = \frac{Y_a(Y_b + Y_c)}{Y_a + Y_b + Y_c} \tag{3.5.14}$$

$$\frac{1}{Z_\gamma} = \frac{Y_a Y_b}{Y_a + Y_b + Y_c} \tag{3.5.15}$$

$$\frac{1}{Z_\beta} = \frac{Y_c Y_a}{Y_a + Y_b + Y_c} \tag{3.5.16}$$

でなければならない．式 (3.5.15) と式 (3.5.16) が成り立てば，式 (3.5.14) も成り立つので，この式は余分である．I_b, I_c についても上と同じように考えれば，式 (3.5.15), (3.5.16) のほかに

$$\frac{1}{Z_\alpha} = \frac{Y_b Y_c}{Y_a + Y_b + Y_c} \tag{3.5.17}$$

を得る．式 (3.5.15), (3.5.16), (3.5.17) を書きなおすと，Y 形回路から Δ 形

回路を得る変換を与える式として，次式が得られる．

〔Y-Δ 変換〕

$$Z_\alpha = \frac{Y_a + Y_b + Y_c}{Y_b Y_c} \tag{3.5.18}$$

$$Z_\beta = \frac{Y_a + Y_b + Y_c}{Y_c Y_a} \tag{3.5.19}$$

$$Z_\gamma = \frac{Y_a + Y_b + Y_c}{Y_a Y_b} \tag{3.5.20}$$

Δ形回路から Y 形回路を得る変換式は，式 (3.5.18), (3.5.19), (3.5.20) を，Y_a, Y_b, Y_c について解けば求まる．まず，これら 3 式を加えると，

$$Z_\alpha + Z_\beta + Z_\gamma = (Y_a + Y_b + Y_c)\left(\frac{1}{Y_b Y_c} + \frac{1}{Y_c Y_a} + \frac{1}{Y_a Y_b}\right)$$

$$= \frac{(Y_a + Y_b + Y_c)^2}{Y_a Y_b Y_c} \tag{3.5.21}$$

である．次に，式 (3.5.19) と式 (3.5.20) をかけると，

$$Z_\beta Z_\gamma = \frac{(Y_a + Y_b + Y_c)^2}{Y_a^2 Y_b Y_c}$$

であるから，これと式 (3.5.21) によって次式を得る．

〔Δ-Y 変換〕

$$Y_a = \frac{Z_\alpha + Z_\beta + Z_\gamma}{Z_\beta Z_\gamma} \tag{3.5.22}$$

同様にして

$$Y_b = \frac{Z_\alpha + Z_\beta + Z_\gamma}{Z_\gamma Z_\alpha} \tag{3.5.23}$$

$$Y_c = \frac{Z_\alpha + Z_\beta + Z_\gamma}{Z_\alpha Z_\beta} \tag{3.5.24}$$

を得る．

式 (3.5.22), (3.5.23), (3.5.24) は，それぞれ式 (3.5.18), (3.5.19), (3.5.20) から，Y と Z，a と α，b と β，c と γ を入れ換えれば得られることに注意しよう．

【例題 3.8】 図 3.5.2 の Δ 形回路に等価な Y 形回路を求めよ.

〔解〕 この回路の対称性から $Y_a=Y_b=Y_c$ である. 式(3.5.22)において, $Z_\alpha=Z_\beta=Z_\gamma=j\omega L$ とすれば,

$$Y_a=Y_b=Y_c=\frac{3j\omega L}{(j\omega L)^2}=\frac{3}{j\omega L} \quad (3.5.25)$$

である. 等価な Y 形回路は, 図 3.5.3 に示すようになる.

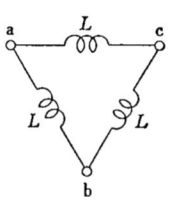

図 3.5.2

【例題 3.9】 図 3.5.4 に示した Y 形回路と等価な Δ 形回路を求めよ.

〔解〕 式 (3.5.18), (3.5.19), (3.5.20) から

$$Z_\alpha=Z_\gamma=\frac{\dfrac{1}{j\omega L}+\dfrac{1}{j\omega L}+j\omega C}{\dfrac{1}{j\omega L}\cdot j\omega C}$$

$$=\frac{2-\omega^2 LC}{j\omega C} \quad (3.5.26)$$

$$Z_\beta=\frac{\dfrac{1}{j\omega L}+\dfrac{1}{j\omega L}+j\omega C}{\dfrac{1}{j\omega L}\cdot\dfrac{1}{j\omega L}}$$

$$=j\omega L(2-\omega^2 LC) \quad (3.5.27)$$

図 3.5.3

図 3.5.4

を得る.

3.6 ブリッジ回路と定抵抗回路

この節では種々の測定に用いられ,かつ回路網理論のなかで重要な位置を占める**ブリッジ**(bridge)**回路**について述べる.測定に用いられる基本的なブリッジ回路を図 3.6.1 に示す.端子対 aa′ には電圧源, bb′ には検出器 D が接続されている. Z_1, Z_2, Z_3, Z_4 のうちの一つが測定

図 3.6.1 ブリッジ回路

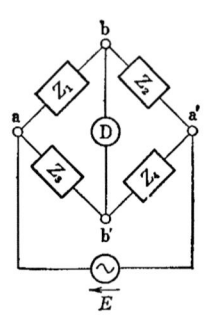

しようとするインピーダンスであり，残りのもの全部あるいは一部が可変となっている．可変なインピーダンスを調節して，検出器に流れる電流が 0 となるようにする．このとき，端子対 bb′ 間の電圧も 0 であり，ブリッジは平衡したといわれる．端子 a′ を基準として端子 b と b′ の電圧を求めてみると，それぞれ，$Z_2E/(Z_1+Z_2)$，$Z_4E/(Z_3+Z_4)$ となる．したがって，bb′ 間の電圧が 0 となるためには

$$\frac{Z_2E}{Z_1+Z_2}=\frac{Z_4E}{Z_3+Z_4} \qquad (3.6.1)$$

でなければならない．この式の分母を払って整理すれば次式を得る．

〔ブリッジの平衡条件〕

$$Z_1Z_4=Z_2Z_3 \qquad (3.6.2)$$

式 (3.6.2) を用いれば，Z_1, Z_2, Z_3, Z_4 のうちの一つのインピーダンスが不明でも他のものから求めうる．Z_1, Z_2, Z_3, Z_4 がすべて抵抗であるブリッジを**ホイットストン・ブリッジ** (Wheatstone bridge) といい，抵抗の測定によく用いられる．

【例題 3.10】 図 3.6.2 はウィーン・ブリッジ (Wien bridge) である．このブリッジの平衡条件を求めよ．

〔解〕 $Z_2=\dfrac{R_2}{1+j\omega C_2R_2}$，$Z_4=R_4+\dfrac{1}{j\omega C_4}$

である．式 (3.6.2) から，平衡条件式は，

$$R_1\left(R_4+\frac{1}{j\omega C_4}\right)=\frac{R_2R_3}{1+j\omega C_2R_2} \qquad (3.6.3)$$

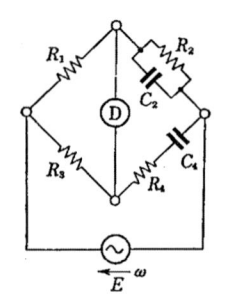

となる．この式から

$$(1+j\omega C_2R_2)\left(R_4+\frac{1}{j\omega C_4}\right)=\frac{R_2R_3}{R_1} \qquad (3.6.4)$$

が導かれるが，この式の両辺の実部を等しいとおいて整理すれば，

$$\frac{R_4}{R_2}+\frac{C_2}{C_4}=\frac{R_3}{R_1} \qquad (3.6.5)$$

図 3.6.2 ウィーン・ブリッジ

を得る．また，式 (3.6.4) の右辺の虚部は0だから，左辺の虚部を0とおけば，

$$\omega C_2 R_2 = \frac{1}{\omega C_4 R_4} \quad (3.6.6)$$

を得る．

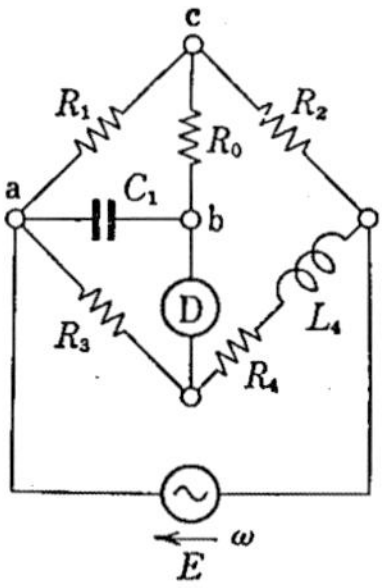

【例題 3.11】 図 3.6.3 に示す**アンダーソン・ブリッジ**(Anderson bridge) が平衡するための R_4, L_4 を求めよ．

〔解〕 R_1, C_1, R_0 から成る Δ 形回路を Y 形回路に変換すると，図3.6.4に示すような通常のブリッジとなる．このとき Z_b は求める必要はない．式 (3.5.22)，(3.5.24) を用いて

図 3.6.3 アンダーソン・ブリッジ

$$Z_a = \frac{R_1 \dfrac{1}{j\omega C_1}}{R_0 + R_1 + \dfrac{1}{j\omega C_1}} = \frac{R_1}{1 + j\omega C_1 (R_0 + R_1)} \quad (3.6.7)$$

$$Z_c = \frac{R_0 R_1}{R_0 + R_1 + \dfrac{1}{j\omega C_1}} = \frac{j\omega C_1 R_0 R_1}{1 + j\omega C_1 (R_0 + R_1)} \quad (3.6.8)$$

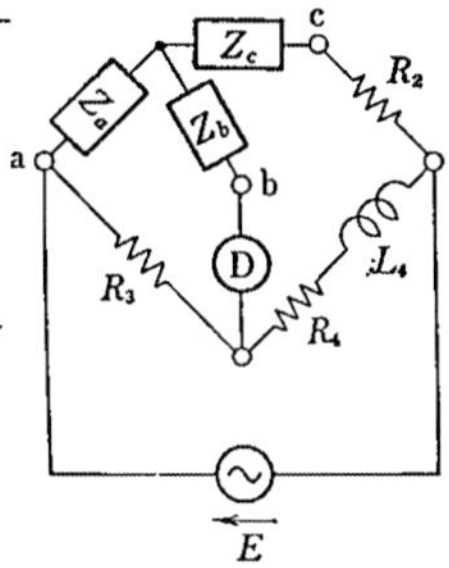

図 3.6.4

を得る．ブリッジの平衡条件は式 (3.6.2) から，

$$\frac{R_1 (R_4 + j\omega L_4)}{1 + j\omega C_1 (R_0 + R_1)} = R_3 \left\{ R_2 + \frac{j\omega C_1 R_0 R_1}{1 + j\omega C_1 (R_0 + R_1)} \right\} \quad (3.6.9)$$

である．分母を払って，

$$R_1 R_4 + j\omega L_4 R_1 = R_3 \{R_2 + j\omega C_1 (R_0 R_1 + R_0 R_2 + R_1 R_2)\} \quad (3.6.10)$$

を得る．実部と虚部に分け，R_4, L_4 を求めれば，

$$R_4 = \frac{R_2 R_3}{R_1} \quad (3.6.11)$$

$$L_4 = \frac{R_3 C_1}{R_1} (R_0 R_1 + R_0 R_2 + R_1 R_2) \quad (3.6.12)$$

次に図 3.6.5 のような回路を考えてみよう．$Z_1, Z_2,$ R の間に

$$Z_1 Z_2 = R^2 \quad (3.6.13)$$

という関係があると，ブリッジの平衡条件が成立し，Z_g がどんなものであってもその両端の電圧は 0 であり，Z_g に電流は流れない．このとき端子対 aa′ から見たアドミタンスを計算してみると，Z_g はないとみなしてよいから，

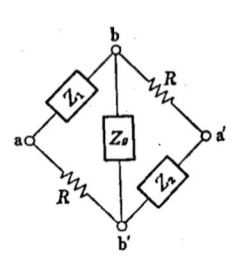

図 3.6.5 定抵抗回路

$$\frac{1}{R+Z_1} + \frac{1}{R+Z_2} = \frac{1}{R+Z_1} + \frac{1}{R+\dfrac{R^2}{Z_1}} = \frac{1}{R+Z_1} + \frac{Z_1}{R(R+Z_1)}$$

$$= \frac{1}{R} \quad (3.6.14)$$

となる．すなわち，端子対 aa′ から見ると，式 (3.6.13) が成立する限り，$Z_1,$ Z_2, Z_g がどのようなものであっても，この回路は一つの抵抗 R と等価である．このように，インダクタやキャパシタを含んでいても，端子対から見ると一定抵抗と等価な回路を**定抵抗回路** (constant resistance circuit) という．また，式 (3.6.13) を満足するような Z_1, Z_2 をもつ回路を互いに**逆回路** (inverse circuit) であるという．逆回路を用いた定抵抗回路の例を図 3.6.6 に示す．同図 (a) は $Z_g = \infty$ (開放) としたもの，(b) は $Z_g = 0$ (短絡) としたもの，(c) は $Z_g = R_1$ としたものである．ただし，L と C の間には $L/C = R^2$ という関係が成り立つものとする．

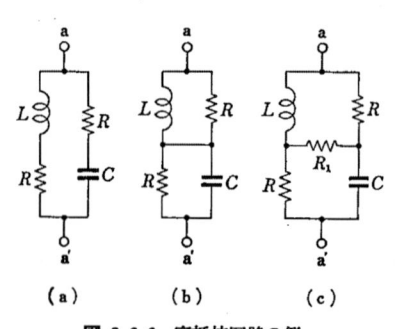

図 3.6.6 定抵抗回路の例

定抵抗回路として知られているものに図 3.6.7 に示す格子形定抵抗回路があ

る．Z_1, Z_2 はやはり式 (3.6.13) を満たすものとする．この回路は図 3.6.8 の回路に等価であるが，図 3.6.8 の回路に Δ-Y 変換をほどこすと，図 3.6.9 の回路が得られる．ただし，Z_a, Z_b, Z_c は式 (3.5.22)，(3.5.23)，(3.5.24) を用いて，

$$Z_a = \frac{Z_1 Z_2}{Z_1 + Z_2 + 2R} \qquad (3.6.15)$$

$$Z_b = \frac{2RZ_1}{Z_1 + Z_2 + 2R} \qquad (3.6.16)$$

$$Z_c = \frac{2RZ_2}{Z_1 + Z_2 + 2R} \qquad (3.6.17)$$

図 3.6.7 格子形定抵抗回路

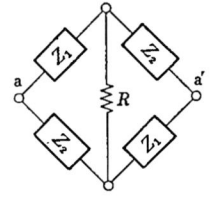

図 3.6.8 図 3.6.7 の回路に等価な回路　　図 3.6.9 図 3.6.8 の回路に Δ-Y 変換を施したもの

と求まる．図 3.6.9 から端子対 aa' 間のインピーダンス Z は

$$Z = 2Z_a + \frac{Z_b + Z_c}{2} = \frac{2Z_1 Z_2 + R(Z_1 + Z_2)}{Z_1 + Z_2 + 2R} \qquad (3.6.18)$$

となる．分子の第 1 項に式 (3.6.13) の関係を代入すると $Z = R$ となることがわかる．なお，図 3.6.7 から直ちに Δ-Y 変換をすると得られる式は大変複雑になる．図 3.6.8，図 3.6.9 のように回路の対称性をなるべく活かすように取り扱うのがよい．

3.7 整合（マッチング）

図 3.7.1 に示すように，電圧源とインピーダンス Z_0 の直列回路に負荷 Z_L が接続されたとき，負荷に供給される電力が最大となる条件を求めてみよう．端

子対 aa′ から左側の回路は，電圧源と内部インピーダンスと考えてもよいし，あるいはテブナン等価回路と考えてもよい。$Z_0=R_0+jX_0$ ($R_0 \geq 0$) とし，また，$Z_L=R_L+jX_L$ とする。R_L と X_L は可変であり，$R_L \geq 0$ とする。このとき負荷に供給される電力 P_e は，Z に流れる電流を I として，

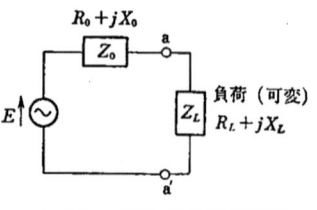

図 3.7.1　電源と負荷（電圧源形）

$$P_e = R_L |I|^2 = R_L \left| \frac{E}{Z_0+Z_L} \right|^2 = \frac{R_L |E|^2}{|R_0+R_L+j(X_0+X_L)|^2}$$
$$= \frac{R_L E_e^2}{(R_0+R_L)^2+(X_0+X_L)^2} \qquad (3.7.1)$$

となる。E_e は電圧 E の実効値である。

式 (3.7.1) において R_L と X_L を変え，P_e を最大にしてみよう。まず，X_L は分母にのみ含まれ，$(X_0+X_L)^2$ は，$X_L=-X_0$ のとき最小値 0 をとるので，$X_L=-X_0$ とおく。さらに，R_L を正の範囲で変えて $R_L/(R_0+R_L)^2$ を最大にするには $R_L=R_0$ とすればよい。すなわち

〔供給電力最大の条件（整合条件）〕

$$R_L=R_0, \quad X_L=-X_0 \qquad (3.7.2)$$

このときの最大電力 $P_{\max}$ は

$$P_{\max} = \frac{|E|^2}{4R_0} = \frac{E_e^2}{4R_0} \qquad (3.7.3)$$

となる。式 (3.7.2) が成立するとき，電源側に負荷が整合 (match) したという。また，$P_{\max}$ は，内部インピーダンス Z_0 をもつ電源から取り出しうる最大の電力といいかえてもよく，電源の固有電力 (available power) とよばれる。

図 3.7.1 の回路と双対な回路は図 3.7.2 に示すようなものとなる。$Y_0=G_0+jS_0$, $Y_L=G_L+jS_L$ とすると負荷に供給される電力 P_e は

$$P_e = \frac{G_L |J|^2}{(G_0+G_L)^2+(S_0+S_L)^2}$$
$$\qquad (3.7.4)$$

図 3.7.2　電源と負荷（電流源形）

となる．負荷を変えて供給電力を最大にするために成立すべき条件は，次式で与えられる．

〔供給電力最大の条件（整合条件）〕

$$G_L = G_0, \quad S_L = -S_0 \tag{3.7.5}$$

【例題 3.12】 図 3.7.3 に示す回路において整合を得るためには R_L, C_L の値をどのようにすればよいか．

〔解〕 内部インピーダンスは $R_0 + j\omega L_0$，負荷のインピーダンス Z_L は

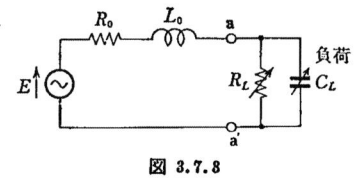

図 3.7.8

$$Z_L = \cfrac{1}{\cfrac{1}{R_L} + j\omega C_L} = \frac{R_L(1 - j\omega C_L R_L)}{1 + \omega^2 C_L^2 R_L^2} \tag{3.7.6}$$

である．整合の条件は式 (3.7.2) から

$$\frac{R_L}{1 + \omega^2 C_L^2 R_L^2} = R_0 \tag{3.7.7}$$

$$\frac{\omega C_L R_L^2}{1 + \omega^2 C_L^2 R_L^2} = \omega L_0 \tag{3.7.8}$$

である．これらの式から R_L, C_L を求めればよい．まず，式 (3.7.8)/(3.7.7) から $L_0/R_0 = C_L R_L$ を得る．これから $C_L = L_0/R_0 R_L$ であるが，これを式 (3.7.7) に代入して，

$$\frac{R_L}{1 + \cfrac{\omega^2 L_0^2}{R_0^2}} = R_0$$

である．ゆえに，

$$R_L = \frac{R_0^2 + \omega^2 L_0^2}{R_0} \tag{3.7.9}$$

$$C_L = \frac{L_0}{R_0^2 + \omega^2 L_0^2} \tag{3.7.10}$$

が整合を与える R_L, C_L の値である．

式 (3.7.9) において $1/R_L = G_L$, $\omega L_0 = X_0$ とおき，さらに式 (3.7.10) の両辺に ω を乗じて，$\omega C_L = S_L$, $\omega L_0 = X_0$ とおけば，図 3.7.4 のように内部インピーダンスが $Z_0 = R_0 + jX_0$, 負荷が $Y_L = G_L + jS_L$ の形で与えられたときに供給電力を最大とする条件，すなわち整合条件が得られる．

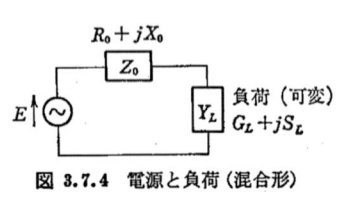

図 3.7.4 電源と負荷（混合形）

〔整合条件〕

$$G_L = \frac{R_0}{R_0^2 + X_0^2} \tag{3.7.11}$$

$$S_L = \frac{X_0}{R_0^2 + X_0^2} \tag{3.7.12}$$

3.8 電力に対する重ね合わせ

同じ周波数の電源をいくつか含む回路 N^* に対して重ね合わせの理を適用するため，N^* を $N_1^*, N_2^*, \cdots, N_n^*$ に分解したとしよう．さらに，回路に含まれるある素子の電圧および電流として，$N_1^*, N_2^*, \cdots, N_n^*$ から，それぞれ $V_1, V_2, \cdots, V_n$ および $I_1, I_2, \cdots, I_n$ を得たとしよう．もとの回路 N^* におけるこの素子の電圧および電流は，重ね合わせの理によって

$$V = V_1 + V_2 + \cdots + V_n \tag{3.8.1}$$

$$I = I_1 + I_2 + \cdots + I_n \tag{3.8.2}$$

と求めうる．また，この素子で消費される電力は

$$\mathcal{R}e \bar{V} I = \mathcal{R}e (\bar{V}_1 + \bar{V}_2 + \cdots + \bar{V}_n)(I_1 + I_2 + \cdots + I_n) \tag{3.8.3}$$

から求まる．ところが一般には

$$\mathcal{R}e (\bar{V}_1 + \bar{V}_2 + \cdots + \bar{V}_n)(I_1 + I_2 + \cdots + I_n)$$
$$\neq \mathcal{R}e \bar{V}_1 I_1 + \mathcal{R}e \bar{V}_2 I_2 + \cdots + \mathcal{R}e \bar{V}_n I_n$$

であるから，個々の回路 $N_1^*, N_2^*, \cdots, N_n^*$ において電力を求め，それらを加え合わせても，もとの回路 N^* における電力は求まらない．すなわち，同じ周波数の電源をいくつか含む回路に対する重ね合わせの理は電力については直

3.8 電力に対する重ね合わせ

接成立しないのである.それゆえ,まず電圧および電流を重ね合わせた後,電力を求めなければならない.

次に周波数の異なる電源を含む回路 N^* を考えてみよう.第2章に述べた正弦波の複素数表示による解析法は N^* に対して直接適用することができない.N^* に含まれる電源の角周波数を ω_1, ω_2 (ただし, $\omega_1 \neq \omega_2$) とする.まず,N^* において角周波数 ω_1 の電源を残し,他の電源は N^* から取り除いた回路を N_1^* とする.電源の除去は,電圧源の場合は短絡除去,電流源の場合は開放除去である.同様に,角周波数 ω_2 の電源だけを残し,他の電源を N^* から取り除いて得られる回路を N_2^* とする.N_1^*, N_2^* のおのおのに対しては,正弦波の複素数表示による解析法を用いることができる.N^* に含まれる一つの素子に対応する N_1^* の素子の電圧と電流として V_1, I_1 を求め,さらに V_1, I_1 を瞬時値に変換して $V_{1m}\sin(\omega_1 t+\phi_1)$, $I_{1m}\sin(\omega_1 t+\theta_1)$ を得たとしよう.同様に,この素子に対し N_2^* から複素数表示で V_2, I_2,瞬時値として $V_{2m}\sin(\omega_2 t+\phi_2)$, $I_{2m}\sin(\omega_2 t+\theta_2)$ を得たとしよう.N^* のこの素子に対する電圧と電流は重ね合わせの理により,それぞれ

$$v = V_{1m}\sin(\omega_1 t+\phi_1) + V_{2m}\sin(\omega_2 t+\phi_2) \qquad (3.8.4)$$

$$i = I_{1m}\sin(\omega_1 t+\theta_1) + I_{2m}\sin(\omega_2 t+\theta_2) \qquad (3.8.5)$$

となる.

次に,瞬時電力 p は

$$\begin{aligned}p = vi &= \{V_{1m}\sin(\omega_1 t+\phi_1) + V_{2m}\sin(\omega_2 t+\phi_2)\} \\ &\quad \{I_{1m}\sin(\omega_1 t+\theta_1) + I_{2m}\sin(\omega_2 t+\theta_2)\} \\ &= V_{1m}I_{1m}\sin(\omega_1 t+\phi_1)\sin(\omega_1 t+\theta_1) \\ &\quad + V_{2m}I_{2m}\sin(\omega_2 t+\phi_2)\sin(\omega_2 t+\theta_2) \\ &\quad + V_{1m}I_{2m}\sin(\omega_1 t+\phi_1)\sin(\omega_2 t+\theta_2) \\ &\quad + V_{2m}I_{1m}\sin(\omega_2 t+\phi_2)\sin(\omega_1 t+\theta_1)\end{aligned} \qquad (3.8.6)$$

となるが,公式 $\sin A \sin B = \dfrac{1}{2}\{\cos(A-B) - \cos(A+B)\}$ を用いると,この式は次のように変形できる.

$$p = \frac{V_{1m}I_{1m}}{2}\cos(\phi_1-\theta_1) + \frac{V_{2m}I_{2m}}{2}\cos(\phi_2-\theta_2)$$

$$-\frac{1}{2}\{V_{1m}I_{1m}\cos(2\omega_1 t+\psi_1+\theta_1)+V_{2m}I_{2m}\cos(2\omega_2 t+\psi_2+\theta_2)$$
$$-V_{1m}I_{2m}\cos((\omega_1-\omega_2)t+\psi_1-\theta_2)+V_{1m}I_{2m}\cos((\omega_1+\omega_2)t+\psi_1+\theta_2)$$
$$-V_{2m}I_{1m}\cos((\omega_2-\omega_1)t+\psi_2-\theta_1)+V_{2m}I_{1m}\cos((\omega_1+\omega_2)t+\psi_2+\theta_1)\}$$
$$(3.8.7)$$

式 (3.8.7) の第3項以下はすべて正弦波を表し，1周期にわたって平均すると0であるから，平均電力 P_e は

$$P_e=\frac{V_{1m}I_{1m}}{2}\cos(\psi_1-\theta_1)+\frac{V_{2m}I_{2m}}{2}\cos(\psi_2-\theta_2) \quad (3.8.8)$$

となる．ところが，これは

$$P_e=\mathcal{R}e\bar{V}_1 I_1+\mathcal{R}e\bar{V}_2 I_2 \quad (3.8.9)$$

と書ける．したがって，$N_1{}^*$，$N_2{}^*$ から複素数表示を用いて電力を求め，それらを加え合わせれば，N^* における電力が求まることになる．

N^* に含まれる電源の周波数が3種類以上のときも同様であり，周波数の異なる電圧と電流の積は平均電力に貢献しないので，同一の周波数の電源だけを含む回路のおのおのにおいて電力を求め，それらを単に加え合わせれば，もとの回路の電力を求めうることになる．このことは直流の電源が含まれる場合についても同様である．

【例題 3.13】 図 3.8.1 に示す回路において抵抗 R_2 の消費する電力を求めよ．ただし，$e_1=\sqrt{2}E_{1e}\sin\omega t$ である．

図 3.8.1

図 3.8.2

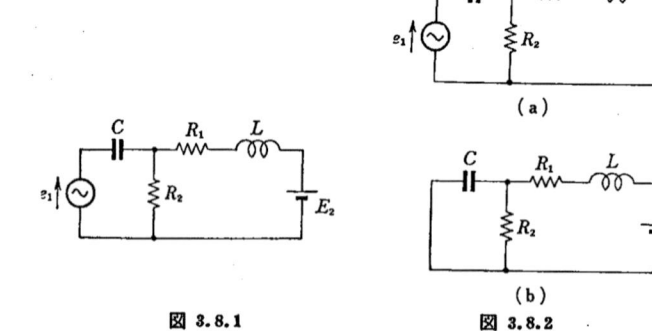

〔解〕 まず，電圧源1を残し，電圧源2を取り除いた回路は図3.8.2 (a) のようになる．e_1 の複素数表示を E_1，抵抗 R_1, R_2 に流れる電流をそれぞれ I_1, I_2 とすると，

$$\frac{1}{j\omega C}(I_1+I_2)+R_2 I_2 = E_1 \tag{3.8.10}$$

$$(R_1+j\omega L)I_1 = R_2 I_2 \tag{3.8.11}$$

を得る．式 (3.8.11) から I_1 を求め，式 (3.8.10) に代入すると，

$$\left\{\frac{1}{j\omega C}\left(\frac{R_2}{R_1+j\omega L}+1\right)+R_2\right\}I_2 = E_1$$

ゆえに，

$$I_2 = \frac{j\omega C(R_1+j\omega L)}{R_1+R_2(1-\omega^2 LC)+j\omega(CR_1 R_2+L)} E_1 \tag{3.8.12}$$

である．したがって，電圧源1から R_2 に供給される電力 P_{1e} は

$$P_{1e} = R_2|I_2|^2 = \frac{R_2 \omega^2 C^2(R_1^2+\omega^2 L^2)E_1^2}{\{R_1+R_2(1-\omega^2 LC)\}^2+\omega^2(CR_1 R_2+L)^2} \tag{3.8.13}$$

である．

次に，電圧源2から供給される電力を求める．電圧源1は短絡除去し，図3.8.2 (b) の回路を得る．直流電源に対しては，定常状態においてキャパシタの電流が0，インダクタの電圧が0となるので，図3.8.2 (b) の回路からさらにキャパシタを開放除去，インダクタを短絡除去した回路を考えて，電圧あるいは電流を求めればよい．R_2 の電流を i_2 とすると，

$$i_2 = \frac{E_2}{R_1+R_2} \tag{3.8.14}$$

であり，R_2 の消費する電力 P_{2e} は

$$P_{2e} = \frac{R_2 E_2^2}{(R_1+R_2)^2} \tag{3.8.15}$$

である．電圧 e_1 と E_2 の周波数は異なるので，R_2 で消費される全電力 P_e は，

$$P_e = P_{1e}+P_{2e} \tag{3.8.16}$$

であり，これに式 (3.8.13)，(3.8.15) を代入すればよい．

3.9 相反定理

電圧源によって励振されている回路から2組の端子対11′と22′を取り出したものを図3.9.1 (a) のように表す。端子対22′は、図3.1.1の端子対bb′のように、回路の任意の点を引き出したものと考えてよい。長方形の枠で示された

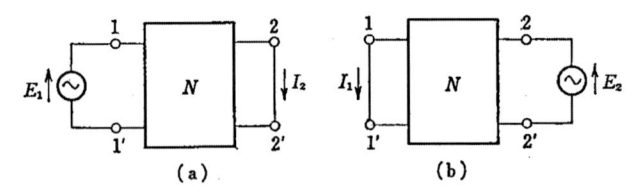

図 3.9.1 相反定理

回路Nは、電源を含んでいない。端子対11′に電圧E_1（端子1′を基準とする）の電圧源を接続したとき、端子2から端子2′に流れる電流をI_2とする。次に、図3.9.1 (b) のように、端子対22′に電圧E_2（端子2′を基準とする）の電圧源を接続したとき、端子1から端子1′に流れる電流をI_1とする。Nが抵抗、キャパシタ、インダクタからなる回路のとき、次の式で表される**相反定理**（reciprocity theorem）が成立する。

〔相反定理〕

$$\frac{E_1}{I_2} = \frac{E_2}{I_1} \tag{3.9.1}$$

特に$E_2 = E_1$なら$I_1 = I_2$である。

相反定理は電圧・電流の方向も含めて成立する定理であるから、E_1とE_2, I_2とI_1の方向の相互関係には十分注意しなければならない。Nが抵抗、キャパシタ、インダクタのほかに、変成器を含んでいても相反定理は成立する。

【例題 3.14】 図3.9.2の回路において、相反定理を確かめよ。

〔解〕 L, C, Rに流れる電流を、それぞれI_L, I_C, I_Rとする。同図 (a) においては、

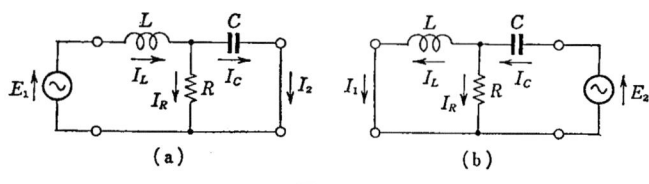

3.9 相反定理

図 3.9.2

$$\left.\begin{array}{l} I_L = I_C + I_R \\ j\omega L I_L + R I_R = E_1 \\ R I_R = \dfrac{I_C}{j\omega C} \end{array}\right\} \quad (3.9.2)$$

が成立するから，

$$\left.\begin{array}{l} I_R = \dfrac{I_C}{j\omega CR} \\ I_L = I_C + \dfrac{I_C}{j\omega CR} = \left(\dfrac{1+j\omega CR}{j\omega CR}\right) I_C \end{array}\right\} \quad (3.9.3)$$

によって I_R，I_L を消去すると

$$I_C = \frac{j\omega CR E_1}{R(1-\omega^2 CL)+j\omega L} = I_2 \quad (3.9.4)$$

を得る．また，同図 (b) においては

$$\left.\begin{array}{l} I_C = I_R + I_L \\ \dfrac{1}{j\omega C} I_C + R I_R = E_2 \\ R I_R = j\omega L I_L \end{array}\right\} \quad (3.9.5)$$

が成立し，

$$\left.\begin{array}{l} I_R = \dfrac{j\omega L}{R} I_L \\ I_C = \dfrac{j\omega L}{R} I_L + I_L = \dfrac{R+j\omega L}{R} I_L \end{array}\right\} \quad (3.9.6)$$

となるから，I_R，I_C を消去して

$$I_L = \frac{j\omega CR E_2}{R(1-\omega^2 CL)+j\omega L} = I_1 \quad (3.9.7)$$

が求まる．式 (3.9.4)，(3.9.7) を用いて式 (3.9.1) の成立することが容易に

確かめられる．

相反定理は，図 3.9.1 に示した形と双対の形でも表現できる．図 3.9.3 の

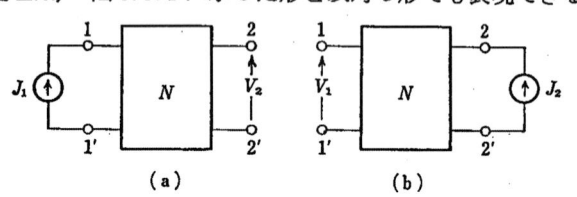

図 3.9.3 相反定理

(a) と (b) のような電流源 J_1, J_2, 電圧 V_1, V_2 を考えると，

〔相反定理〕

$$\frac{J_1}{V_2} = \frac{J_2}{V_1} \tag{3.9.8}$$

である．

3.10 例　題

【例題 3.15】 図 3.10.1 の回路の定常状態における抵抗 R の電流を求めよ．ただし

$$v = V_m \sin \omega t \tag{3.10.1}$$

とする．

〔解〕 重ね合わせの理を用いる．交流電圧源に対しては，直流電圧源を短絡除去した回路を考える．v の複素数表示を V とすると，交流電圧源から見た回路のインピーダンスは

$$Z = \frac{1}{j\omega C} + \frac{j\omega LR}{R + j\omega L} = \frac{R(1 - \omega^2 LC) + j\omega L}{j\omega C(R + j\omega L)} \tag{3.10.2}$$

だから，電圧源から流れ出る電流は，

$$I = \frac{j\omega C(R + j\omega L) V}{R(1 - \omega^2 LC) + j\omega L} \tag{3.10.3}$$

である．この電流は，インピーダンスに逆比例して R と L に分流する．した

がって抵抗 R に流れる電流は

$$I_R = \frac{j\omega L}{R+j\omega L}I = \frac{-\omega^2 LCV}{R(1-\omega^2 LC)+j\omega L} \tag{3.10.4}$$

である．この電流の振幅は，

$$I_{Rm} = \frac{\omega^2 LCV_m}{\sqrt{R^2(1-\omega^2 LC)^2+\omega^2 L^2}} \tag{3.10.5}$$

となる．また，位相角は

$$\phi = \angle V + \angle(-\omega^2 LC) - \angle\{R(1-\omega^2 LC)+j\omega L\}$$
$$= \pi - \angle\{R(1-\omega^2 LC)+j\omega L\}^{1)} \tag{3.10.6}$$

である．また，直流電圧源に対しては，交流電圧源を短絡除去した回路を考える．定常状態においては，キャパシタを流れる電流が0となり，インダクタの電圧が0となるから，さらにキャパシタを開放除去，インダクタを短絡除去する．すると，E に R を接続した回路が得られるから，このとき R に流れる電流は容易に求まり，E/R である．したがって，重ね合わせの理から，抵抗 R を流れる電流は

$$I_{Rm}\sin(\omega t+\phi) + \frac{E}{R} \tag{3.10.7}$$

となる．ただし，I_{Rm} と ϕ は式 (3.10.5)，(3.10.6) で与えられる．

【例題 3.16】 いくつかの抵抗と電池からなる2端子回路に抵抗 R_1 あるいは R_2 を接続すると，それぞれ i_1 あるいは i_2 という電流が流れた．この回路に抵抗 R_3 を接続すると流れる電流 i_3 を求めよ．

〔解〕 この回路のテブナン等価回路の電圧源を E_0，抵抗を R_0 とする．テブナンの定理から

$$i_1 = \frac{E_0}{R_0+R_1}, \quad i_2 = \frac{E_0}{R_0+R_2} \tag{3.10.8}$$

であるから，これらを解いて，

---

1) $-\frac{\pi}{2} \leq \tan^{-1}x \leq \frac{\pi}{2}$ であることに注意して位相角を求める必要がある．

$$E_0 = \frac{i_1 i_2 (R_2 - R_1)}{i_1 - i_2}, \quad R_0 = \frac{i_2 R_2 - i_1 R_1}{i_1 - i_2} \qquad (3.10.9)$$

を得る．抵抗 R_3 を接続したときには，

$$i_3 = \frac{E_0}{R_0 + R_3} = \frac{i_1 i_2 (R_2 - R_1)}{i_2 R_2 - i_1 R_1 + R_3 (i_1 - i_2)} \qquad (3.10.10)$$

という電流が流れる．

【例題 3.17】 図 3.10.2 のような回路の共振周波数および共振時においてキャパシタに流れる電流を求めよ．ただし，電圧源はすべて同相である．

〔解〕 帆足-ミルマンの定理を用いると，3個の並列回路は図 3.10.3 (a) のような回路と等価になる（単位省略）．したがって，図 3.10.2 の回路は，図 3.10.3 (b) の回路に等価であり，さらに，同図 (c) の回路

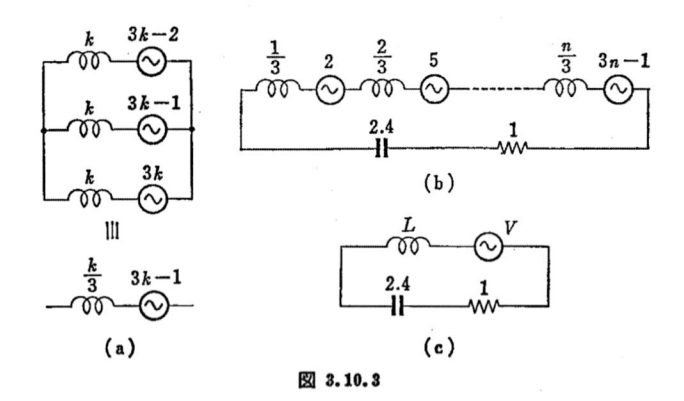

図 3.10.2

図 3.10.3

と等価になる．ただし，

$$L = \frac{1}{3} \sum_{k=1}^{n} k = \frac{n(n+1)}{6} \qquad (3.10.11)$$

$$V=\sum_{k=1}^{n}(3k-1)=\frac{n(3n+1)}{2} \tag{3.10.12}$$

である．したがって，共振周波数は

$$f=\frac{1}{2\pi\sqrt{\frac{n(n+1)}{6}\times 10^{-3}\times 2.4\times 10^{-6}}}=\frac{10^5}{4\pi\sqrt{n(n+1)}} \tag{3.10.13}$$

となり，またキャパシタに流れる電流は，

$$I=\frac{V}{1}=\frac{n(3n+1)}{2}\ \mathrm{A} \tag{3.10.14}$$

となる．

【例題 3.18】 周波数 10^4 Hz の電源を含む RLC 2 端子回路がある．この回路の端子間を開放したときの電圧は 12 V であり，端子間に 100 Ω の抵抗を接続したときも，$0.1\,\mu$F のキャパシタを接続したときも，0.1 A の電流が流れた．この 2 端子回路のテブナン等価回路を求めよ．

〔解〕 テブナン等価回路の電源電圧を E_0，インピーダンスを $Z_0=R+jX$ とする．端子間開放時の電圧を基準と考えれば，$E_0=12\,\mathrm{V}$ である．式 (3.3.1) を用いて，抵抗とキャパシタに流れる電流を求めると，それぞれ

$$\frac{12}{R+100+jX},\ \frac{12}{R+j\left(X-\dfrac{1}{2\pi\times 10^4\times 10^{-7}}\right)}=\frac{12}{R+j(X-159.2)}$$

となる．したがって，これらの電流の実効値は，

$$\frac{12}{\sqrt{(R+100)^2+X^2}}=0.1 \tag{3.10.15}$$

$$\frac{12}{\sqrt{R^2+(X-159.2)^2}}=0.1 \tag{3.10.16}$$

である．上の 2 式から

$$R^2+200R+X^2+100^2=120^2 \tag{3.10.17}$$

$$R^2+X^2-318.4X+159.2^2=120^2 \tag{3.10.18}$$

を得る．さらに，式 (3.10.17)－式 (3.10.18) から
$$R = -1.59X + 76.7 \tag{3.10.19}$$
を得るので，これを式 (3.10.18) に代入し，X について解けば，
$$X = 39.9 \quad \text{または} \quad 119.4$$
である．これを式 (3.10.19) に代入すると
$$R = 13.2 \quad \text{または} \quad -113.3$$
を得るが，$R > 0$ だから前の方の解を取って，テブナン等価回路は $E_0 = 12\text{V}$，$Z_0 = 13.2 + 39.9j$ となる．

【例題 3.19】 図 3.10.4 に示すような橋絡 T 形ブリッジの負荷抵抗 R の端子電圧 V を求めよ．

〔解〕 C と L からなる T 形回路を Y-Δ 変換すると，図 3.10.5 の回路が得られる．ただし，式 (3.5.18)，(3.5.19)，(3.5.20) を用いて

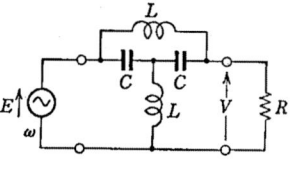

$$Z_1 = \frac{1 - 2\omega^2 LC}{j^3 \omega^3 LC^2} \tag{3.10.20}$$

$$Z_2 = \frac{1 - 2\omega^2 LC}{j\omega C} \tag{3.10.21}$$

図 3.10.4

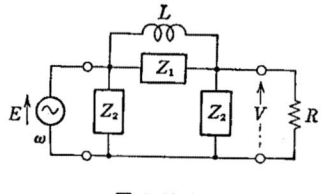

図 3.10.5

である．図 3.10.5 の回路では，2 個の並列回路によって E が分圧され，V が得られる．すなわち，

$$V = \frac{Z_2 /\!/ R}{Z_1 /\!/ j\omega L + Z_2 /\!/ R} E \tag{3.10.22}$$

である（$Z_2 /\!/ R$ は，Z_2 と R の並列接続回路のインピーダンスを表す．他も同様）．式 (3.10.22) に式 (3.10.20)，(3.10.21) を代入して整理すると，

$$V = \frac{R(1 - 2\omega^2 LC + \omega^4 L^2 C^2) E}{R(1 - 3\omega^2 LC + \omega^4 L^2 C^2) + j\omega L(1 - 2\omega^2 LC)} \tag{3.10.23}$$

を得る．

【例題 3.20】 図 3.10.6 に示すヘイ・ブリッジ (Hay bridge) の平衡条件か

ら電源の周波数を求める式を導け.

〔解〕 ブリッジの平衡条件は,

$$\left(R_1+\frac{1}{j\omega C_1}\right)(R_4+j\omega L_4)=R_2R_3 \quad (3.10.24)$$

である. この式の実部と虚部から

$$R_1R_4+\frac{L_4}{C_1}=R_2R_3, \quad \omega L_4R_1-\frac{R_4}{\omega C_1}=0 \quad (3.10.25)$$

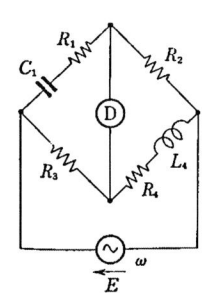

を得る. 式 (3.10.25) の下の式から,

$$f=\frac{1}{2\pi}\sqrt{\frac{R_4}{L_4C_1R_1}} \quad (3.10.26)$$

である.

図 3.10.6

【例題 3.21】 図 3.10.7 に示すような並列T形回路において, V が 0 となる周波数を求めよ.

〔解〕 2個のT形回路を Y-Δ 変換によって Δ 形回路に変えると図 3.10.8 のような回路を得る. この回路の Y_R, Y_C は式 (3.5.20) を用いて,

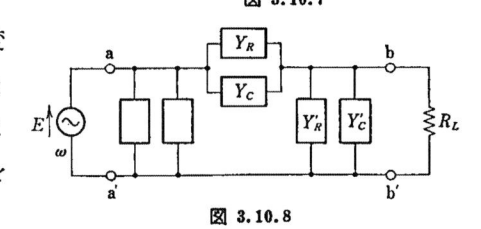

図 3.10.7

図 3.10.8

$$Y_R=\frac{\frac{1}{R}\cdot\frac{1}{R}}{\frac{1}{R}+\frac{1}{R}+2j\omega C}=\frac{1}{2R(1+j\omega CR)} \quad (3.10.27)$$

$$Y_C=\frac{j\omega C\cdot j\omega C}{j\omega C+j\omega C+\frac{2}{R}}=\frac{-\omega^2C^2R}{2(1+j\omega CR)} \quad (3.10.28)$$

同様に, 式 (3.5.18) を用いて

$$Y_R'=\frac{j\omega C}{(1+j\omega CR)} \quad (3.10.29)$$

$$Y_C'=\frac{j\omega C}{(1+j\omega CR)} \quad (3.10.30)$$

となる。Y_R と Y_C, Y_R' と Y_C' と R_L の並列回路の合成アドミタンスを，それぞれ Y, Y' とすると，

$$Y = Y_R + Y_C = \frac{1-\omega^2 C^2 R^2}{2R(1+j\omega CR)} \tag{3.10.31}$$

$$Y' = Y_R' + Y_C' + \frac{1}{R_L} \tag{3.10.32}$$

である。また，

$$V = \frac{Y}{Y+Y'}E \tag{3.10.33}$$

であり，$Y=0$ のとき，V が 0 となる。したがって求める周波数は，$1-\omega^2 C^2 R^2 = 0$ から

$$f = \frac{1}{2\pi CR} \tag{3.10.34}$$

である（このとき $Y' \not\eqcirc 0$）。

【例題 3.22】 図 3.10.9 に示す回路の逆回路を求めよ。

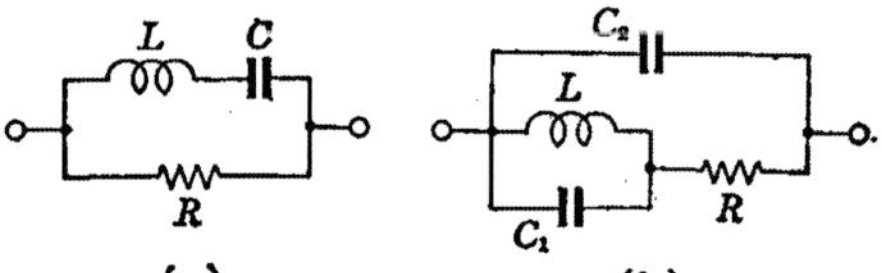

〔解〕 直並列 2 端子回路の逆回路を求めるには，

図 3.10.9

直列接続 ⟷ 並列接続

抵抗 ⟷ 抵抗

インダクタ ⟷ キャパシタ

という変換を行なって（双対な回路を求める），対応する素子について

$$\frac{抵抗}{コンダクタンス} = \frac{インダクタンス}{キャパシタンス} = R^2 \tag{3.10.35}$$

を満足するように素子値を決めればよい。したがって，図 3.10.9 の回路の逆回路は，図 3.10.10 に示すようなものとなる。

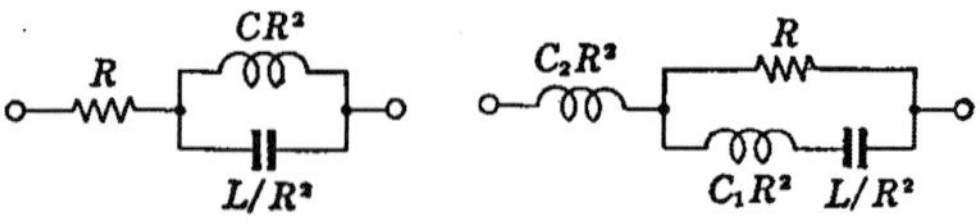

図 3.10.10

【例題 3.23】 図 3.10.11 に示すような回路において負荷 R_L のみを調整して負荷電力を最大にする．このとき端子対 aa′ から右の回路の力率を求めよ．

〔解〕 負荷に流れる電流は，$E/(R_0+R_L+jX_0)$ であるから，負荷電力 P_e は

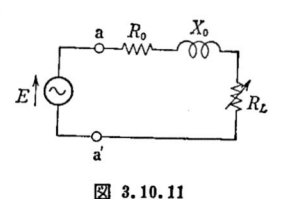

図 3.10.11

$$P_e = \frac{R_L E^2}{(R_0+R_L)^2 + X_0^2} \tag{3.10.36}$$

である．上式から $R_L = \sqrt{R_0^2+X_0^2}$ のとき P_e が最大になることがわかる．このとき，端子対 aa′ から右の回路のインピーダンスは $R_0+\sqrt{R_0^2+X_0^2}+jX_0$ である．したがって，力率 $\cos\phi$ は

$$\cos\phi = \frac{R_0+\sqrt{R_0^2+X_0^2}}{\sqrt{(R_0+\sqrt{R_0^2+X_0^2})^2+X_0^2}} = \sqrt{\frac{R_0+\sqrt{R_0^2+X_0^2}}{2\sqrt{R_0^2+X_0^2}}} \tag{3.10.37}$$

となる．

【例題 3.24】 図 3.10.12 の回路において，負荷 R_L に最大電力を供給するためには，L と C をどのように選べばよいか．ただし，$R_0 > R_L$ である．

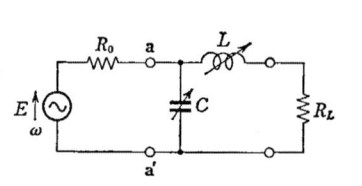

〔解〕 端子対 aa′ から右を負荷とみて，式 (3.7.11)，(3.7.12) を適用する．まず，式 (3.7.11)，(3.7.12) において $X_0 = 0$ である．さらに，負荷のアドミタンスは，

図 3.10.12

$$Y_L = j\omega C + \frac{1}{R_L+j\omega L} = j\omega C + \frac{R_L-j\omega L}{R_L^2+\omega^2 L^2}$$

$$= \frac{R_L}{R_L^2+\omega^2 L^2} + j\left(\omega C - \frac{\omega L}{R_L^2+\omega^2 L^2}\right) \tag{3.10.38}$$

であるから，式 (3.7.11)，(3.7.12) は，

$$\frac{R_L}{R_L^2+\omega^2 L^2} = \frac{1}{R_0} \tag{3.10.39}$$

$$\omega C - \frac{\omega L}{R_L{}^2 + \omega^2 L^2} = 0 \tag{3.10.40}$$

となる．式 (3.10.39) から L を求めると，

$$L = \frac{1}{\omega} \sqrt{R_L(R_0 - R_L)} \tag{3.10.41}$$

これを式 (3.10.40) に代入して C を求めると

$$C = \frac{1}{\omega R_0} \sqrt{\frac{R_0 - R_L}{R_L}} \tag{3.10.42}$$

を得る．

【例題 3.25】 図 3.10.13 のような回路に対する整合条件を求めよ．

〔解〕 負荷のアドミタンスを $G_L + jS_L$ とすると，

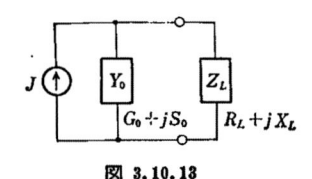

図 3.10.13

$$Z_L = R_L + jX_L = \frac{1}{G_L + jS_L} = \frac{G_L - jS_L}{G_L{}^2 + S_L{}^2}$$

だから

$$R_L = \frac{G_L}{G_L{}^2 + S_L{}^2} \tag{3.10.43}$$

$$X_L = -\frac{S_L}{G_L{}^2 + S_L{}^2} \tag{3.10.44}$$

を得る．これに整合の条件式 (3.7.5) を代入すると，

$$R_L = \frac{G_0}{G_0{}^2 + S_0{}^2} \tag{3.10.45}$$

$$X_L = \frac{S_0}{G_0{}^2 + S_0{}^2} \tag{3.10.46}$$

という整合条件を得る．

【例題 3.26】 図 3.10.14 に示すような回路の端子対 aa′ に電圧

図 3.10.14

$$e = 100\sqrt{2} \sin \omega t + 20\sqrt{2} \sin\left(3\omega t + \frac{\pi}{6}\right) \text{ V}$$

を加えるとき，この回路で消費される電力およびその力率を求めよ．ただし，$R=4\,\Omega$, $\omega L=2\,\Omega$ である．

〔解〕 電圧 e の成分 $100\sqrt{2}\sin\omega t$ によって回路に流れる電流の実効値は，

$$\frac{100}{\sqrt{4^2+2^2}}=\frac{100}{\sqrt{20}}$$

であるから，R における消費電力は $4\times 100^2/20=2000$ W，また，e の成分 $20\sqrt{2}\sin\left(3\omega t+\dfrac{\pi}{6}\right)$ によって回路に流れる電流の実効値は

$$\frac{20}{\sqrt{4^2+(3\times 2)^2}}=\frac{20}{\sqrt{52}}\ \text{A}$$

であるから，R における消費電力は $4\times 20^2/52\fallingdotseq 31$ W である．異なる周波数をもつ電圧による電力は，個々の電圧による電力を加え合わせて求めうる．したがって，回路で消費される総電力は $2000+31=2031$ W である．

電圧 e の実効値は $\sqrt{100^2+20^2}\fallingdotseq 102$ V，回路に流れる電流の実効値は

$$\sqrt{\left(\frac{100}{\sqrt{20}}\right)^2+\left(\frac{20}{\sqrt{52}}\right)^2}\fallingdotseq 22.5\ \text{A}$$ である．ところが，皮相電力＝電圧の実効値×電流の実効値＝$102\times 22.5\fallingdotseq 2298$ VA である．したがって，力率は $2031/2298\fallingdotseq 0.884$ となる．

演 習 問 題

3.1 問図 3.1 の回路の定常状態における抵抗 R の端子電圧を求めよ．ただし，$i=\sin 10^5 t$

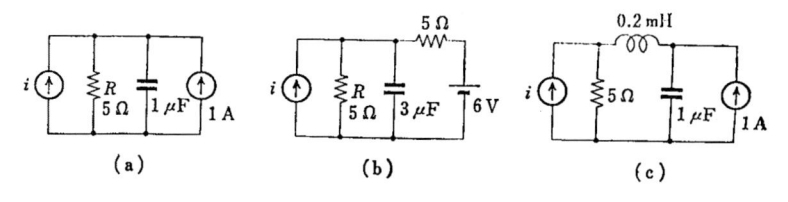

問図 3.1

3.2 問図 3.2 に示す回路のテブナンおよびノートンの等価回路を求めよ。

3.3 ノートンの定理を重ね合わせの理を用いて証明せよ。

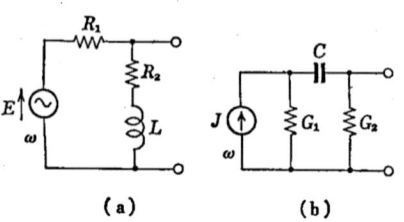

3.4 帆足-ミルマンの定理の式 (3.3.16) に対する双対定理を求めよ。

問図 3.2

3.5 周波数 10^4 Hz の電源を含む RLC 2 端子回路の端子間を開放したとき，200 Ω の抵抗を接続したとき，$0.1\,\mu F$ のキャパシタを接続したとき，端子間電圧は，それぞれ 12 V，6 V，6 V になった。この 2 端子回路のテブナン等価回路を求めよ。

3.6 問図 3.6 の回路において，抵抗 R_2 を流れる電流を測定するため，内部抵抗 R_0 の電流計を R_2 と直列に挿入する。電流計の指示 I_a (実効値) から挿入前に R_2 に流れていた電流を求める式を導け。

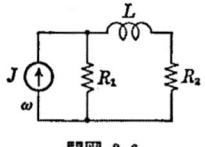

問図 3.6

3.7 問図 3.7 の回路において，抵抗 R_2 と並列に抵抗 R_0 を接続したとき，抵抗 R_2 の電圧 (実効値) の変化率を求めよ。

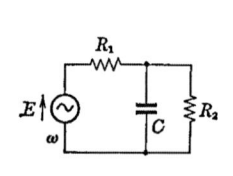

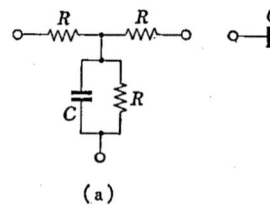

問図 3.7

問図 3.8

3.8 問図 3.8 の Y 形回路を Δ 形回路に変換せよ。

3.9 問図 3.9 の Δ 形回路を Y 形回路に変換せよ。

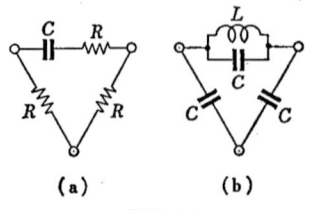

問図 3.9

演習問題

3.10 問図 3.10 に示すマクスウェル・ブリッジの平衡条件から R_4, L_4 を求める式を導け.

3.11 問図 3.11 に示すシェーリング・ブリッジの平衡条件から R_1, C_1 を求める式を導け.

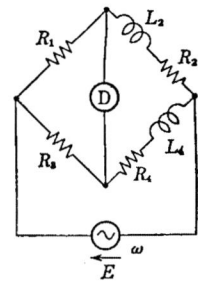

問図 3.10

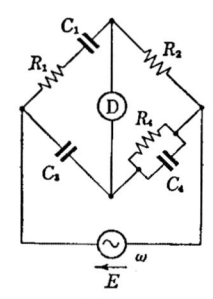

問図 3.11

3.12 問図 3.12 に示す回路の複素インピーダンスを求めよ. また, この回路が定抵抗回路となるための条件を求めよ.

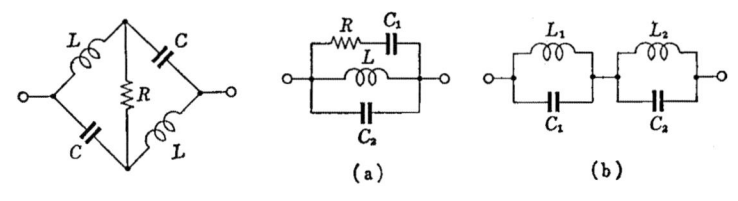

問図 3.12

(a) (b)

問図 3.13

3.13 問図 3.13 に示す回路の逆回路を求めよ.

3.14 問図 3.14 に示す回路が定抵抗回路であるための条件を導け.

3.15 問図 3.15 に示すブリッジ回路の平衡条件を求めよ.

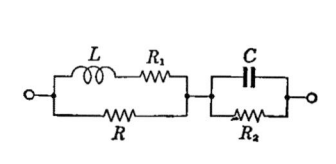

問図 3.14

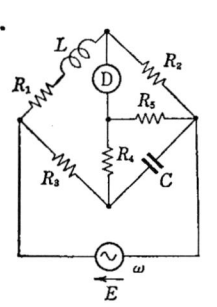

問図 3.15

3.16 問図 3.16 に示す回路における整合条件を求めよ．

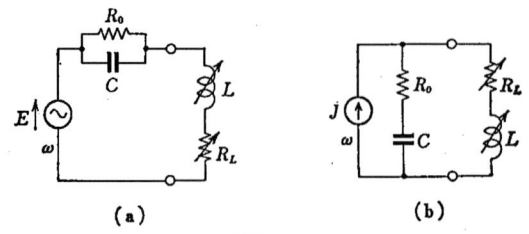

問図 3.16

3.17 問図 3.17 に示す回路において，負荷 R_L に最大電力を供給するためには，L と C の値をどのように選べばよいか．ただし，$R_0 < R_L$ とする．

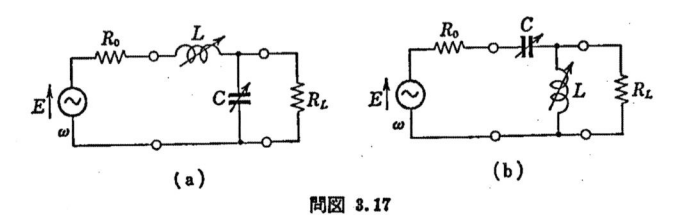

問図 3.17

3.18 力率 0.8 の負荷に 200 kW の電力が供給されているとき，キャパシタの挿入によって 50 kVAR の無効電力の軽減を得た．力率はいくらに改善されるか．

3.19 問図 3.19 の回路において，抵抗 R の消費電力を求めよ．

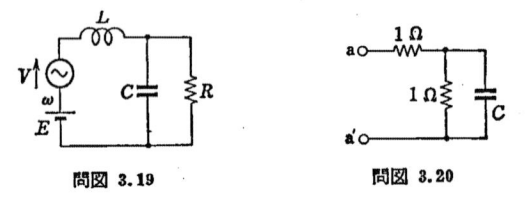

問図 3.19

問図 3.20

3.20 問図 3.20 の回路の端子対 aa′ に
$$e = 10\sqrt{2}\cos\omega t + 5\sqrt{2}\sin 3\omega t + 6$$
が加えられたとき，回路において消費される電力を求めよ．ただし，$\omega C = 1$ S とする．

3.21 問図 3.21 の回路の 2 組の端子対について相反定理の式 (3.9.8) の成立することを確かめよ．

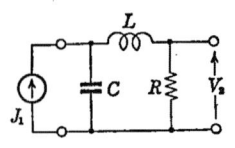

問図 3.21

4 回路網トポロジー

4.1 回路とグラフ

これまで主として正弦波定常状態における回路網解析の基礎について述べた．回路網解析を一口にいえば，素子の電圧・電流特性を表すオームの法則またはその拡張である交流オームの法則とキルヒホフの法則を回路に適用し，得られた方程式を目的に応じて解くことである．ところが，少し回路の素子数が増すとこれらの法則をどのように回路に適用してどのような方程式を得るか，また得られた方程式をどのようにして解くかが重要な問題となってくる．例題1.3, 1.4 からもわかるように KCL, KVL から得られる方程式には無駄なものもある．どうすれば必要かつ十分な方程式が得られるだろうか．また，集積回路のように極めて多数の素子を含む回路の解析には，電子計算機の利用が不可欠である．電子計算機の使用に際しては，解析の手順をすべてプログラムとして作っておかねばならず，回路網方程式を組織的に導出する方法が必要である．特に，KCL, KVL から得られる方程式は，素子の接続状態，すなわち，回路網トポロジーによって様々な形を取る．次に説明するグラフの理論は，KCL, KVL を回路に適用する際に，有効な手段を与えてくれる．

素子の接続状態を明らかにするため，素子の種類を区別せず，素子の端子間を一本の線で結ぶ．このように点と線からなる図形を**線形グラフ** (linear graph)

あるいは単にグラフという．たとえば，図 4.1.1 (a) の回路に対しては同図 (b) のグラフが得られる．端子を表す点を**節点** (node) あるいは**頂点** (vertex)，端子と端子を結ぶ線を**枝** (branch) あるいは**辺** (edge) という．電気工学に関する分野では節点と枝が使われることが多い．頂点と辺，あるいは点 (point) と線 (line) は数学的な論文に多く使われるようである．

1本の枝には常に2個の節点が接続されている．これらの節点をその枝の**端点**

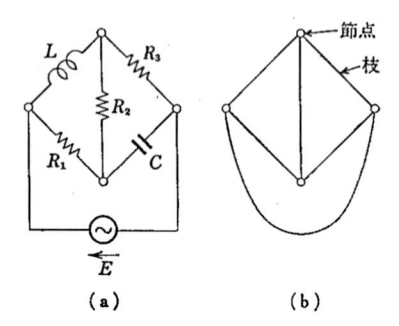

図 4.1.1 回路とそのグラフ

(end point) という．また，枝と枝とは節点以外では接続されないものとする．グラフによっては平面上に描いたとき，枝が節点以外の点で交わるように描かれることもあるが，この場合でもそれらの枝は接続されていないと考える．

枝には図 4.1.2 のように方向を付ける場合と付けない場合がある．枝に方向が付けられたグラフを**有向グラフ** (oriented graph, あるいは directed graph)，方向が付けられないグラフを**無向グラフ** (non-oriented graph) という．電気回路では，枝の

(a) 有向グラフ　　(b) 無向グラフ

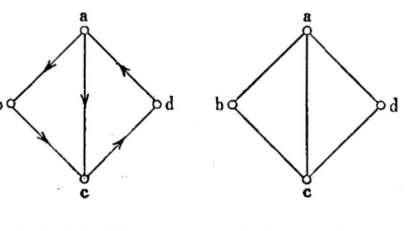

図 4.1.2

方向は枝が表す素子に流れる電流あるいは電圧の方向を示すことになる．抵抗やインダクタ，キャパシタなどの素子を表す枝の方向は自由に選べるが，ダイオードやトランジスタなどの場合は，枝の方向の付け方に制限がある．

さて，電気回路では，回路から素子を取りはずしてしまったり，回路のある部分とある部分を線で結んだりすることがよくあるが，グラフに対しても同様，いくつかの操作を行なって別のグラフを作り出すことがある．このようなグラフに対する操作を表す術語を二，三あげよう．まず，グラフの枝を，その両端点を残したまま取り除いてしまうことを枝の**開放除去** (deletion, あるいは

open)という．これと逆に，枝の両端点を一つの節点にまとめてしまった上で枝を取り除いてしまうことを枝の**短絡除去** (contraction, あるいは short) という．枝の両端点が一致していて一つの節点に輪のようにつながっているような枝を**自己ループ** (self-loop) というが，2個の節点を**短絡** (short) し，1個の節点にしたときには，それらの節点間に接続されていた枝は自己ループとして残る．したがって，節点の短絡と，枝の短絡除去は少し違っている．次に，節点の**除去** (removal) の場合には，その節点とそれに接続された枝をすべて開放除去してしまう．枝を何本か開放除去すると，枝が1本も接続されない節点，すなわち**孤立節点** (isolated node) が生じることがある．通常，このような孤立節点が意味をもつことはないので，枝の開放除去の際に孤立節点ができれば，これも取り除いて考えることが多い．枝を何本か開放除去して得られるグラフを，もとのグラフの**部分グラフ** (subgraph) というが，部分グラフには孤立節点を含めないのが普通である．また，いくつかの節点と，それらの節点の間を接続するすべての枝からなるグラフを，もとのグラフの**セクション・部分グラフ** (section subgraph) という（例題4.10，例題4.11参照）．

4.2 グラフの連結性

グラフの節点や枝の接続状態に関する定義をいくつかあげよう．

列，パス，閉路 図4.2.1のグラフでは，節点aに枝1が接続され，枝1に節点bが接続されている．さらに節点bには枝2が接続され，枝2には節点cが接続されている．このようにある節点からある節点まで連続的に接続された節点と枝を順次並べたものを**列** (sequence) という．図4.2.1のグラフでは，{a, 1, b, 2, c, 3, d, 4, e} は一つの列である．また，{b, 2, c, 11, f, 6, g, 10, c, 3, d} のように同じ節点あるいは枝が2回以上含まれていても列である．

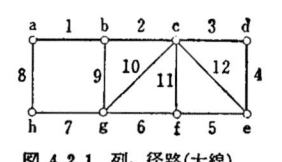

図 4.2.1 列，径路（太線）

どの節点も枝も重複して現れないような列は**パス** (path) とよばれる．また，

列の最初の節点と最後の節点だけが同じで他は重複しないときは**閉路**(loop)という．

連結，成分　グラフのどの節点とどの節点の間にも径路があるとき，そのグラフは**連結**(connected)であるという．図 4.1.2 および図 4.2.1 のグラフはいずれも連結である．

連結でないグラフは**非連結**(disconnected)である，あるいは**分離**しているといわれる．グラフの連結している極大な部分を**連結成分**(connected component)あるいは略して**成分**という．さて，グラフ理論では極大という言葉がよく出てくる．ある性質をもった**極大な**(maximal)集合とは，その性質をもったどのような集合にも真に[1]含まれることのないような集合のことである．図 4.2.2 のグラフは三つの連結成分から成っている．節点 a, b, c と枝 1, 2, 5 だけから成る部分を考えてみると，これは連結ではあるが，連結という性質をもったより大きいグラフに含まれるので極大といえず，連結成分ではない．なお，孤立節点も連結成分と考える．

図 4.2.2　連結成分

連結度，可分グラフ　連結グラフを分離するために開放除去すべき枝の数の最小数をそのグラフの**枝連結度**(branch-connectivity)といい，連結グラフを分離するために除去すべき節点数の最小数を**節点連結度**(node-connectivity)という．

節点連結度が 1 であるグラフを**可分グラフ**(separable graph)という．可分グラフの例を図 4.2.3 に示す．これらのグラフでは，1 個の節点を取り除けば非連結となる．このような節点を**切断点**(cut point)という．図 4.2.3 (a) の節点 a，同図 (b) の節点 a あるいは b などが切断点である．可分グラフに含まれる非可分でかつ極大な部分グラフを**非可分部分**(nonseparable part)という．

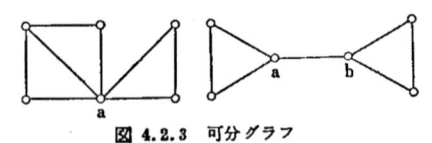

図 4.2.3　可分グラフ

---

1) 集合が等しい場合を除く．

カットセット,タイセット 1.3節で電気回路について定義したタイセット,カットセットは,素子を枝といい換えると,グラフのカットセット,タイセットとなる.この定義と閉路の定義を比べれば,タイセットは閉路に含まれるすべての枝の集合ということになる.しかし,閉路の枝集合が与えられれば,節点が与えられていなくても枝の端点から求められるし,逆にタイセットに枝の端点を含めて考えてもよいなどの理由から閉路とタイセットは区別せずに用いられるようである.同様に径路も,その節点集合だけ,あるいは枝集合だけで与えうる.

【例題 4.1】 次にあげる枝集合のうち,図4.2.4のグラフのカットセット,あるいはタイセットであるものを示せ.

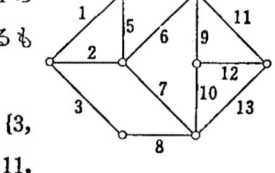

(i) {1, 2, 3}　(ii) {4, 5, 6, 7}　(iii) {3, 7, 9, 11}　(iv) {6, 7, 9, 10}　(v) {10, 11, 12}　(vi) {1, 2, 8}　(vii) {9, 10, 12}　(viii) {6, 7, 11, 13}　(ix) {4, 6, 9}　(x) {1, 2, 4, 6}

図 4.2.4

〔解〕 カットセット：(i)(iii)(vi)(vii) ；　タイセット：(iv)(viii)(x)

4.3　木と補木

連結グラフを考える.グラフ $\mathcal{G}$ の**木** (tree, spanning tree) とは, $\mathcal{G}$ のすべての節点を連結し,かつ,タイセットを含まない枝の集合のことである.木に含まれない枝すべての集合が**補木** (cotree) である.図4.3.1のグラフでは太線で示した枝が木を,残りの枝が補木を作っている.木は $\mathcal{G}$ においてタイセットを含まない極大な枝集合であるともいえる.木に枝を1本でも加えるとタイセットが生じる.これに対して,補木は $\mathcal{G}$ においてカットセットを含まない極大な枝集合である.これらのことは図4.3.1の例において確かめられよう.

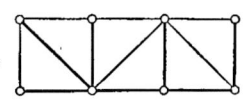

図 4.3.1　木(太線)と補木(細線)

一般にグラフには数多くの木がある．たとえば図4.3.2のグラフ $\mathscr{L}$ に対しては図4.3.3に示すような8本の木がある．もちろん，補木の数は木の数と同じである．このように簡単なグラフについても木の数はかなりのものであり，グラフが複雑になるにつれて木の数は飛躍的に多くなる．

図4.3.2 グラフ $\mathscr{L}$

さて，連結グラフの節点の数を n，枝の数を b とすると，木の枝数は $n-1$，補木の枝数は $b-n+1$ である．木の枝数が $n-1$ であることは，枝が1本しか接続されていない節点が少なくとも1個あるので，そこから始めて順次枝を取り除いていけばわかる．木の枝数をグラフの階数(rank)，補木の枝数をグラフの零度(nullity)という．グラフの階数を ρ，零度を μ と記すと，連結グラフに対しては，

図4.3.3 $\mathscr{L}$ のすべての木

$$\rho = n-1 \tag{4.3.1}$$
$$\mu = b-n+1 \tag{4.3.2}$$

である．

【例題 4.2】 図4.3.4に示すグラフに木を選び，節点 a, h 間を結ぶ木の枝のみからなる径路を求めよ．

〔解〕 枝集合 $\{1, 2, 3, 5, 7, 8, 10\}$ は木である．また，この木に含まれる節点 a, h 間を結ぶ径路は，$\{1, 5, 10\}$ である．

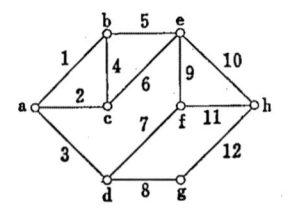

与えられたグラフの木を見つけるにはどうすればよいだろうか．どのような木でもよいなら，木はタイセットを含まない極大な枝集合だから，とにかくタイセットを含まないように，任意の枝から始めてすべての節点が結ばれるまで枝を付け加えていきさえすれば木が作れる．木の枝として次々に加える枝を組織的に選ぶには，

図4.3.4

大ざっぱに分けて二通りの方法がある．一つの方法は，一つの節点に接続されている枝をできるだけ多く選び，次には，最初に選んだ枝のもう一方の端点に接続されている枝からできるだけ多くの枝を付け加えるというような選び方である．たとえば図4.3.5のグラフでは，節点aから始めて枝 1, 2, 3, 4 を木の枝に選ぶ．次に，枝1の端点fに接続される枝 12, 13, 15 を木の枝に選び，さらに枝2の端点 d に接続される枝から木の枝に選びうる 10 を付け加える．このような木の見つけ方を**広さ優先探索法** (breadth-first search) という．

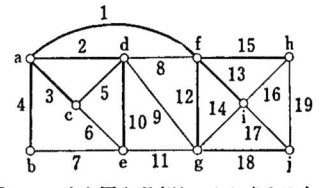

図 4.3.5 広さ優先探索法により求まる木

もう一つの方法は**深さ優先探索法**(depth-first search)といわれるものである．この方法では，一つの節点から始めて，その節点に接続される1本の枝を木の枝とする．次に，その枝のもう一方の端点に接続される1本の枝を木の枝に選ぶ．さらに新しく選んだ枝のもう一方の端点に接続される枝を木の枝に選ぶというようにして木の枝数を増していくのである．もし，木の枝に選べるような枝が見つからない場合は，今までに選んだ枝を逆にたどって木の枝とできるような枝が接続されれている節点を見つけ，そこから再び先に進む．図4.3.6のグラフで例を示す．このとき節点aから始め，どの節点においても，できるだけ番号の小さい枝から順に木の枝に選ぶことにする．まず，枝1から枝 8, 5, 6, 7 の順に木の枝を選ぶと節点bにくる．節点bには，木の枝とできる枝がもはやないので，節点eにもどり，

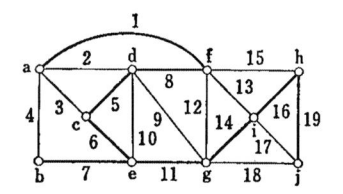

図 4.3.6 深さ優先探索法により求まる木

枝 11, 14, 16, 19 を順次木の枝に選ぶ．このようにして求まる木はいくつかの面白い性質をもっていることが知られている．

4.4 カットセットとタイセットの基本系

グラフに1本の木を選ぶ．木はタイセットを含まない極大な枝集合であるか

ら，木に補木の枝を1本だけ付け加えればタイセットができるはずである．たとえば，図4.4.1のグラフに太線で示したような木を選び，これに補木の枝を1本付け加えてみる．もし枝1を付け加えると，枝1, 3, 4から成るタイセット，枝2を付け加えると，枝2, 3, 5から成るタイセットができる．同様に，枝6によってタイセット{6, 5, 8, 9}，枝7によってタイセット{7, 5, 8}ができる．これらのタイセ

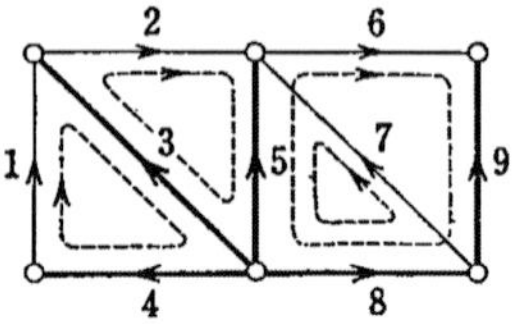

図4.4.1 基本タイセット

ットはいずれも付け加える補木の枝を1本指定するとただ一組決まる．このように，補木の枝と木によって決まるタイセットを**基本タイセット** (fundamental tieset) という．補木の枝の数はグラフの零度 μ に等しいので，基本タイセットの数は全部で μ 組ということになる．このような μ 組の基本タイセットを**タイセットの基本系** (fundamental system of tiesets) という．図4.4.1のようにグラフが有向であるときには，タイセットの作る閉路にも方向を導入でき，その方向は基本タイセットを決める補木の枝の方向と同じにするのが普通である．

次に，補木に木の枝を1本加えてみよう．この場合はカットセットが決まってくることがわかる．たとえば，図4.4.2に示したように，木の枝3に対して枝3, 1, 2からなるカットセットが決まる．同様に枝4に対してカットセット{4, 1}，枝5に対してカットセット{5, 2, 6, 7}，枝8に対してカットセット{8, 7, 6}，枝

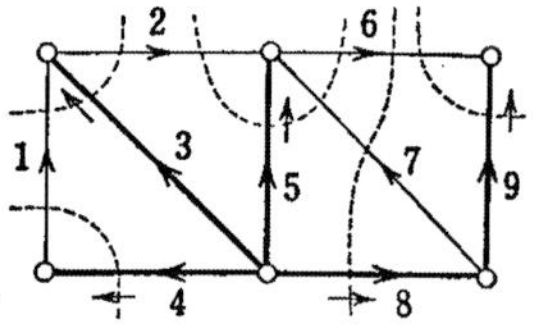

図4.4.2 基本カットセット

9に対してカットセット{9, 6}が決まる．このように，1本の木の枝と補木によって決まるカットセットを**基本カットセット** (fundamental cutset) という．木の枝の数はグラフの階数 ρ に等しく，したがって，ρ 組の基本カットセットが存在する．この ρ 組の基本カットセットを**カットセットの基本系** (fundamental system of cutsets) という．

図4.4.2のグラフのような有向グラフでは，カットセットの方向を導入することができる．基本カットセットに対しては，それを決める木の枝の方向と同

4.4 カットセットとタイセットの基本系

じ方向をカットセットの方向と決める.

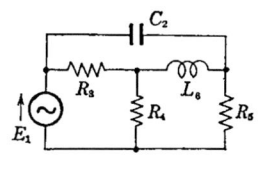

【例題 4.3】 図 4.4.3 に示す回路に対して KCL, KVL を適用して得られる方程式を,カットセットの基本系,タイセットの基本系に基づいて求めよ.

〔解〕 図 4.4.3 の回路のグラフを求めると図 4.4.4 になる.各枝に方向を適当に定め,この方向は電流の方向に一致すると考える.次に,このグラフの木を太線で示したように {1, 2, 3} と選ぶ.カットセットの基本系は,図 4.4.5 (a) のように, {1, 4, 5}, {2, 6, 5}, {3, 4, 6} というカットセットから成る.また,タイセットの基本系は,図 4.4.5 (b) のように {4, 3, 1}, {5, 2, 1}, {6, 2, 3} というタイセットから成る. i と v に枝の番号を添字として付けたものによって,各枝の電流と電圧を表すことにする. KCL から求まる方程式は,カットセットの基本系を用いると,

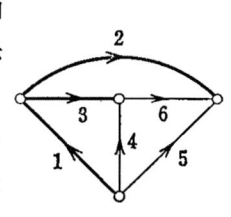

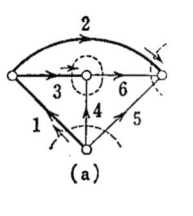

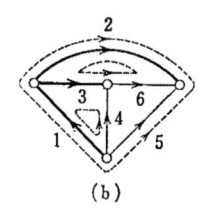

$$\{1, 4, 5\} \rightarrow i_1 + i_4 + i_5 = 0 \qquad (4.4.1)$$

$$\{2, 6, 5\} \rightarrow i_2 + i_6 + i_5 = 0 \qquad (4.4.2)$$

$$\{3, 4, 6\} \rightarrow i_3 + i_4 - i_6 = 0 \qquad (4.4.3)$$

となる.同様に KVL から求まる方程式はタイセットの基本系を用いると,

$$\{4, 3, 1\} \rightarrow v_4 - v_3 - v_1 = 0 \qquad (4.4.4)$$

$$\{5, 2, 1\} \rightarrow v_5 - v_2 - v_1 = 0 \qquad (4.4.5)$$

$$\{6, 2, 3\} \rightarrow v_6 - v_2 + v_3 = 0 \qquad (4.4.6)$$

となる.

上にあげた式において,電流変数あるいは電圧変数の前の符号(＋または－)

は，その変数に対する枝の方向とカットセットあるいはタイセットの方向とから決まる．たとえば，式 (4.4.3) を与えるのはカットセット $\{3,4,6\}$ であるがこのカットセットの方向は枝3の方向と同じと定めた．枝4の方向はこのカットセットの方向と同じであり，したがって i_4 の前の符号は＋となる．しかし，枝6の方向はカットセットの方向と逆であるから i_6 の前の符号は－となる．また，式 (4.4.4) においては，タイセット $\{4,3,1\}$ の方向に対し，枝3，枝1の方向は逆であり，v_3，v_1 の前の符号はいずれも－となる．

カットセットの基本系，タイセットの基本系を用いて得られる方程式には無駄なものが含まれていない．すなわち，これらの方程式は互いに独立である．このことは，これらの方程式には，それぞれその方程式にだけ現れる変数があることからわかる．式 (4.4.1)，(4.4.2)，(4.4.3)，(4.4.4) には，それぞれ i_1，i_2，i_3，v_4，v_5，v_6 が，その方程式にだけ現れる．また，方程式の総数を考えてみると，カットセットの基本系から ρ 個，タイセットの基本系から μ 個の方程式が得られ，総計

$$\rho+\mu=n-1+b-n+1=b \qquad (4.4.7)$$

つまり，枝数（＝素子数）に等しい数の方程式が得られる．

回路に含まれる b 個の素子のうち，b_s 個が電源，b_p 個が抵抗，インダクタあるいはキャパシタとして，未知変数の数を考えてみよう．電圧源に対してはその電流，電流源に対してはその電圧，抵抗，インダクタ，キャパシタに対しては，その電圧と電流が未知変数である．したがって総計

$$b_s+2b_p=b+b_p \qquad (4.4.8)$$

個の未知変数がある．ところが，抵抗，インダクタ，キャパシタに対しては，その電圧-電流特性から b_p 個の方程式が得られる．これらの方程式は互いに独立である．KCL，KVL から得られる b 個の方程式と合わせて，$b+b_p$ 個の方程式が $b+b_p$ 個の未知変数に対して存在することになる．電源と抵抗，キャパシタ，インダクタを含む回路に対しては，これらの方程式を解くことによって素子の電圧，電流をすべて知ることができる．

4.5 行　列

この節では，これからの議論に必要な行列に関する基礎的な事項を列挙する．
行列

$$\begin{bmatrix} 2 & 3 & 5 & 7 \\ 1 & 2 & 3 & 3 \\ 4 & 6 & 1 & 2 \end{bmatrix}, \begin{bmatrix} x & z \\ y & u \end{bmatrix}, \begin{bmatrix} x & \dfrac{dx}{dt} & \dfrac{d^2x}{dt^2} \\ y & \dfrac{dy}{dt} & \dfrac{d^2y}{dt^2} \end{bmatrix}$$

のように数字や変数を縦横に並べたものを行列 (matrix, 複数 matrices) という．行列の一般形は

$$\begin{bmatrix} a_{11} & a_{12} \cdots a_{1n} \\ a_{21} & a_{22} \cdots a_{2n} \\ \vdots & \vdots \quad \vdots \\ a_{m1} & a_{m2} \cdots a_{mn} \end{bmatrix} \equiv A \tag{4.5.1}$$

のようになる（添字の付け方に注意すること）．$a_{11}, a_{12}, \cdots, a_{1n}, \cdots, a_{mn}$ は行列の**要素** (element) とよばれ，横の要素の並びを**行** (row)，縦の要素の並びを**列** (column) という．初めにあげた行列は，それぞれ3行4列，2行2列，2行3列，また式 (4.5.1) の行列は m 行 n 列の行列である．行の数と列の数が等しい場合は**正方行列** (square matrix) といい，n 行 n 列の正方行列を **n 次の正方行列**という．n 次の正方行列の対角線上に並ぶ要素 $a_{11}, a_{22}, \cdots, a_{nn}$ を**対角要素** (diagonal element) という．式 (4.5.2) のように対角要素以外の要素はすべて 0 である正方行列は**対角行列** (diagonal matrix) である．

$$\begin{bmatrix} a_{11} & 0 & 0 & \cdots & 0 \\ 0 & a_{22} & 0 & \cdots & 0 \\ \vdots & \vdots & \vdots & & \vdots \\ 0 & 0 & 0 & \cdots & a_{nn} \end{bmatrix} \tag{4.5.2}$$

対角要素 $a_{11}, a_{22}, \cdots, a_{nn}$ がすべて 1 である対角行列を特に**単位行列** (unit matrix) という．二つの行列が**等しい**ということは，行列の対応する位置にある要素がすべて等しいことである．

行列の対角線を対称軸として要素を入れ換えたものを，もとの行列の**転置行**

列 (transposed matrix) という．転置行列はもとの行列の右上に t を付けて表すことにする．

$$A^t = \begin{bmatrix} a_{11} & a_{12} & \cdots & a_{1n} \\ a_{21} & a_{22} & \cdots & a_{2n} \\ \vdots & \vdots & & \vdots \\ a_{m1} & a_{m2} & \cdots & a_{mn} \end{bmatrix}^t = \begin{bmatrix} a_{11} & a_{21} & \cdots & a_{m1} \\ a_{12} & a_{22} & \cdots & a_{m2} \\ \vdots & \vdots & & \vdots \\ a_{1n} & a_{2n} & \cdots & a_{mn} \end{bmatrix} \quad (4.5.3)$$

である．行列とその転置行列とが等しいとき，すなわち $A^t = A$ のとき，この行列を**対称行列** (symmetric matrix) という．また，行列のいくつかの行と列を除いて得られる行列をもとの行列の**部分行列** (submatrix) という．

行列の演算　(1) 加算，減算

$$\begin{bmatrix} a_{11} & a_{12} & \cdots & a_{1n} \\ a_{21} & a_{22} & \cdots & a_{2n} \\ \vdots & \vdots & & \vdots \\ a_{m1} & a_{m2} & \cdots & a_{mn} \end{bmatrix} \pm \begin{bmatrix} b_{11} & b_{12} & \cdots & b_{1n} \\ b_{21} & b_{22} & \cdots & b_{2n} \\ \vdots & \vdots & & \vdots \\ b_{m1} & b_{m2} & \cdots & b_{mn} \end{bmatrix} = \begin{bmatrix} a_{11} \pm b_{11} & a_{12} \pm b_{12} & \cdots & a_{1n} \pm b_{1n} \\ a_{21} \pm b_{21} & a_{22} \pm b_{22} & \cdots & a_{2n} \pm b_{2n} \\ \vdots & \vdots & & \vdots \\ a_{m1} \pm b_{m1} & a_{m2} \pm b_{m2} & \cdots & a_{mn} \pm b_{mn} \end{bmatrix}$$

（複号同順）　(4.5.4)

(2) 乗算：行列と定数の積は，行列の各要素を定数倍したものを要素とする行列となる．

$$\begin{bmatrix} a_{11} & a_{12} & \cdots & a_{1n} \\ a_{21} & a_{22} & \cdots & a_{2n} \\ \vdots & \vdots & & \vdots \\ a_{m1} & a_{m2} & \cdots & a_{mn} \end{bmatrix} c = \begin{bmatrix} a_{11}c & a_{12}c & \cdots & a_{1n}c \\ a_{21}c & a_{22}c & \cdots & a_{2n}c \\ \vdots & \vdots & & \vdots \\ a_{m1}c & a_{m2}c & \cdots & a_{mn}c \end{bmatrix} \quad (4.5.5)$$

行列と行列の積は，m 行 n 列の行列に n 行 l 列の行列を乗ずる場合だけに定義される．

$$\begin{bmatrix} a_{11} & a_{12} & \cdots & a_{1n} \\ a_{21} & a_{22} & \cdots & a_{2n} \\ \vdots & \vdots & & \vdots \\ a_{m1} & a_{m2} & \cdots & a_{mn} \end{bmatrix} \begin{bmatrix} b_{11} & b_{12} & \cdots & b_{1l} \\ b_{21} & b_{22} & \cdots & b_{2l} \\ \vdots & \vdots & & \vdots \\ b_{n1} & b_{n2} & \cdots & b_{nl} \end{bmatrix}$$

$$= \begin{pmatrix} \sum_{k=1}^{n} a_{1k}b_{k1} & \sum_{k=1}^{n} a_{1k}b_{k2} & \cdots & \sum_{k=1}^{n} a_{1k}b_{kl} \\ \sum_{k=1}^{n} a_{2k}b_{k1} & \sum_{k=1}^{n} a_{2k}b_{k2} & \cdots & \sum_{k=1}^{n} a_{2k}b_{kl} \\ \vdots & \vdots & & \vdots \\ \sum_{k=1}^{n} a_{mk}b_{k1} & \sum_{k=1}^{n} a_{mk}b_{k2} & \cdots & \sum_{k=1}^{n} a_{mk}b_{kl} \end{pmatrix} \quad (4.5.6)$$

たとえば

$$\begin{bmatrix} 1 & 2 \\ 3 & 4 \end{bmatrix} \begin{bmatrix} 5 & 6 \\ 7 & 8 \end{bmatrix} = \begin{bmatrix} 1\cdot 5+2\cdot 7 & 1\cdot 6+2\cdot 8 \\ 3\cdot 5+4\cdot 7 & 3\cdot 6+4\cdot 8 \end{bmatrix} = \begin{bmatrix} 19 & 22 \\ 43 & 50 \end{bmatrix}$$

である．

行列式　行列式 (determinant) は正方行列に対してのみ定義される．次数の大きい行列の行列式を定義から直接求めることはないので定義式は省略する．行列式は $|A|$ のように行列の横に線を引いて表す．2次，3次の正方行列の行列式は次のようになる．

$$\begin{vmatrix} a_{11} & a_{12} \\ a_{21} & a_{22} \end{vmatrix} = a_{11}a_{22} - a_{12}a_{21} \tag{4.5.7}$$

$$\begin{vmatrix} a_{11} & a_{12} & a_{13} \\ a_{21} & a_{22} & a_{23} \\ a_{31} & a_{32} & a_{33} \end{vmatrix} = a_{11}a_{22}a_{33} + a_{12}a_{23}a_{31} + a_{13}a_{21}a_{32} \\ - a_{13}a_{22}a_{31} - a_{12}a_{21}a_{33} - a_{11}a_{23}a_{32} \tag{4.5.8}$$

行列式の性質を列挙しよう．

(1) 行と行，あるいは列と列を1回入れ換えると行列式の符号が変わる．たとえば，

$$\begin{vmatrix} 1 & 4 & 7 \\ 2 & 5 & 8 \\ 3 & 6 & 9 \end{vmatrix} = - \begin{vmatrix} 1 & 7 & 4 \\ 2 & 8 & 5 \\ 3 & 9 & 6 \end{vmatrix} = - \begin{vmatrix} 2 & 5 & 8 \\ 1 & 4 & 7 \\ 3 & 6 & 9 \end{vmatrix}$$

となる．

(2) 行または列の共通因数はくくり出せる．たとえば，

$$\begin{vmatrix} 3 & 6 & 9 \\ 2 & 4 & 5 \\ 7 & 2 & 4 \end{vmatrix} = 3 \begin{vmatrix} 1 & 2 & 3 \\ 2 & 4 & 5 \\ 7 & 2 & 4 \end{vmatrix} = 6 \begin{vmatrix} 1 & 1 & 3 \\ 2 & 2 & 5 \\ 7 & 1 & 4 \end{vmatrix}$$

となる．

(3) 2行あるいは2列が等しい行列式の値は0である．たとえば，

$$\begin{vmatrix} 1 & 3 & 2 \\ 5 & 4 & 2 \\ 2 & 6 & 4 \end{vmatrix} = 2 \begin{vmatrix} 1 & 3 & 2 \\ 5 & 4 & 2 \\ 1 & 3 & 2 \end{vmatrix} = 0$$

となる．

(4) ある行にある数を掛けて，これを他の行に加えても行列式の値は変わらない．次に示す例では，第1行を2倍したもの，-3倍したものを，それぞれ第2行，第3行に加えている．

$$\begin{vmatrix} 1 & 2 & -1 \\ -2 & -4 & 3 \\ 3 & 4 & 4 \end{vmatrix} = \begin{vmatrix} 1 & 2 & -1 \\ 0 & 0 & 1 \\ 0 & -2 & 7 \end{vmatrix} = -1 \cdot 1 \cdot (-2) = 2$$

零要素を含むと行列式の計算は容易になるので，上に述べた演算を行あるいは列に施して零要素を作ることがよく行なわれる．

(5) 対角線より上のみ，あるいは下のみに非零要素をもつような行列を**上三角行列** (upper triangular matrix)，あるいは**下三角行列** (lower triangular matrix) というが，これらの行列の行列式は対角要素の積である．すなわち，

$$\begin{vmatrix} a_{11} & a_{12} & a_{13} & \cdots & a_{1n} \\ & a_{22} & a_{23} & \cdots & a_{2n} \\ & & a_{33} & \cdots & a_{3n} \\ & \text{\Large 0} & & \ddots & \vdots \\ & & & & a_{nn} \end{vmatrix} = a_{11} a_{22} a_{33} \cdots a_{nn} \quad (4.5.9)$$

$$\begin{vmatrix} a_{11} & & & & \\ a_{21} & a_{22} & & \text{\Large 0} & \\ a_{31} & a_{32} & a_{33} & & \\ \vdots & \vdots & \vdots & \ddots & \\ a_{n1} & a_{n2} & a_{n3} & \cdots & a_{nn} \end{vmatrix} = a_{11} a_{22} a_{33} \cdots a_{nn} \quad (4.5.10)$$

上式において，大きい0は行列の0要素からなる部分を示す．

(6) 転置行列の行列式は，もとの行列の行列式に等しい．

余因数　n 次の正方行列から第 k 行と第 l 列を取り除いて得られる $(n-1)$ 次の行列式に $(-1)^{k+l}$ を乗じたものを，k 行 l 列の要素の**余因数** (cofactor) という．これを $\varDelta_{kl}$ で表せば

$$\varDelta_{kl}=(-1)^{k+l}\begin{vmatrix} a_{11}\cdots\cdots a_{1l-1} & a_{1l+1}\cdots\cdots a_{1n} \\ \vdots & \vdots & \vdots & \vdots \\ a_{k-11}\cdots a_{k-1l-1} & a_{k-1l+1}\cdots a_{k-1n} \\ a_{k+11}\cdots a_{k+1l-1} & a_{k+1l+1}\cdots a_{k+1n} \\ \vdots & \vdots & \vdots & \vdots \\ a_{n1}\cdots\cdots a_{nl-1} & a_{nl+1}\cdots\cdots a_{nn} \end{vmatrix} \quad (4.5.11)$$

である．

行列式の展開　大きい次数の行列式を直接求めることは困難なので，より小さい次数の行列式を用いて大きい次数の行列式を求めることがよく行なわれる．行列のいくつかの行と列を取り除いて作った次数の小さい部分正方行列の行列式を元の行列の**小行列式** (minor determinant) という．たとえば式 (4.5.11) の $(-1)^{k+l}$ を除いた部分は $(n-1)$ 次の小行列式である．小行列式を用いて元の行列の行列式を表すことを行列式の**展開** (expansion) という．

(1) 一つの行による展開

$$\begin{vmatrix} a_{11} & a_{12}\cdots a_{1n} \\ a_{21} & a_{22}\cdots a_{2n} \\ \vdots & \vdots & \vdots \\ a_{k1} & a_{k2}\cdots a_{kn} \\ \vdots & \vdots & \vdots \\ a_{n1} & a_{n2}\cdots a_{nn} \end{vmatrix} = a_{k1}\varDelta_{k1}+a_{k2}\varDelta_{k2}+\cdots+a_{kn}\varDelta_{kn} \quad (4.5.12)$$

(2) 一つの列による展開

$$\begin{vmatrix} a_{11} & a_{12}\cdots a_{1l}\cdots a_{1n} \\ a_{21} & a_{22}\cdots a_{2l}\cdots a_{2n} \\ \vdots & \vdots & \vdots & \vdots \\ a_{n1} & a_{n2}\cdots a_{nl}\cdots a_{nn} \end{vmatrix} = a_{1l}\varDelta_{1l}+a_{2l}\varDelta_{2l}+\cdots+a_{nl}\varDelta_{nl} \quad (4.5.13)$$

(3) 展開の一般形（ラプラス展開）

$$\begin{vmatrix} a_{11} & a_{12} \cdots \cdots a_{1n} \\ \vdots & \vdots \quad\quad \vdots \\ a_{m1} & a_{m2} \cdots a_{mn} \\ a_{m+11} & a_{m+12} \cdots a_{m+1n} \\ \vdots & \vdots \quad\quad \vdots \\ a_{n1} & a_{n2} \cdots \cdots a_{nn} \end{vmatrix}$$

$$= \sum (-1)^{\frac{m(m+1)}{2} + \sum_{l=1}^{m} i_l} \begin{vmatrix} a_{1i_1} & a_{1i_2} \cdots a_{1i_m} \\ \vdots & \vdots \quad\quad \vdots \\ a_{mi_1} & a_{mi_2} \cdots a_{mi_m} \end{vmatrix} \begin{vmatrix} a_{m+1j_1} \cdots a_{m+1j_{n-m}} \\ \vdots \quad\quad\quad \vdots \\ a_{nj_1} \cdots\cdots a_{nj_{n-m}} \end{vmatrix}$$

(4.5.14)

ここに, $1 \leq i_1 < i_2 < \cdots < i_m \leq n$, $1 \leq j_1 < j_2 < \cdots < j_{n-m} \leq n$ であり, また $(i_1\ i_2 \cdots i_m\ j_1\ j_2 \cdots j_{n-m})$ は $(1\ 2 \cdots n)$ を並べ換えたものである. 右辺の項は, 要素数 m の組合せの全体にわたるものであり, したがって右辺の項数は $\binom{n}{m}$ である. たとえば

$$\begin{vmatrix} 1 & 5 & 9 & 13 \\ 3 & 7 & 11 & 15 \\ 2 & 6 & 10 & 14 \\ 4 & 8 & 12 & 16 \end{vmatrix} = \begin{vmatrix} {}^{(1} & {}^{2)} \\ 1 & 5 \\ 3 & 7 \end{vmatrix} \begin{vmatrix} {}^{3} & {}^{4)} \\ 10 & 14 \\ 12 & 16 \end{vmatrix} - \begin{vmatrix} {}^{(1} & {}^{3)} \\ 1 & 9 \\ 3 & 11 \end{vmatrix} \begin{vmatrix} {}^{2} & {}^{4)} \\ 6 & 14 \\ 8 & 16 \end{vmatrix}$$
$$+ \begin{vmatrix} {}^{(1} & {}^{4)} \\ 1 & 13 \\ 3 & 15 \end{vmatrix} \begin{vmatrix} {}^{2} & {}^{3)} \\ 6 & 10 \\ 8 & 12 \end{vmatrix} + \begin{vmatrix} {}^{(2} & {}^{3)} \\ 5 & 9 \\ 7 & 11 \end{vmatrix} \begin{vmatrix} {}^{1} & {}^{4)} \\ 2 & 14 \\ 4 & 16 \end{vmatrix}$$
$$- \begin{vmatrix} {}^{(2} & {}^{4)} \\ 5 & 13 \\ 7 & 15 \end{vmatrix} \begin{vmatrix} {}^{1} & {}^{3)} \\ 2 & 10 \\ 4 & 12 \end{vmatrix} + \begin{vmatrix} {}^{(3} & {}^{4)} \\ 9 & 13 \\ 11 & 15 \end{vmatrix} \begin{vmatrix} {}^{1} & {}^{2)} \\ 2 & 6 \\ 4 & 8 \end{vmatrix}$$

である. $(i_1, i_2, \cdots i_m j_1, \cdots j_{n-m})$ を行列式の上に示した.

行列の積の行列式　m 行 n 列の行列に n 行 m 列の行列を乗ずると m 行 m 列の行列が得られる. この正方行列の行列式を元の二つの行列の小行列式で展開する公式は**ビネー・コーシ**(Binet-Cauchy)の公式といわれている. $m < n$ とすると m 行 n 列の行列から $\binom{n}{m}$ 個の m 行 m 列の行列が得られる. このような行列の行列式を特に**主行列式** (major determinant) とよんでいる.

〔ビネー・コーシの公式〕　二つの行列の積の行列式は, 二つの行列の対応

する主行列式の積すべての総和に等しい．すなわち，

$$\left|\begin{bmatrix} a_{11} & a_{12}\cdots a_{1n} \\ a_{21} & a_{22}\cdots a_{2n} \\ \vdots \\ a_{m1} & a_{m2}\cdots a_{mn} \end{bmatrix}\begin{bmatrix} b_{11} & b_{12}\cdots b_{1m} \\ b_{21} & b_{22}\cdots b_{2m} \\ \vdots \\ b_{n1} & b_{n2}\cdots b_{nm} \end{bmatrix}\right| = \sum \begin{vmatrix} a_{1i_1} & a_{1i_2}\cdots a_{1i_m} \\ a_{2i_1} & a_{2i_2}\cdots a_{2i_m} \\ \vdots \\ a_{mi_1} & a_{mi_2}\cdots a_{mi_m} \end{vmatrix}\begin{vmatrix} b_{i_11} & b_{i_12}\cdots b_{i_1m} \\ b_{i_21} & b_{i_22}\cdots b_{i_2m} \\ \vdots \\ b_{i_m1} & b_{i_m2}\cdots b_{i_mm} \end{vmatrix}$$

$$(m \leq n) \tag{4.5.15}$$

である．右辺の和はすべての対応する主行列式について求める．

ビネー・コーシ展開の例を示す．

$$\left|\begin{bmatrix} 1 & 3 & 5 & 7 \\ 9 & 11 & 13 & 15 \end{bmatrix}\begin{pmatrix} 2 & 10 \\ 4 & 12 \\ 6 & 14 \\ 8 & 16 \end{pmatrix}\right| = \begin{vmatrix} 1 & 3 \\ 9 & 11 \end{vmatrix}\begin{vmatrix} 2 & 10 \\ 4 & 12 \end{vmatrix} + \begin{vmatrix} 1 & 5 \\ 9 & 13 \end{vmatrix}\begin{vmatrix} 2 & 10 \\ 6 & 14 \end{vmatrix}$$

$$+ \begin{vmatrix} 1 & 7 \\ 9 & 15 \end{vmatrix}\begin{vmatrix} 2 & 10 \\ 8 & 16 \end{vmatrix} + \begin{vmatrix} 3 & 5 \\ 11 & 13 \end{vmatrix}\begin{vmatrix} 4 & 12 \\ 6 & 14 \end{vmatrix}$$

$$+ \begin{vmatrix} 3 & 7 \\ 11 & 15 \end{vmatrix}\begin{vmatrix} 4 & 12 \\ 8 & 16 \end{vmatrix} + \begin{vmatrix} 5 & 7 \\ 13 & 15 \end{vmatrix}\begin{vmatrix} 6 & 14 \\ 8 & 16 \end{vmatrix}$$

である．特に $m=n$ のとき，すなわち二つの正方行列の積の行列式は，もとの二つの行列の行列式の積となる．すなわち，

$$|AB| = |A||B| \tag{4.5.16}$$

である．

逆行列 二つの正方行列の積が単位行列になるとき，一方の行列を他方の**逆行列**といい，A^{-1} のように行列の右上に -1 を付けて表す．

$$AA^{-1} = A^{-1}A = U \tag{4.5.17}$$

U は単位行列である．$|U|=1$ であるから，式 (4.5.16) を用いると $|A| \neq 0$，$|A^{-1}| \neq 0$ でなければならないことがわかる．行列式が 0 の行列を**特異行列** (singular matrix)，0 でない行列を**非特異行列** (nonsingular matrix) あるいは**正則行列** (regular matrix) というが，逆行列が存在するためには，その行列が非特異行列でなければならず，逆に，非特異行列には逆行列が存在する．余

因数の行列

$$\begin{bmatrix} \Delta_{11} & \Delta_{12} \cdots \Delta_{1n} \\ \Delta_{21} & \Delta_{22} \cdots \Delta_{2n} \\ \vdots & \vdots \\ \Delta_{n1} & \Delta_{n2} \cdots \Delta_{nn} \end{bmatrix} \equiv \mathrm{Adj}\,A \qquad (4.5.18)$$

は,行列 A の**随伴行列** (adjoint matrix) といわれるが,これを用いると

$$A^{-1} = \frac{(\mathrm{Adj}\,A)'}{|A|} \qquad (4.5.19)$$

となる.実際に逆行列を求める場合は,式 (4.5.19) を用いると手間がかかりすぎるので,もっと能率のよい方法が工夫されている.

階数 行列に含まれる非特異行列の次数の最大値をその行列の階数という. n 行 m 列の行列の階数は,もちろん n と m のうちの小さい方を越えることはない.行列の階数を求めるのは一般になかなか難しい.階数を求める際,0 ばかりの行あるいは列があれば,その行あるいは列を取り除いた行列を考えればよい.行列の階数は,一つの行にある数をかけて他の行に加える,あるいは一つの列にある数をかけて他の列に加えるという操作をしても不変なので,このような操作により 0 ばかりの行あるいは列を作ってみることが階数を求める一つの方法である.

4.6 グラフに関するいろいろな行列

節点や枝の数の少ないグラフは図に描いて表せる.節点数あるいは枝数の大きいグラフを表したり,グラフに基づいて方程式を立て計算したりするときには,グラフやグラフから得られるいろいろな量を数字で表す必要がある.特に,従来から工学の分野でよく用いられる行列によってグラフを表示すると便利なことが多い.この節ではグラフに関するいろいろの行列について解説する.

節点接続行列 節点接続行列 (node-to-node incidence matrix) はどの節点とどの節点が枝で結ばれているかを示す行列であり,**隣接行列** (adjacency matrix) ともいわれる.たとえば,図 4.6.1 に示すグラフの節点接続行列は次

4.6 グラフに関するいろいろな行列

のようになる．

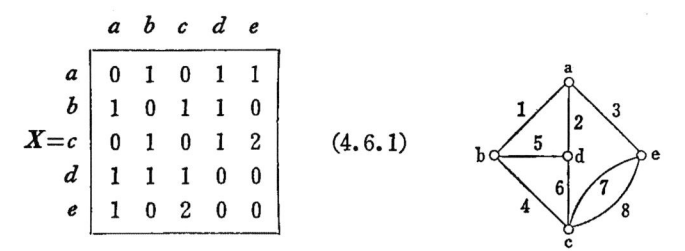

$$X = c \begin{array}{c|ccccc} & a & b & c & d & e \\ \hline a & 0 & 1 & 0 & 1 & 1 \\ b & 1 & 0 & 1 & 1 & 0 \\ c & 0 & 1 & 0 & 1 & 2 \\ d & 1 & 1 & 1 & 0 & 0 \\ e & 1 & 0 & 2 & 0 & 0 \end{array} \qquad (4.6.1)$$

図 4.6.1

行列の行，列は共に節点に対応する．グラフでは，節点 a が b, d, e と枝で結ばれ，c とは結ばれていない．これに応じて，a 行の要素は b, d, e 列に 1，c 列に 0 となる．他の行も同様であり，一般に第 i 行の第 j 列要素は，節点 i と節点 j が枝で結ばれていれば 1，結ばれていなければ 0 となる．もし，節点 i と節点 j の間に k 本の枝があれば，第 i 行の第 j 列要素を k とする．図 4.6.1 のグラフは無向であり，無向グラフの節点接続行列は対称である．

有向グラフの節点接続行列は，節点 i から枝が出て節点 j に枝が入るとき，第 i 行の第 j 列要素を 1 とする．たとえば，図 4.6.2 に示すグラフの節点接続行列は次のようになる．

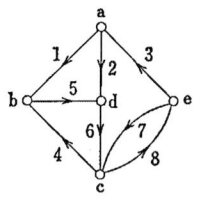

図 4.6.2

$$X = c \begin{array}{c|ccccc} & a & b & c & d & e \\ \hline a & 0 & 1 & 0 & 1 & 0 \\ b & 0 & 0 & 0 & 1 & 0 \\ c & 0 & 1 & 0 & 0 & 1 \\ d & 0 & 0 & 1 & 0 & 0 \\ e & 1 & 0 & 1 & 0 & 0 \end{array} \qquad (4.6.2)$$

節点接続行列が与えられると，それからグラフを描くことができるのは明らかであろう．

【例題 4.4】 次の節点接続行列をもつ有向グラフを描け．

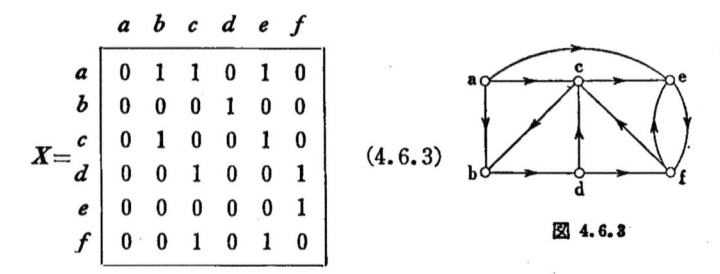

$$X = \begin{array}{c} \\ a \\ b \\ c \\ d \\ e \\ f \end{array} \begin{array}{c} a\ b\ c\ d\ e\ f \\ \left[\begin{array}{cccccc} 0 & 1 & 1 & 0 & 1 & 0 \\ 0 & 0 & 0 & 1 & 0 & 0 \\ 0 & 1 & 0 & 0 & 1 & 0 \\ 0 & 0 & 1 & 0 & 0 & 1 \\ 0 & 0 & 0 & 0 & 0 & 1 \\ 0 & 0 & 1 & 0 & 1 & 0 \end{array}\right] \end{array} \quad (4.6.3)$$

図 4.6.3

〔解〕 図 4.6.3 のグラフとなる.

インシデンス行列 節点と枝の接続関係を表す行列は節点・枝接続行列 (node-to-branch incidence matrix), あるいは単に**インシデンス行列**といわれる. 図 4.6.1 に示す無向グラフのインシデンス行列は

$$A_a = \begin{array}{c} \\ a \\ b \\ c \\ d \\ e \end{array} \begin{array}{c} 1\ 2\ 3\ 4\ 5\ 6\ 7\ 8 \\ \left[\begin{array}{cccccccc} 1 & 1 & 1 & 0 & 0 & 0 & 0 & 0 \\ 1 & 0 & 0 & 1 & 1 & 0 & 0 & 0 \\ 0 & 0 & 0 & 1 & 0 & 1 & 1 & 1 \\ 0 & 1 & 0 & 0 & 1 & 1 & 0 & 0 \\ 0 & 0 & 1 & 0 & 0 & 0 & 1 & 1 \end{array}\right] \end{array} \quad (4.6.4)$$

となる. 行列の各列には 1 がちょうど 2 個ずつあり, 枝の端点を示す. また一つの行は, その行に対応する節点に接続される枝を示している.

図 4.6.2 の有向グラフのインシデンス行列は

$$A_a = \begin{array}{c} \\ a \\ b \\ c \\ d \\ e \end{array} \begin{array}{c} 1\ 2\ 3\ 4\ 5\ 6\ 7\ 8 \\ \left[\begin{array}{cccccccc} 1 & 1 & -1 & 0 & 0 & 0 & 0 & 0 \\ -1 & 0 & 0 & -1 & 1 & 0 & 0 & 0 \\ 0 & 0 & 0 & 1 & 0 & -1 & -1 & 1 \\ 0 & -1 & 0 & 0 & -1 & 1 & 0 & 0 \\ 0 & 0 & 1 & 0 & 0 & 0 & 1 & -1 \end{array}\right] \end{array} \quad (4.6.5)$$

となる. この例のように, 有向グラフのインシデンス行列の第 i 行第 j 列要素は, 節点 i から枝 j が出るときに 1, 入るときに -1 であり, 一つの列には 1 と

4.6 グラフに関するいろいろな行列

−1が1個ずつある。

インシデンス行列の各列には零でない要素が必ず2個あるという性質を用いると，行列の一つの行を取り除いても，元の行列を求めることができる。このように A_a から任意の行を取り除いた行列を **既約インシデンス行列** (reduced incidence matrix) という。たとえば，図4.6.2のグラフの既約インシデンス行列は，

$$A = \begin{array}{c} \\ a \\ b \\ c \\ d \end{array} \begin{array}{cccccccc} 1 & 2 & 3 & 4 & 5 & 6 & 7 & 8 \\ \hline 1 & 1 & -1 & 0 & 0 & 0 & 0 & 0 \\ -1 & 0 & 0 & -1 & 1 & 0 & 0 & 0 \\ 0 & 0 & 0 & 1 & 0 & -1 & -1 & 1 \\ 0 & -1 & 0 & 0 & -1 & 1 & 0 & 0 \end{array} \tag{4.6.6}$$

となる。既約でないインシデンス行列よりも既約インシデンス行列の方が用いられる場合が多く，"既約"がしばしば省略される。取り除かれた行に対応する節点を **基準節点** という。

インシデンス行列が与えられると，そのようなインシデンス行列をもつグラフを描くことができる。このため，インシデンス行列はグラフの数字による表現として用いられることが多い。

【例題 4.5】 次のインシデンス行列をもつグラフを描け。

$$A = \begin{array}{c} \\ a \\ b \\ c \\ d \\ e \end{array} \begin{array}{cccccccccc} 1 & 2 & 3 & 4 & 5 & 6 & 7 & 8 & 9 & 10 \\ \hline 1 & 0 & 1 & -1 & 0 & 0 & 0 & 0 & 0 & 0 \\ -1 & -1 & 0 & 0 & 1 & 0 & 0 & 0 & 0 & 0 \\ 0 & 1 & -1 & 0 & 0 & 0 & 1 & 0 & 0 & 1 \\ 0 & 0 & 0 & 1 & -1 & -1 & 0 & 1 & 0 & 0 \\ 0 & 0 & 0 & 0 & 0 & 1 & -1 & 0 & -1 & 0 \end{array} \tag{4.6.7}$$

〔解〕 図4.6.4に示したようなグラフとなる。

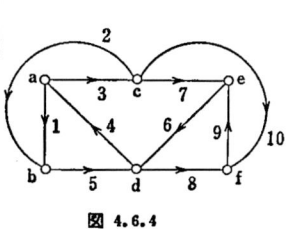

図 4.6.4

連結な有向グラフの節点数を n, 枝数を b とする. 既約でないインシデンス行列 A_a の階数を考えてみよう. A_a は n 行 b 列の行列であり, A_a の各列には 1 と -1 が一つずつある. 最後の行に他の行を順次加えると 0 ばかりの行ができるので, A_a の階数は $n-1$ 以下である. 次に A_a は既約インシデンス行列 A を含んでいるが, A の列のうちグラフの木に対応する列だけを取り出してできる行列を A_t としよう. たとえば, 図 4.6.2 のグラフに $\{1, 2, 6, 7\}$ からなる木を選ぶと, この木に対応する A の部分行列は, 式 (4.6.6) の行列の 1, 2, 6, 7 列を取り出して,

$$A_t = \begin{array}{c} \\ a \\ b \\ c \\ d \end{array} \begin{array}{cccc} 1 & 2 & 6 & 7 \\ \hline 1 & 1 & 0 & 0 \\ -1 & 0 & 0 & 0 \\ 0 & 0 & -1 & -1 \\ 0 & -1 & 1 & 0 \end{array} \qquad (4.6.8)$$

となる.

A_t は $n-1$ 次の正方行列であるが, 木の性質を利用すると, 行や列の入れ換えによってこの行列を上三角行列に変えることができるのである. たとえば, 式 (4.6.8) の行列を見ると, 枝 7 に対応する列には -1 が 1 個あり, 他はすべて 0 である. この列と -1 を含む c の行を左上方に移すと,

$$\begin{array}{c} \\ c \\ a \\ b \\ d \end{array} \begin{array}{cccc} 7 & 1 & 2 & 6 \\ \hline -1 & 0 & 0 & -1 \\ 0 & 1 & 1 & 0 \\ 0 & -1 & 0 & 0 \\ 0 & 0 & -1 & 1 \end{array} \qquad (4.6.9)$$

となる. 次に, 第 1 行と第 1 列を取り除いた行列を考えると, やはり 1 か -1 がちょうど 1 個だけある列がある. すなわち, 枝 6 の列がそうである. グラフを見れば, 枝 6 は節点 c に接続していることがわかる. 枝 6 に対する列とその列の 1 を含む行を左上方へ移すと

$$
\begin{array}{c|cccc}
 & 7 & 6 & 1 & 2 \\
\hline
c & -1 & -1 & 0 & 0 \\
d & 0 & 1 & 0 & -1 \\
a & 0 & 0 & 1 & 1 \\
b & 0 & 0 & -1 & 0
\end{array}
\tag{4.6.10}
$$

となる.さらに,第1行,第2行,第1列,第2列を取り除いた行列を考えると,やはり1か-1をちょうど1個だけ含むような列が見つかる.節点dに接続される枝2の列がそうである.前と同じように,この列を左方へ移して,

$$
\begin{array}{c|cccc}
 & 7 & 6 & 2 & 1 \\
\hline
c & -1 & -1 & 0 & 0 \\
d & 0 & 1 & -1 & 0 \\
a & 0 & 0 & 1 & 1 \\
b & 0 & 0 & 0 & -1
\end{array}
\tag{4.6.11}
$$

のような上三角行列を得る.一般にどのような木に対しても,基準節点に接続される枝,次にそれらの枝に隣接する枝,さらにそれらの枝に隣接する枝というような順に列を並べ,節点もそれらの枝に応じた順に並べると,A_t を上三角行列にすることができる.このようにして得られた上三角行列の行列式は1か-1であることは容易にわかる.したがって $|A_t|$ も1あるいは-1であり,A の階数は $n-1=\rho$ であることがわかる.

【例題 4.6】 図 4.6.2 のグラフの木 $\{2,3,5,7\}$ に対する A の部分行列 A_t から上三角形行列を求めよ.

〔解〕 基準節点 e に接続する枝は 3,7,それらのもう一方の端点は,それぞれ a,c である.さらに a に接続する枝は 2,そのもう一つの端点は d である.したがって,

$$
\begin{array}{c|cccc}
 & 3 & 7 & 2 & 5 \\
\hline
a & -1 & 0 & 1 & 0 \\
c & 0 & -1 & 0 & 0 \\
d & 0 & 0 & -1 & -1 \\
b & 0 & 0 & 0 & 1
\end{array}
\tag{4.6.12}
$$

を得る．

また，木とならない $n-1=\rho$ 個の枝に選んで，A からそれらの枝に対応する ρ 次の正方部分行列を作る．$n-1$ 本の枝で n 個の節点を連結にするにはそれらの枝が木をつくる必要があることを考えると，この部分行列は非連結グラフのインシデンス行列となることがわかる．たとえば，図 4.6.2 のグラフで $\{1, 2, 4, 6\}$ という木を作らない 4 本の枝を選ぶと，

$$\begin{array}{c|cccc} & 1 & 2 & 4 & 6 \\ \hline a & 1 & 1 & 0 & 0 \\ b & -1 & 0 & -1 & 0 \\ c & 0 & 0 & 1 & -1 \\ d & 0 & -1 & 0 & 1 \end{array} \qquad (4.6.13)$$

となり，節点 e が他の節点に連結されない．このような部分行列が特異であることは容易にわかるだろう．すなわち，A の ρ 次の部分行列はその列が木の枝に対応するときは非特異，対応しないときは特異となるのである．

カットセット行列 カットセット行列 (cutset matrix) はカットセットに含まれる枝を示す行列であり，行をカットセットに，列をグラフの枝に対応させる．インシデンス行列もカットセット行列の一部分であり，この行列の各行は，一つの節点をグラフの残りの部分から切り離すカットセットを示している．

一般にカットセットは節点数や枝数のあまり大きくないグラフにさえ数多く存在するが，それらはいくつかのカットセットの組合せで表しうる．たとえば，カットセットの基本系を与えれば，グラフのいかなるカットセットも，基本系に属するカットセットの組合せで表しうるのである．また，既約インシデンス行列によって与えられる ρ 個のカットセットを与えてもよい．図 4.6.5 のグラフに $\{1, 2, 3, 4\}$ という木を選び，カットセットの基本系に対応する行列を作れば

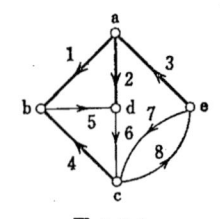

図 4.6.5

4.6 グラフに関するいろいろな行列

$$Q_f = \begin{array}{c} \\ 1 \\ 2 \\ 3 \\ 4 \end{array} \begin{array}{cccccccc} 1 & 2 & 3 & 4 & 5 & 6 & 7 & 8 \\ \hline 1 & 0 & 0 & 0 & -1 & 1 & 1 & -1 \\ 0 & 1 & 0 & 0 & 1 & -1 & 0 & 0 \\ 0 & 0 & 1 & 0 & 0 & 0 & 1 & -1 \\ 0 & 0 & 0 & 1 & 0 & -1 & -1 & 1 \end{array} \qquad (4.6.14)$$

となる．このようなカットセットの基本系に対応する行列を**基本カットセット行列** (fundamental cutset matrix) という．図 4.6.5 のグラフのいかなるカットセットも式 (4.6.14) に示すカットセットを組み合わせて得られる．たとえば，{1, 2, 7, 8} というカットセットは，第1行と第2行を加え合わせて，

$$+\begin{array}{cccccccc} 1 & 2 & 3 & 4 & 5 & 6 & 7 & 8 \\ \hline 1 & 0 & 0 & 0 & -1 & 1 & 1 & -1 \\ 0 & 1 & 0 & 0 & 1 & -1 & 0 & 0 \\ \hline 1 & 1 & 0 & 0 & 0 & 0 & 1 & -1 \end{array}$$

のようにして得られる．一般にグラフのカットセットには必ず木の枝が含まれる（なぜか）ので，カットセットに含まれる木の枝に対応する基本カットセット行列の行を，枝の方向に応じて加えたり減じたりすれば，そのカットセットを示す行が得られる．基本系に含まれるカットセットは，どれもこの基本系に含まれる他のカットセットの組合せでは得られない．このような一組のカットセットは独立であるという．

基本カットセット行列は，一般に

$$Q_f = [\overset{木}{U} \quad \overset{補木}{Q_l}] \qquad (4.6.15)$$

という形で表される．U は単位行列を表し，Q_l は残りの部分の行列である．Q_l は，基本カットセット行列の**主要部分** (principal part) といわれる．

タイセット行列　　タイセット行列 (tieset matrix) あるいは**閉路行列** (loop matrix) は，タイセットに含まれる枝を示す行列である．

特に，タイセットの基本系を示す行列を**基本タイセット行列** (fundamental tieset matrix) という．図 4.6.5 のグラフと木 {1, 2, 3, 4} から求まる基本タ

イセット行列は次のようになる．

$$B_f = \begin{array}{c} \\ \\ \\ \end{array}\begin{array}{cccccccc} 1 & 2 & 3 & 4 & 5 & 6 & 7 & 8 \\ \left[\begin{array}{cccccccc} 1 & -1 & 0 & 0 & 1 & 0 & 0 & 0 \\ -1 & 1 & 0 & 1 & 0 & 1 & 0 & 0 \\ -1 & 0 & -1 & 1 & 0 & 0 & 1 & 0 \\ 1 & 0 & 1 & -1 & 0 & 0 & 0 & 1 \end{array}\right] & \begin{array}{c} 5 \\ 6 \\ 7 \\ 8 \end{array} \end{array} \quad (4.6.16)$$

一般に，基本タイセット行列は

$$B_f = [\overset{\text{木}}{B_t} \quad \overset{\text{補木}}{U}] \quad (4.6.17)$$

という形に書ける．B_t は基本タイセット行列の主要部分といわれる．U は単位行列である．B_f の行数はグラフの零度 μ に等しい．グラフのどのタイセットもタイセットの基本系に含まれるタイセットの組合せで得られることはカットセットの場合と同様であり，基本系のタイセットは独立である．

【例題 4.7】 図 4.6.5 のグラフに含まれるタイセット {2, 3, 6, 7} を基本系に含まれるタイセットを用いて表せ．

〔解〕 タイセット {2, 3, 6, 7} に含まれる補木の枝は 6，7 である．枝 6 の方向をこのタイセットの方向と定めると，枝 7 の方向はタイセットの方向の逆になる．したがって，このタイセットは，式 (4.6.16) の枝 6，7 に対応する行から

$$\begin{array}{c} \\ - \\ \end{array}\begin{array}{cccccccc} 1 & 2 & 3 & 4 & 5 & 6 & 7 & 8 \\ \left[\begin{array}{cccccccc} -1 & 1 & 0 & 1 & 0 & 1 & 0 & 0 \\ -1 & 0 & -1 & 1 & 0 & 0 & 1 & 0 \\ \hline 0 & 1 & 1 & 0 & 0 & 1 & -1 & 0 \end{array}\right] \end{array}$$

のようにして得られる．枝 6，7 によって決まる基本タイセットを，それぞれ b_6, b_7 とすると，タイセット {2, 3, 6, 7} は $b_6 - b_7$ と表しうる．

次に，カットセットとタイセットの関係を考えてみよう．たとえば，図 4.6.5

4.6 グラフに関するいろいろな行列

のグラフにおいて，木の枝1によって決まる基本カットセットは

1	2	3	4	5	6	7	8
1	0	0	0	−1	1	1	−1

と表され，補木の枝6によって決まる基本タイセットは

1	2	3	4	5	6	7	8
−1	1	0	1	0	1	0	0

と表された．この二つの行の対応する要素を掛け合わせて加えると，

$$1\cdot(-1)+0\cdot 1+0\cdot 0+0\cdot 1+(-1)\cdot 0+1\cdot 1$$
$$+1\cdot 0+(-1)\cdot 0=0$$

となる．このように，カットセットを表す行とタイセットを表す行の対応する要素を掛け合わせて加えると，常に0になるのである．この理由を図4.6.6によって説明する．

図4.6.6はあるカットセットとタイセットに共通に含まれる枝を取り出して示したものである．カットセットとタイセットの共通枝の数は偶数であることは容易にわかる．さらに，カットセットとタイセットの方向を任意に定

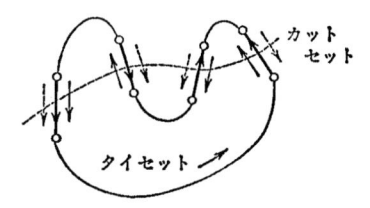

図4.6.6 カットセットとタイセットの関係

めて，それらの方向が共通枝についてどのような関係になっているかを調べてみると，図4.6.5に矢印で示したように，カットセットの方向とタイセットの方向が一致する場合と反対になる場合があり，かつ，一致する場合の数と反対になる場合の数は等しい．カットセットを表す行とタイセットを表す行において，共通枝に対応する要素がどのような値になるかを考えてみると，カットセットの方向とタイセットの方向が一致する場合の共通枝については共に1か共に−1であり，カットセットの方向とタイセットの方向が一致しない場合の共通枝については一方が1で他方が−1である．したがって，これらの枝に対応する要素の積は，それぞれの場合に応じて $1\cdot 1=(-1)\cdot(-1)=1$ と $1\cdot(-1)$

$=(-1)\cdot 1=-1$ となる．積が 1 になる場合の数と -1 になる場合の数は等しく，また，カットセットとタイセットに共通でない枝に対応する要素の積はもちろん 0 なので，要素の積の和は 0 となる．

上に述べたカットセットとタイセットの関係は，もちろんどの基本カットセットと基本タイセットについても成立するので，

$$Q_f B_f{}^t = 0 \qquad B_f Q_f{}^t = 0 \qquad (4.6.18)$$

である．また，インシデンス行列もカットセットを表す行列だから，

$$A B_f{}^t = 0 \qquad B_f A^t = 0 \qquad (4.6.19)$$

という関係が成立する．ここで，0 は要素が 0 ばかりの行列であり，t は行列の転置を示す．Q_f と B_f がそれぞれ，式 (4.6.15), (4.6.17) のような形で表されるとすると，式 (4.6.18) から

$$[U \ Q_l] \begin{bmatrix} B_t{}^t \\ U \end{bmatrix} = B_t{}^t + Q_l = 0$$

となり，

$$Q_l = -B_t{}^t \qquad (4.6.20)$$

が得られる．式 (4.6.20) の両辺の行列の転置を考えると

$$B_t = -Q_l{}^t \qquad (4.6.21)$$

が得られる．これらの式を用いると，B_f から Q_f，あるいは Q_f から B_f を直ちに求めうる．

【例題 4.8】 図 4.6.7 のグラフに木を選び，それに対する Q_f, B_f を求めよ．

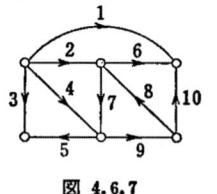

〔解〕 深さ優先探索法によって木を求めると，枝 $1 \to 6 \to 7 \to 5 \to 9$ の順に木が求まる．この木に対する B_f は

図 4.6.7

$$B_f = \begin{array}{c} 1 \quad\ 6 \quad\ 7 \quad\ 5 \quad\ 9 \quad 2 \quad 3 \quad 4 \quad 8 \quad 10 \\ \begin{bmatrix} -1 & 1 & 0 & 0 & 0 & 1 & & & & \\ -1 & 1 & -1 & -1 & 0 & & 1 & 0 & & \\ -1 & 1 & -1 & 0 & 0 & & & 1 & & \\ 0 & 0 & 1 & 0 & 1 & & 0 & & 1 & \\ 0 & -1 & 1 & 0 & 1 & & & & & 1 \end{bmatrix} \end{array}$$

を得る. 式 (4.6.20) を用いると,

$$Q_f = \begin{array}{c} \begin{array}{cccccccccc} 1 & 6 & 7 & 5 & 9 & 2 & 3 & 4 & 8 & 10 \end{array} \\ \left[\begin{array}{ccccc|ccccc} 1 & & & & & 1 & 1 & 1 & 0 & 0 \\ & 1 & & 0 & & -1 & -1 & -1 & 0 & 1 \\ & & 1 & & & 0 & 1 & 1 & -1 & -1 \\ & 0 & & 1 & & 0 & 1 & 0 & 0 & 0 \\ & & & & 1 & 0 & 0 & 0 & -1 & -1 \end{array} \right] \end{array}$$

(4.6.23)

が得られる.

　タイセットの特殊なものとして**網目** (mesh) がある. 枝が節点以外では交わらないように平面上に描けるグラフを**平面グラフ** (planar graph) というが, 平面グラフを平面上に描いたとき, 平面の部分部分を囲むタイセットを網目とよぶ. たとえば, 図4.6.8 のグラフで網目は $\{1, 2, 6\}$, $\{2, 3, 4, 5\}$, $\{5, 6, 7, 8\}$, $\{1, 3, 4, 8, 7\}$ である. 網目を行に, 枝を列に対応させた行列を M_a とすると, この例では,

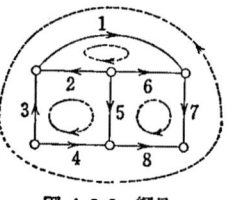

図 4.6.8 網目

$$M_a = \begin{array}{c} \begin{array}{cccccccc} 1 & 2 & 3 & 4 & 5 & 6 & 7 & 8 \end{array} \\ \left[\begin{array}{cccccccc} 1 & 1 & 0 & 0 & 0 & -1 & 0 & 0 \\ 0 & -1 & 1 & -1 & 1 & 0 & 0 & 0 \\ 0 & 0 & 0 & 0 & -1 & 1 & 1 & -1 \\ -1 & 0 & -1 & 1 & 0 & 0 & -1 & 1 \end{array} \right] \end{array} \quad (4.6.24)$$

となる. 網目の方向は, 網目を時計廻りに, すなわち, 網目の枝を左に見ながら廻るように定めてある.

　行列 M_a は, インシデンス行列 A_a と非常によく似た形をしている. 各列には 1 と -1 がそれぞれ 1 個ずつあり, 行列の階数は行の数より 1 だけ少なく, グラフの零度 μ に等しい. すなわち, $\mu+1$ 個の網目のうち独立なものは μ 個

である．独立な網目に対応する行だけを残した行列を**網目行列**とよび M と記すと，式 (4.6.24) からは，

$$M = \begin{array}{c} \begin{array}{cccccccc} 1 & 2 & 3 & 4 & 5 & 6 & 7 & 8 \end{array} \\ \begin{bmatrix} 1 & 1 & 0 & 0 & 0 & -1 & 0 & 0 \\ 0 & -1 & 1 & -1 & 1 & 0 & 0 & 0 \\ 0 & 0 & 0 & 0 & -1 & 1 & 1 & -1 \end{bmatrix} \end{array} \qquad (4.6.25)$$

が得られる．

インシデンス行列がどのようなグラフからも得られるのに対し，網目行列は平面グラフにしか定義されない．

以上，グラフに関する行列をいくつかあげたが，最後にこれらの行列の部分行列とグラフとの関係について述べておこう．まず，隣接行列の部分行列で意味をもつものは，節点に対応する行と列を同時に取り除いて得られる部分行列である．この部分行列は，残った節点とそれらの節点の間に接続される枝とからなるグラフ，すなわちセクション・部分グラフの隣接行列となっている．

インシデンス行列の列を取り除くことが，枝の開放除去に対応することは明らかであろう．このとき，0ばかりの行ができれば，この行は孤立節点に対応する．また，インシデンス行列の行を取り除いて得られる行列は，取り除いた行に対応する節点を基準節点に一致させて得られるグラフのインシデンス行列である．このとき，0ばかりの列ができれば，この列は自己ループと対応している．

カットセット行列の場合も，列の除去は枝の開放除去に対応している．基本カットセット行列の行の除去は，その行が表す基本カットセットを定めている木の枝の短絡除去に対応する．双対的に，タイセット行列の列の除去は枝の短絡除去に対応し，基本タイセット行列の行の除去は，その行が表す基本タイセットを定めている補木の枝の開放除去に対応している．行や列を除去したとき，0ばかりの列や行が生じることがあるが，通常このような0ばかりの列や行は取り除いてグラフと対応づける．

インシデンス行列や基本カットセット行列の階数はグラフの階数に等しく，

4.6 グラフに関するいろいろな行列

基本タイセット行列の階数はグラフの零度に等しいのであるが，このことはこれらの行列の部分行列についてもいえ，行や列を除去して得られる部分行列の階数は，行や列の除去に対応したグラフ上の操作を行なって得られるグラフの階数や零度に等しくなる．

【例題 4.9】 図 4.6.9 に示すグラフに対し，枝集合 {1, 2, 3, 4, 6} を木として基本カットセット行列を求めよ．次に，枝 4 を短絡除去，枝 2 と 8 を開放除去して新しいグラフを求めよ．またこれらの操作に対応する操作を行列に対して行ない，得られた行列の階数と新しいグラフの階数を比較せよ．基本タイセット行列に対する同様な検討を，枝 7 の開放除去，枝 4 と 9 の短絡除去について行なえ．

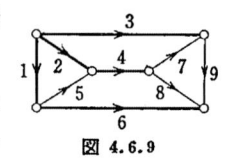

図 4.6.9

〔解〕 基本カットセット行列 Q_f は

$$Q_f = \begin{array}{c} \\ \\ \\ \\ \end{array} \begin{array}{c} 123465789 \\ \left[\begin{array}{ccccc|cccc} 1 & & & & & -1 & 0 & 1 & 1 \\ & 1 & & 0 & & 1 & -1 & -1 & 0 \\ & & 1 & & & 0 & 1 & 0 & -1 \\ & 0 & & 1 & & 0 & -1 & -1 & 0 \\ & & & & 1 & 0 & 0 & 1 & 1 \end{array}\right] \end{array} \quad (4.6.26)$$

である．枝 4 を短絡除去，枝 2 と 8 を開放除去して得られるグラフは図 4.6.10(a) のようになる．このグラフの階数は 4 である．式 (4.6.26) の行列の第 4 行と第 4 列，第 2 列，第 8 列を取り除くと，

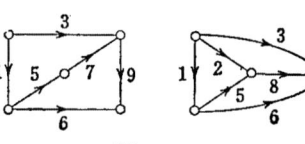

図 4.6.10

$$\begin{array}{c} \\ \\ \\ \end{array} \begin{array}{c} 136579 \\ \left[\begin{array}{ccc|ccc} 1 & 0 & 0 & -1 & 0 & 1 \\ 0 & 0 & 0 & 1 & -1 & 0 \\ 0 & 1 & 0 & 0 & 1 & -1 \\ 0 & 0 & 1 & 0 & 0 & 1 \end{array}\right] \end{array} \quad (4.6.27)$$

となるが，上の行列の第2行を第1行に加えると，

$$\begin{array}{c}\begin{array}{cccccc}1&3&6&5&7&9\end{array}\\\left[\begin{array}{cccccc}1&0&0&0&-1&1\\0&0&0&1&-1&0\\0&1&0&0&1&-1\\0&0&1&0&0&1\end{array}\right]\end{array} \quad (4.6.28)$$

が得られる．この行列は，新しいグラフに木 {1, 3, 6, 5} を選んだときの基本カットセット行列であり，その階数は，明らかに4である．

次に，基本タイセット行列 B_f は，

$$B_f=\begin{array}{c}\begin{array}{ccccccccc}1&2&3&4&6&5&7&8&9\end{array}\\\left[\begin{array}{ccccc|cccc}1&-1&0&0&0&1&&0&\\0&1&-1&1&0&1&&&\\-1&1&0&1&-1&&1&&\\-1&0&1&0&-1&&0&&1\end{array}\right]\end{array} \quad (4.6.29)$$

となる．枝7を開放除去，枝4と9を短絡除去すると図 4.6.10 (b) のグラフが得られる．式 (4.6.29) の第2行と第7列，第4列，第9列を取り除くと，

$$\begin{array}{c}\begin{array}{cccccc}1&2&3&6&5&8\end{array}\\\left[\begin{array}{cccccc}1&-1&0&0&1&0\\-1&1&0&-1&0&1\\-1&0&1&-1&0&0\end{array}\right]\end{array} \quad (4.6.30)$$

が得られる．この行列は，新しいグラフの枝集合 {3, 5, 8} を補木としたときの基本タイセット行列であり，その階数は3である．これは，図 4.6.10 (b) のグラフの零度と一致する．

4.7 例題

【例題 4.10】 図 4.7.1 のグラフにおいて，(a) 枝 2, 7, 8, 9 を開放除去して得られる部分グラフを求めよ．(b) さらに，枝1と5を短絡除去せよ．(c)

4.7 例 題

得られたグラフが，先に枝1と5を短絡除去し，続いて枝 2, 7, 8, 9 を開放除去して得られるグラフと等しいことを確かめよ．

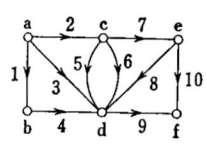

〔解〕 (a) 図 4.7.2 (a) のようになる． (b) 図 4.7.2 (b) のようになる． (c) 枝1と5を先に短絡除去して得

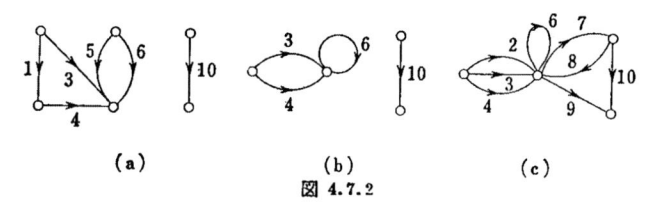

図 4.7.1

(a)　　　　(b)　　　　(c)

図 4.7.2

られるグラフは，図 4.6.10 (c) のようになり，これから枝 2, 7, 8, 9 を開放除去すると，図 4.6.10 (b) のグラフが得られる．

【例題 4.11】 図 4.7.1 のグラフにおいて，(a) 節点 c を除去したグラフを求めよ．(b) 節点集合 {a, b, d, f} に対するセクション・部分グラフを求めよ．

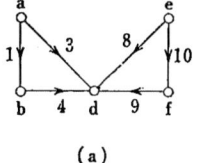

〔解〕 (a) 図 4.7.3 (a) のようなグラフになる．(b) 図 4.7.3 (b) のようなグラフになる．

図 4.7.3

【例題 4.12】 節点に接続される枝の数を，その節点の**節点次数** (node degree) という．図 4.7.4 のグラフの各節点の次数を求めよ．

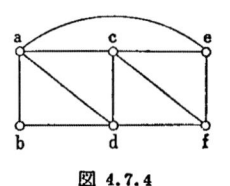

〔解〕 a:4, b:2, c:4, d:4, e:3, f:3

図 4.7.4

【例題 4.13】 節点 i の次数を d_i とすると，枝数 b は節点次数の総和の半分，すなわち

$$b = \frac{1}{2}\sum_{i \in V} d_i \qquad (4.7.1)$$

であることを示せ．ただし，V はグラフの節点集合である．また，図 4.7.4 の

グラフについて式 (4.7.1) を確かめよ．

〔解〕 各枝は2個の端点をもつので，節点に接続される枝の数をすべての節点について加え合わせると，その中に各枝は2度ずつ数えられることになる．したがって，節点次数の総和は枝数の2倍となり，式 (4.7.1) を得る．図 4.7.4 のグラフの枝数は 10 である．例題 4.12 の解を用いると，

$$10 = \frac{1}{2}(4+2+4+4+3+3)$$

となる．

【例題 4.14】 直並列回路のグラフは**直並列グラフ**といわれる．図 4.7.5 のグラフは直並列グラフであることを確かめよ．

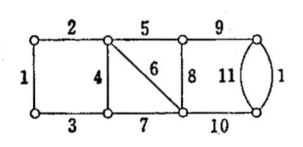

〔解〕 グラフに含まれる直列な枝，並列な枝を1本の枝に置き換えていくと，図 4.7.6 (a)〜(e) のように順次グラフが簡単化され，ついには1本の枝となる．ただし，置き換える枝の番号は，置き換えられる枝の番号のうちの最も若いものとしている．

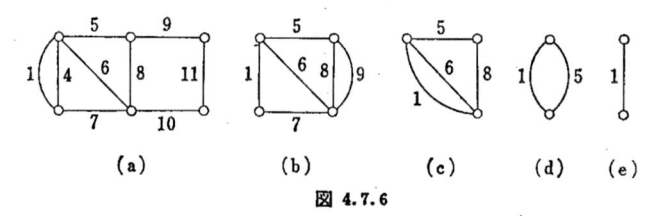

図 4.7.5

図 4.7.6

【例題 4.15】 図 4.7.5 のグラフの階数と零度を求めよ．

〔解〕 枝数＝12，節点数＝8 であるから，式 (4.3.1), (4.3.2) を用いて，$\rho=7$, $\mu=5$ である．

【例題 4.16】 図 4.7.7 に示すグラフにおいて，枝番号の順に木の枝を選んで1本の木を求め，その木に関するカットセットの基本系とタイセットの基本系を求めよ．

〔解〕 木は $\{1, 2, 3, 5, 7\}$，カットセットの基本系は $\{1, 4, 6, 8, 9\}$, $\{2, 6, 8\}$, $\{3, 4, 9\}$, $\{5, 6, 8, 9\}$,

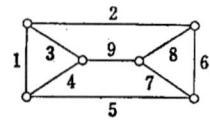

図 4.7.7

$\{7, 8, 9\}$, タイセットの基本系は $\{1, 3, 4\}$, $\{1, 2, 5, 6\}$, $\{1, 2, 5, 7, 8\}$, $\{1, 3, 5, 7, 9\}$ である.

【例題 4.17】 図 4.7.8 のグラフの木をすべて求めよ.

〔解〕 グラフのある特定の枝 e に注目すると，その枝は木に含まれるか含まれないかのどちらかである．枝 e を含む木は，グラフから枝 e を短絡除去して得られるグラフの木に枝 e を付け加えて得られる．また，枝 e を含まない木は，グ

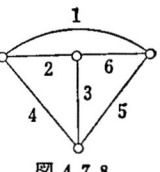

図 4.7.8

ラフから枝 e を開放除去して得られるグラフの木である．したがって，グラフの木をすべて求めるには，枝 e を短絡除去したグラフと開放除去したグラフを求め，これらのグラフのすべての木を求めればよい．新しく得られたグラフにおいて自己ループがあれば，これは木の枝となり得ないから開放除去する．また，1 本の枝からなる非可分部分（ブリッジとよばれる）があれば，これを木の枝に含める．新しく得られたグラフのすべての木を求めるには，上と同様の枝の短絡除去，開放除去を繰り返せばよい．図 4.7.8 のグラフについては，枝 6 の短絡除去と開放除去によって，それぞれ図 4.7.9 (a) と (b) のグラフを得る．図 4.7.9 (a) のグラフから枝 5 を短絡除去すると，同図 (c) を得る．このグラフの木は $\{1\}$，$\{2\}$，$\{4\}$ であるから，これらの木に短絡除去した枝を加えて，$\{1, 5, 6\}$，$\{2, 5, 6\}$，$\{4, 5, 6\}$

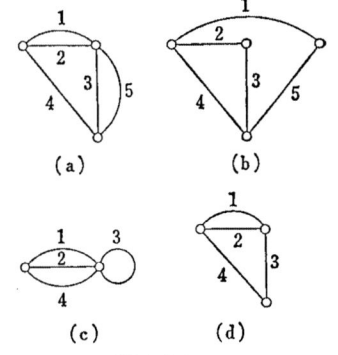

図 4.7.9

が元のグラフの木である．図 4.7.9 (a) のグラフから枝 5 を開放除去すると，図 4.7.9 (d) のグラフを得る．このグラフの木は，$\{1, 3\}$，$\{1, 4\}$，$\{2, 3\}$，$\{2, 4\}$，$\{3, 4\}$ である．これらから元のグラフの木 $\{1, 3, 6\}$，$\{1, 4, 6\}$，$\{2, 3, 6\}$，$\{2, 4, 6\}$，$\{3, 4, 6\}$ を得る．図 4.7.9 (b) のグラフは，枝の番号を付け換えれば，図 4.3.2 のグラフ $\mathscr{G}$ と同じになり，このグラフからは，図 4.3.3 に示された木から 8 本の木 $\{1, 2, 3\}$，$\{1, 2, 5\}$，$\{1, 3, 5\}$，$\{2, 3, 5\}$，$\{1, 2, 4\}$，$\{1, 3, 4\}$，$\{2, 4, 5\}$，$\{3, 4, 5\}$ を得る.

【例題 4.18】 次に示すようなインシデンス行列から基本カットセット行列と基本タイセット行列を求めよ．ただし，木は $\{1, 2, 3, 4\}$ である．

$$\begin{array}{c|cccccccc} & 1 & 2 & 3 & 4 & 5 & 6 & 7 & 8 \\ \hline a & 1 & 0 & 0 & 0 & 1 & -1 & 1 & 0 \\ b & -1 & 0 & -1 & 0 & 0 & 0 & 0 & 1 \\ c & 0 & -1 & 1 & 0 & 0 & 0 & -1 & 0 \\ d & 0 & 0 & 0 & 1 & -1 & 0 & 0 & -1 \end{array} \quad (4.7.2)$$

〔解〕 基準節点を e とし，e から木の枝の接続順を調べてみる．節点 e には枝 4 と 2 が接続され，枝 2 には枝 3 が隣接し，枝 3 には枝 1 が隣接している．したがって，この順序に式 (4.7.2) の行列を並べ換えると，

$$\begin{array}{c|cccccccc} & 4 & 2 & 3 & 1 & 5 & 6 & 7 & 8 \\ \hline d & 1 & 0 & 0 & 0 & -1 & 0 & 0 & -1 \\ c & 0 & -1 & 1 & 0 & 0 & 0 & -1 & 0 \\ b & 0 & 0 & -1 & -1 & 0 & 0 & 0 & 1 \\ a & 0 & 0 & 0 & 1 & 1 & -1 & 1 & 0 \end{array} \quad (4.7.3)$$

となる．この行列の左 4 行 4 列は上三角行列である．第 4 行を第 3 行に加え，得られた行列の第 3 行を第 2 行に加える．さらに，第 2 行，第 3 行の符号を変えると，

$$\begin{array}{|cccccccc|} \hline 4 & 2 & 3 & 1 & 5 & 6 & 7 & 8 \\ \hline 1 & 0 & 0 & 0 & -1 & 0 & 0 & -1 \\ 0 & 1 & 0 & 0 & -1 & 1 & 0 & -1 \\ 0 & 0 & 1 & 0 & -1 & 1 & -1 & -1 \\ 0 & 0 & 0 & 1 & 1 & -1 & 1 & 0 \\ \hline \end{array} \quad (4.7.4)$$

が得られる．これが基本カットセット行列である．基本タイセット行列は，式 (4.6.21) を用いて，

$$\begin{array}{|cccccccc|} \hline 4 & 2 & 3 & 1 & 5 & 6 & 7 & 8 \\ \hline 1 & 1 & 1 & -1 & 1 & 0 & 0 & 0 \\ 0 & -1 & -1 & 1 & 0 & 1 & 0 & 0 \\ 0 & 0 & 1 & -1 & 0 & 0 & 1 & 0 \\ 1 & 1 & 1 & 0 & 0 & 0 & 0 & 1 \\ \hline \end{array} \quad (4.7.5)$$

となる．上式の左4行4列は，式 (4.7.4) の行列の右4行4列を転置し，符号を変えたものである．

【例題 4.19】 既約インシデンス行列を A とすると，

$$|A\ A^t| = 木の総数 \tag{4.7.6}$$

であることを示せ．

〔解〕 ビネー・コーシの公式 (4.5.15) を用いて，式 (4.7.6) の左辺の行列式を展開する．A の主行列式は，その列が木に対応するときは 1 か -1 であり，対応しないときは 0 である．A^t の主行列式も同様である．したがって，木に対応する A と A^t の主行列式の積に限りその値は 1 となる．そのような主行列式の積はもちろん木の数だけあり，積の総和は木の総数となる．

【例題 4.20】 図 4.7.10 に示すグラフの木 {1, 2, 3} に関する基本タイセット行列 B_f を求め，B_f の主行列式の値は，その列が補木に対応するときに 1 か -1，そうでないときは 0 であることを示せ．

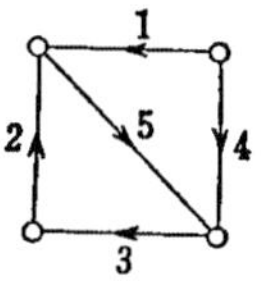

図 4.7.10

〔解〕
$$B_f = \begin{bmatrix} 1 & 2 & 3 & 4 & 5 \\ -1 & 1 & 1 & 1 & 0 \\ 0 & 1 & 1 & 0 & 1 \end{bmatrix} \tag{4.7.7}$$

である．図 4.7.10 のグラフの木は，図 4.3.3 に求められた木に方向を付けたものである．図 4.3.3 を用いると，補木は {4, 5}, {3, 5}, {2, 5}, {1, 5}, {3, 4}, {2, 4}, {1, 3}, {1, 2} と求まる．これらの枝に対応する B_f の主行列式は

$$\begin{vmatrix} 1 & 0 \\ 0 & 1 \end{vmatrix} = 1,\ \begin{vmatrix} 1 & 0 \\ 1 & 1 \end{vmatrix} = 1,\ \begin{vmatrix} 1 & 0 \\ 1 & 1 \end{vmatrix} = 1,\ \begin{vmatrix} -1 & 0 \\ 0 & 1 \end{vmatrix} = -1$$

$$\begin{vmatrix} 1 & 1 \\ 1 & 0 \end{vmatrix} = -1,\ \begin{vmatrix} 1 & 1 \\ 1 & 0 \end{vmatrix} = -1,\ \begin{vmatrix} -1 & 1 \\ 0 & 1 \end{vmatrix} = -1,\ \begin{vmatrix} -1 & 1 \\ 0 & 1 \end{vmatrix} = -1$$

となる．残る主行列式は，

$$\begin{vmatrix} 1 & 4 \\ -1 & 1 \\ 0 & 0 \end{vmatrix} = 0,\ \begin{vmatrix} 2 & 3 \\ 1 & 1 \\ 1 & 1 \end{vmatrix} = 0$$

となる.

【例題 4.21】 平面グラフに双対なグラフは,

　　　　節点 ⟷ 網目
　　　　枝 ⟷ 枝

という置き換えによって得られる. 図 4.7.11 に示すグラフに双対なグラフを求め, インシデンス行列と網目行列の対応を確かめよ.

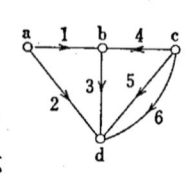

図 4.7.11

〔解〕 図 4.7.12 (a) のように, 各網目に節点を一つずつ入れ, 元のグラフの網目と網目の間にある枝に対応して新しい節点間を結べば, 点線で描いたようなグラフを得る. これを書き直せば, 同図 (b) のグラフとなる. このグラフの網目行列は

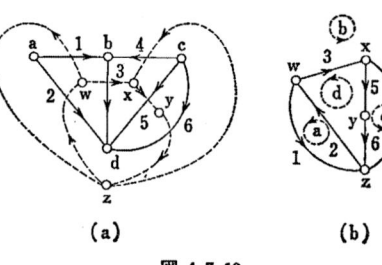

図 4.7.12

	1	2	3	4	5	6
a	1	1	0	0	0	0
b	-1	0	1	-1	0	0
c	0	0	0	1	1	1
d	0	-1	-1	0	-1	-1

$$(4.7.8)$$

となり, これは, 元のグラフのインシデンス行列である.

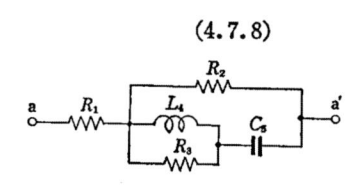

【例題 4.22】 図 4.7.13 に示す回路の逆回路を求めよ.

図 4.7.13

〔解〕 図 4.7.13 の回路のグラフは, 図 4.7.14 (a) の太線で示すようにな

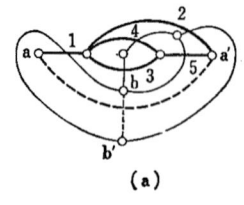

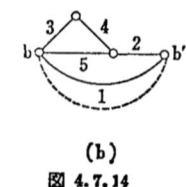

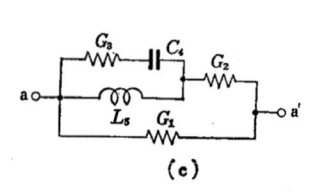

図 4.7.14

る．このグラフに端子対 aa′ 間を結ぶ枝を太い点線のように付け加え，得られたグラフの双対グラフを求めると，同図 (a) の細線のようなグラフとなる．このグラフを書き直すと同図 (b) のグラフのようになる．これから同図 (c) の回路を得るが，$G_1 = R_1/R^2$，$G_2 = R_2/R^2$，$G_3 = R_3/R^2$，$C_4 = L_4/R^2$，$L_5 = C_5 R^2$ である．

【例題 4.23】 図 4.7.16 (b) のグラフは，同図 (a) のグラフの節点対 a, b から右の部分を切り離し，上下をひっくり返し，枝の向きを逆にして接続しなおして得られたグラフである．このようなグラフを元のグラフの 2 同型グラフという．図 4.7.15 (b) のグラフの節点対 c, d に関して上と同様の操作を行なって新しい 2 同型グラフを求めよ．また，これら三つのグラフのカットセット，タイセットが同じであることを確かめよ．

〔解〕 新しい 2 同型グラフは図 4.7.16 のようになる．また，枝集合 {1, 2, 6, 8, 9, 10, 11} を木としたときの基本カットセット行列 $\boldsymbol{Q}_f$ は，いずれのグラフについても

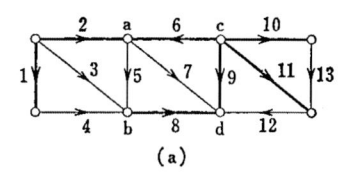

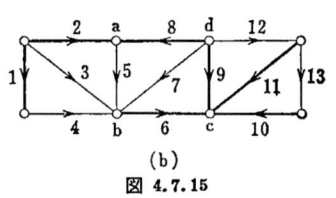

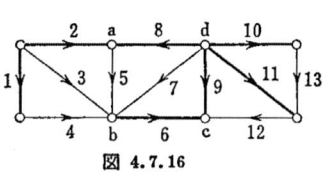

$$\boldsymbol{Q}_f = \left[\begin{array}{ccccccc|cccccc}
1 & & & & & & & 0 & -1 & 0 & 0 & 0 & 0 \\
 & 1 & & & & 0 & & 1 & 1 & 0 & 0 & 0 & 0 \\
 & & 1 & & & & & -1 & -1 & -1 & -1 & 0 & 0 \\
 & & & 1 & & & & -1 & -1 & -1 & 0 & 0 & 0 \\
 & & & & 1 & & & 1 & 1 & 1 & 1 & 1 & 0 \\
 & 0 & & & & 1 & & 0 & 0 & 0 & 0 & 0 & -1 \\
 & & & & & & 1 & 0 & 0 & 0 & 0 & -1 & 1
\end{array}\right]$$

$$\begin{array}{c} 1 \quad 2 \quad 6 \quad 8 \quad 9 \quad 10 \quad 11 \quad 3 \quad 4 \quad 5 \quad 7 \quad 12 \quad 13 \end{array}$$

(4.7.9)

となる．グラフのどのカットセットも基本カットセットの一次結合で表されるので，三つのグラフのカットセットは同じとなる．また，式 (4.6.21) のよ

うに，基本タイセット行列の主要部分は，基本カットセット行列の主要部分から求まるので，三つのグラフについて，基本カットセット行列が同じなら基本タイセット行列も同じとなる．したがって，三つのグラフのタイセットは同じである．

演 習 問 題

4.1 問図4.1の回路に対するグラフを求めよ．得られたグラフの節点数，枝数はいくつか．

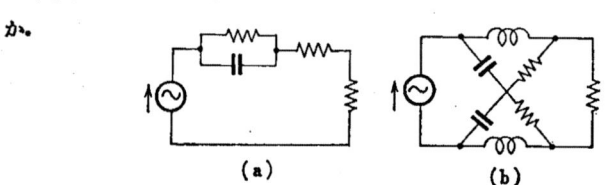

問図 4.1

4.2 問図4.2のグラフの非可分部分を列挙せよ．

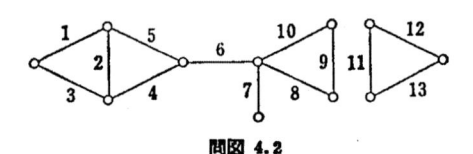

問図 4.2

4.3 問図4.3に示すグラフから枝 2, 7, 10 を開放除去，枝5を短絡除去して得られるグラフの非可分部分を列挙せよ．

4.4 問図4.3に示すグラフの階数，零度を求めよ．

問図 4.3

4.5 問図4.3に示すグラフの節点aから始め，広さ優先探索法による木と深さ優先探索法による木を求めよ．ただし，探索は枝の番号に従って行なえ．

4.6 問図4.6に示すグラフにおいて深さ優先探索法による木を求めよ．ただし，探索は枝の番号順に従って行ない，探索を節点aから始めた木と節点bから始めた木を求めよ．

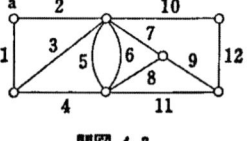

問図 4.6

演習問題

4.7 問図4.7に示すグラフにおいて，枝の番号順によって木を選び，その木に関するカットセットの基本系とタイセットの基本系を求めよ。

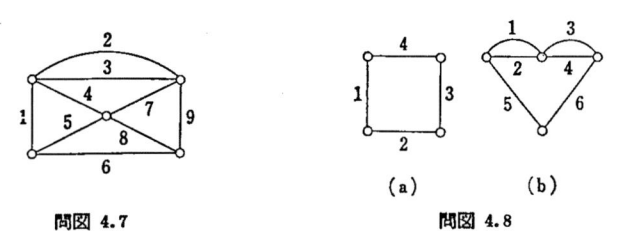

問図 4.7

問図 4.8

4.8 問図4.8に示すグラフのすべての木を求めよ。

4.9 インシデンス行列のある行に含まれる要素の絶対値の総和は何を表すか。

4.10 節点数がnであるグラフの連結成分の数をsとする。このグラフの木の枝数はいくらか（この数が，非連結グラフの階数である。また，枝の総数からグラフの階数を引くとグラフの零度となる）。

4.11 既約インシデンス行列を

$$A=[A_t \ A_l]$$

とする。ただし，A_t, A_lの列は，それぞれ，木と補木に対応する。上式から基本カットセット行列Q_fと，その主要部分Q_lを与える式を導け。

4.12 問図4.12に示すグラフの既約インシデンス行列を求めよ。また，枝の番号順に木を選んだときの基本カットセット行列と基本タイセット行列を求めよ。

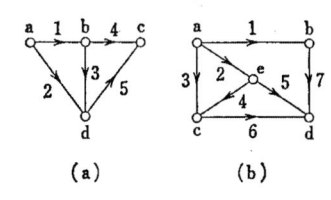

問図 4.12

4.13 基本カットセット行列Q_fの主行列式の値は，その列が木に対応すれば1か-1，木に対応しなければ0となることを示し，

$$|Q_f \ Q_f{}^t|=木の総数$$

を導け（$|B_f \ B_f{}^t|=$木の総数，$\left|\begin{array}{c}Q_f\\B_f\end{array}\right|=$木の総数でもある）。

4.14 問図4.14に示すグラフに双対なグラフを求めよ。

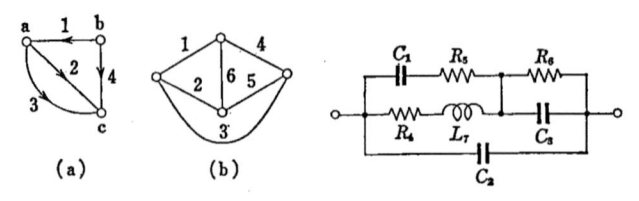

問図 4.14   問図 4.15

4.15 問図 4.15 に示す回路の逆回路を求めよ。

4.16 問図 4.16 に示すグラフに 2 同型なグラフを 2 個示せ。

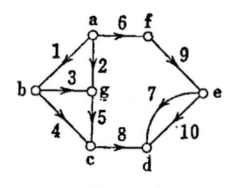

4.17 木の枝 i によって決まる基本カットセットと木の枝 j によって決まる基本カットセットに補木の枝 k と m が共通に含まれているとする。このとき，基本カットセット行列の第 i 行の第 k 列要素，第 m 列要素を q_{ik}, q_{im}, また，第 j 行の第 k 列要素，第 m 列要素を q_{jk}, q_{jm} とすると，$q_{ik}q_{im}=1$ ならば $q_{jk}q_{jm}=1$ となり，$q_{ik}q_{im}=-1$ ならば $q_{jk}q_{jm}=-1$ となることを示せ。

問図 4.16

5

回路網方程式と回路網解析

5.1 回路網方程式

第4章で導入したグラフに関する行列を用いると,回路網方程式を簡潔な形で表すことができる.まず,電気回路から各素子を枝に対応させたグラフを作る.各素子の電流,電圧を,それぞれ**枝電流** (branch current),**枝電圧** (branch voltage) とよぶ.枝電流を $i_1, i_2, \cdots, i_b$,枝電圧を $v_1, v_2, \cdots, v_b$ と記そう.これらの電流,電圧からなる列ベクトル,すなわち,

$$i = \begin{bmatrix} i_1 \\ i_2 \\ \vdots \\ i_b \end{bmatrix}, \quad v = \begin{bmatrix} v_1 \\ v_2 \\ \vdots \\ v_b \end{bmatrix} \tag{5.1.1}$$

で表される i, v は,それぞれ**枝電流ベクトル**,**枝電圧ベクトル**とよぶ.電流や電圧が正弦波の場合は,式 (5.1.1) の複素数表示を考えることができる.これを

$$I = \begin{bmatrix} I_1 \\ I_2 \\ \vdots \\ I_b \end{bmatrix}, \quad V = \begin{bmatrix} V_1 \\ V_2 \\ \vdots \\ V_b \end{bmatrix} \tag{5.1.2}$$

とする.

式 (5.1.1), (5.1.2) は, 枝電流, 枝電圧をでたらめに並べて作るのでなく, 次のような順序に並べると都合がよい. 回路には電圧源か電流源, あるいはその両方が含まれているのが普通である. 素子の番号を付けるとき, まず電圧源から番号を付け始める. 次いで, キャパシタ, 抵抗, インダクタの順に番号を付け, 電流源には最後に番号を付ける.

たとえば, 図 5.1.1 (a) の回路には, 図に示したような番号を付ける. 図 5.1.1 (b) には, この回路のグラフを示した. グラフの枝の方向は電流の方向に一致させることにする. したがって, 電圧の方向はグラフの枝の方向と逆になる. 電流の方向は自由に選ぶことができるので, グラフの枝の方向も自由に選べる. 電圧源の電圧の方向と電流源の電流の方向は, 一般に与えられることが多いので, それに合わせて枝の方向を定めればよい.

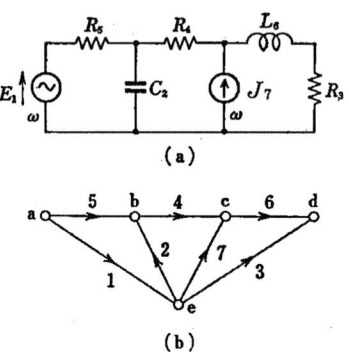

図 5.1.1 素子の番号付けと回路のグラフ

次にグラフに 1 本の木を選ぶ. グラフの木の選び方には特別な制限があるわけではないが, ふつう, 電圧源はすべて木に含め, 電流源はすべて補木に含める. さらにキャパシタをできるだけ多く木に含め, インダクタをできるだけ多く補木に含めるようにすれば**基準木** (normal tree) とよばれている木が求まる. このような木を選ぶのはさほど難しいことではなく, 電圧源から始めキャパシタ, 抵抗, インダクタの順に木の枝に含めていけばよい. もちろん, その際木の枝だけでタイセットを作らないようにしなければならない. 電圧源だけでタイセットを作ることは通常ないので, 電圧源はすべて木に含めることができる. これと双対に, 電流源だけでカットセットを作ることは通常ないので, 電流源はすべて補木に含めることができる. キャパシタは木に含めえないときもあり, インダクタが木に入らざるをえなくなることもある. 図 5.1.2 に

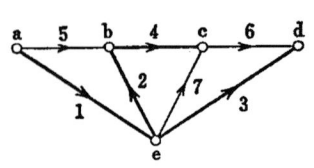

図 5.1.2 図 5.1.1(b) のグラフの木(太線)

5.1 回路網方程式

図 5.1.1 (b) のグラフの木の例を示す. この木は基準木である.

次に回路網方程式を行列で表してみよう. 例として図 5.1.1 (a) の回路に対する回路網方程式を示す. まず電圧と電流の間の関係は

$$\begin{pmatrix} V_2 \\ V_3 \\ V_4 \\ V_5 \\ V_6 \end{pmatrix} = \begin{pmatrix} 1/j\omega C_2 & 0 & 0 & 0 & 0 \\ 0 & R_3 & 0 & 0 & 0 \\ 0 & 0 & R_4 & 0 & 0 \\ 0 & 0 & 0 & R_5 & 0 \\ 0 & 0 & 0 & 0 & j\omega L_6 \end{pmatrix} \begin{pmatrix} I_2 \\ I_3 \\ I_4 \\ I_5 \\ I_6 \end{pmatrix} \tag{5.1.3}$$

となる. この式は

$$V_p = D_z I_p \tag{5.1.4}$$

のように書ける. V_p は式 (5.1.3) の左辺の電圧ベクトル, I_p は右辺の電流ベクトル, D_z は対角線上に素子のインピーダンスが並んだ対角行列である. 式 (5.1.4) は,

$$D_y = D_z^{-1} = \begin{pmatrix} j\omega C_2 & 0 & 0 & 0 & 0 \\ 0 & 1/R_3 & 0 & 0 & 0 \\ 0 & 0 & 1/R_4 & 0 & 0 \\ 0 & 0 & 0 & 1/R_5 & 0 \\ 0 & 0 & 0 & 0 & 1/j\omega L_6 \end{pmatrix} \tag{5.1.5}$$

とすれば,

$$I_p = D_y V_p \tag{5.1.6}$$

と書き直せる. 一般に, 回路の素子特性は式 (5.1.4), あるいは式 (5.1.6) の形で表しうる.

次に, キルヒホフの電流法則 (KCL), 電圧法則 (KVL) を行列を用いて表してみよう. まず, インシデンス行列の各行は, 行に対応する節点に接続される枝を表しているから, インシデンス行列に枝電流ベクトルをかけると, 節点から流出する電流の総和から流入する電流の総和を引いた値を表せる. この値はKCL から 0 である. このことを図 5.1.1 の回路について示してみると,

$$
\begin{array}{c}
\begin{array}{ccccccc}1 & 2 & 3 & 4 & 5 & 6 & 7\end{array}\\
\begin{array}{c}a\\b\\c\\d\end{array}\left(\begin{array}{ccccccc}1 & 0 & 0 & 0 & 1 & 0 & 0\\0 & -1 & 0 & 1 & -1 & 0 & 0\\0 & 0 & 0 & -1 & 0 & 1 & -1\\0 & 0 & -1 & 0 & 0 & -1 & 0\end{array}\right)\left(\begin{array}{c}I_1\\I_2\\I_3\\I_4\\I_5\\I_6\\I_7\end{array}\right)=\left(\begin{array}{c}I_1+I_5\\-I_2+I_4-I_5\\-I_4+I_6-I_7\\-I_3-I_6\end{array}\right)=\left(\begin{array}{c}0\\0\\0\\0\end{array}\right)
\end{array}
$$
(5.1.7)

となる．このとき，既約インシデンス行列を用いれば，必要十分なだけの方程式が得られる．一般に，既約インシデンス行列を A と記すと，KCL は，

$$AI=0 \tag{5.1.8}$$

と書けることになる．グラフの節点数を n とすると，式 (5.1.8) は $n-1$ 個の方程式を表している．図 5.1.1 (b) のグラフでは，$n-1$ はグラフの階数 ρ に等しい．一般に KCL からは ρ 個の独立な方程式が得られる．

第 1 章の 1.3 節に述べたように，KCL はカットセットに含まれる枝の電流に対しても成立する．図 5.1.1 の回路に対しては，図 5.1.2 に示したように木を選んで，基本カットセット行列を求めると

$$
\begin{array}{c}
\begin{array}{ccccccc}1 & 2 & 3 & 4 & 5 & 6 & 7\end{array}\\
\left(\begin{array}{ccccccc}1 & 0 & 0 & 0 & 1 & 0 & 0\\0 & 1 & 0 & 0 & 1 & -1 & 1\\0 & 0 & 1 & 0 & 0 & 1 & 0\\0 & 0 & 0 & 1 & 0 & -1 & 1\end{array}\right)
\end{array}
\tag{5.1.9}
$$

となるが，これを用いると，KCL は

$$
\left(\begin{array}{ccccccc}1 & 0 & 0 & 0 & 1 & 0 & 0\\0 & 1 & 0 & 0 & 1 & -1 & 1\\0 & 0 & 1 & 0 & 0 & 1 & 0\\0 & 0 & 0 & 1 & 0 & -1 & 1\end{array}\right)\left(\begin{array}{c}I_1\\I_2\\I_3\\I_4\\I_5\\I_6\\I_7\end{array}\right)=\left(\begin{array}{c}I_1+I_5\\I_2+I_5-I_6+I_7\\I_3+I_6\\I_4-I_6+I_7\end{array}\right)=\left(\begin{array}{c}0\\0\\0\\0\end{array}\right)
$$
(5.1.10)

5.1 回路網方程式

と表すことができる.

一般に，基本カットセット行列を Q_f とすると，KCL は，

$$Q_f I = 0 \tag{5.1.11}$$

と書ける.

基本カットセット行列によって表されるカットセットは独立であり，かつ，グラフのどのようなカットセットも基本カットセットを組み合わせて表すことができるので，式 (5.1.11) によって与えられる方程式は独立であり，KCL から得られるどのような方程式もこれらの方程式から導くことができる．たとえば，インシデンス行列の各行はカットセットをも表しているので，式 (5.1.7) は式 (5.1.10) から求めることができる．式 (5.1.7) の第 1 行目の式は，式 (5.1.10) の第 1 行目の式と一致しているので，式 (5.1.7) の第 2 行目の式を考えてみよう．節点 b には木の枝 2 と 4 が接続されている．したがって，式 (5.1.7) の第 2 行目の式は，式 (5.1.10) の第 2 行目と第 4 行目の式から求めうる．すなわち，枝 2 と枝 4 の方向に注意して，式 (5.1.10) の第 4 行目の式－第 2 行目の式＝式 (5.1.7) の第 2 行目の式となる．KCL を表す式としては，式 (5.1.8)，式 (5.1.11) のどちらでもよい.

次に，KVL はタイセットに対して成立するので，タイセット行列を用いて表すことができる．図 5.1.2 のグラフからは，基本タイセット行列が

$$\begin{bmatrix} -1 & -1 & 0 & 0 & 1 & 0 & 0 \\ 0 & 1 & -1 & 1 & 0 & 1 & 0 \\ 0 & -1 & 0 & -1 & 0 & 0 & 1 \end{bmatrix} \tag{5.1.12}$$

のように求まるが，これを用いると，

$$\begin{bmatrix} -1 & -1 & 0 & 0 & 1 & 0 & 0 \\ 0 & 1 & -1 & 1 & 0 & 1 & 0 \\ 0 & -1 & 0 & -1 & 0 & 0 & 1 \end{bmatrix} \begin{pmatrix} V_1 \\ V_2 \\ V_3 \\ V_4 \\ V_5 \\ V_6 \\ V_7 \end{pmatrix} = \begin{bmatrix} -V_1 - V_2 + V_5 \\ V_2 - V_3 + V_4 + V_6 \\ -V_2 - V_4 + V_7 \end{bmatrix} = \begin{bmatrix} 0 \\ 0 \\ 0 \end{bmatrix} \tag{5.1.13}$$

が得られる。基本タイセット行列を B_f とすると，一般に KVL を表す式は，

$$B_f V = 0 \qquad (5.1.14)$$

となる。グラフの零度を μ とすると，式 (5.1.14) は μ 個の方程式を表している．

回路のグラフが平面グラフのときは，網目行列を用いて KVL を表すことができ，

$$MV = 0 \qquad (5.1.15)$$

が得られる．

これまでに得られた式をまとめて，**回路網方程式** (network equations) とよぶ．

〔回路網方程式〕
OL： $V_p = D_z I_p$ (5.1.4)　または　$I_p = D_y V_p$　　　　(5.1.6)
KCL： $AI = 0$ (5.1.8)　または　$Q_f I = 0$　　　　(5.1.11)
KVL： $B_f V = 0$ (5.1.14)　または　$MV = 0$　　　　(5.1.15)

（回路のグラフが平面グラフのとき）

【例題 5.1】 図 5.1.3 に示した回路のグラフの基準木を求めよ．

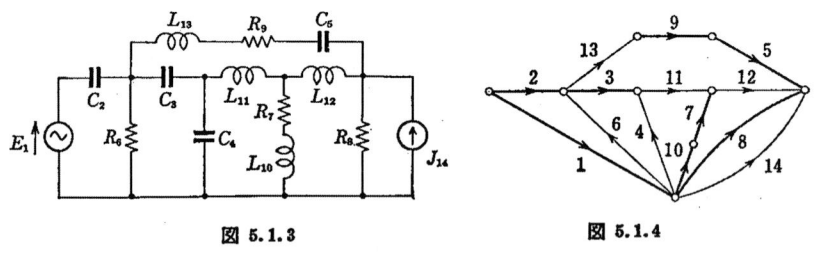

図 5.1.3

図 5.1.4

〔解〕 図 5.1.4 に基準木の一例を示す．この回路では，基準木をどのように選んでも，補木に含まれるキャパシタ，木に含まれるインダクタが，それぞれ 1 個ずつある．

【例題 5.2】 図 5.1.5 の回路に対する回路網方程式を示せ．

〔解〕 図 5.1.5 の回路に対して，そのグラフと，グラフの木を求めると，図

図 5.1.5　　　　　図 5.1.6

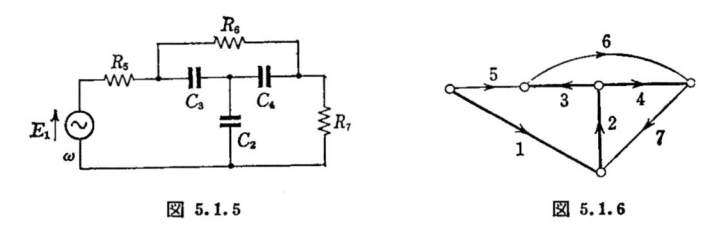

5.1.6のようになる。素子特性は

$$\begin{pmatrix} V_2 \\ V_3 \\ V_4 \\ V_5 \\ V_6 \\ V_7 \end{pmatrix} = \begin{pmatrix} \dfrac{1}{j\omega C_2} & 0 & 0 & 0 & 0 & 0 \\ 0 & \dfrac{1}{j\omega C_3} & 0 & 0 & 0 & 0 \\ 0 & 0 & \dfrac{1}{j\omega C_4} & 0 & 0 & 0 \\ 0 & 0 & 0 & R_5 & 0 & 0 \\ 0 & 0 & 0 & 0 & R_6 & 0 \\ 0 & 0 & 0 & 0 & 0 & R_7 \end{pmatrix} \begin{pmatrix} I_2 \\ I_3 \\ I_4 \\ I_5 \\ I_6 \\ I_7 \end{pmatrix} \quad (5.1.16)$$

となる。ただし，電圧・電流の添字は，グラフの枝の番号によって示される素子に対応するものとする。次に，KCL，KVLからは，それぞれ

$$\begin{pmatrix} 1 & 0 & 0 & 0 & 1 & 0 & 0 \\ 0 & 1 & 0 & 0 & 1 & 0 & -1 \\ 0 & 0 & 1 & 0 & 1 & -1 & 0 \\ 0 & 0 & 0 & 1 & 0 & 1 & -1 \end{pmatrix} \begin{pmatrix} I_1 \\ I_2 \\ I_3 \\ I_4 \\ I_5 \\ I_6 \\ I_7 \end{pmatrix} = \begin{pmatrix} 0 \\ 0 \\ 0 \\ 0 \end{pmatrix} \quad (5.1.17)$$

$$\begin{bmatrix} -1 & -1 & -1 & 0 & 1 & 0 & 0 \\ 0 & 0 & 1 & -1 & 0 & 1 & 0 \\ 0 & 1 & 0 & 1 & 0 & 0 & 1 \end{bmatrix} \begin{pmatrix} V_1 \\ V_2 \\ V_3 \\ V_4 \\ V_5 \\ V_6 \\ V_7 \end{pmatrix} = \begin{bmatrix} 0 \\ 0 \\ 0 \end{bmatrix} \quad (5.1.18)$$

を得る。

5.2 回路網の解析法-変数変換

前節に求めた方程式を連立させて解けば各素子の電圧や電流を求めることができる.連立方程式のもっとも一般的な解法は,適当な順序で変数を消去し,より少ない未知変数に対する連立方程式を順次導く消去法であろう.どの変数を消去し,どの変数に関する連立方程式を導くかによって,いくつかの解析法が考えられている.また,変数の変換を行なって,新しい変数に関する連立方程式を導く解析法もある.この節ではこれらの解析法について述べるが,その準備のためにいくつかの式を導いておこう.

まず,グラフの枝を木の枝と補木の枝に分けると,これに応じて電圧ベクトル,電流ベクトルも二つに分けることができ,

$$V = \begin{bmatrix} V_t \\ V_l \end{bmatrix}, \quad I = \begin{bmatrix} I_t \\ I_l \end{bmatrix} \tag{5.2.1}$$

のように書ける.添字の t, l は,それぞれ木の枝 (tree-branch),補木の枝 (link) の電圧,電流であることを示している.さらに,基本カットセット行列,基本タイセット行列も,

$$Q_f = [U \quad Q_l], \quad B_f = [B_t \quad U] \tag{5.2.2}$$

のように書くことができる.これらを式 (5.1.11),式 (5.1.14) に代入すると,

$$Q_f I = [U \quad Q_l] \begin{bmatrix} I_t \\ I_l \end{bmatrix} = I_t + Q_l I_l = 0$$

$$B_f V = [B_t \quad U] \begin{bmatrix} V_t \\ V_l \end{bmatrix} = B_t V_t + V_l = 0$$

から,

$$I_t = -Q_l I_l = B_t{}^t I_l \tag{5.2.3}$$

$$V_l = -B_t V_t = Q_l{}^t V_t \tag{5.2.4}$$

を得る.式 (5.2.3) は,木の枝の電流が補木の枝の電流によって表されることを示したものである.また,式 (5.2.4) は,補木の枝の電圧が木の枝の電圧に

5.2 回路網の解析法-変数変換

よって表されることを示している。これらの式は，変数変換を表しているとも考えられる。式 (5.2.3) で表される変換を**カットセット変換** (cutset transformation)，式 (5.2.4) で表される変換を**タイセット変換** (tieset transformation) という。

上記のような変数変換のほか，重要な変数変換に**節点変換** (node transformation) がある。これは，基準節点に対する各節点の電圧，すなわち，節点電圧のベクトルを V_n とすると，

$$V = A^t V_n \tag{5.2.5}$$

で表される変換である。たとえば，図 5.2.1 (a) のようなグラフにおいて，節点 d を基準節点として，これに対する各節点の電圧を同図 (b) のようにとり，

$$V_n = \begin{bmatrix} V_a \\ V_b \\ V_c \end{bmatrix} \tag{5.2.6}$$

図 5.2.1 節点変換

とすると，

$$V = \begin{pmatrix} V_1 \\ V_2 \\ V_3 \\ V_4 \\ V_5 \end{pmatrix} = \begin{pmatrix} V_a \\ V_c \\ V_b - V_a \\ V_a - V_c \\ V_b - V_c \end{pmatrix} = \begin{pmatrix} 1 & 0 & 0 \\ 0 & 0 & 1 \\ -1 & 1 & 0 \\ 1 & 0 & -1 \\ 0 & 1 & -1 \end{pmatrix} \begin{bmatrix} V_a \\ V_b \\ V_c \end{bmatrix} = A^t V_n \tag{5.2.7}$$

が得られる。

節点変換は KVL に基づいているので，同じく KVL に基づくタイセット変換の1種とも考えうる。図 5.2.1 の二つのグラフを重ねると，図 5.2.2 のようなグラフが得られる。このグラフにおいて，点線の枝からなる木に関する基本タイセット行列を求め，タイセット変換を表す式を導くと，式 (5.2.7) になっていることがわかる。

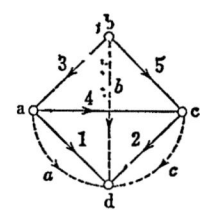

図 5.2.2 節点変換とタイセット変換

176　5　回路網方程式と回路網解析

回路のグラフが平面グラフのときは，節点変換と双対の変換を電流に対して行なうことができる．図5.2.3のように，グラフの各網目を環流する電流，すなわち，網目電流を I_α, I_β とすると，各枝の電流は

$$\begin{pmatrix}I_1\\I_2\\I_3\\I_4\\I_5\end{pmatrix}=\begin{pmatrix}-I_\alpha\\I_\alpha\\-I_\beta\\I_\alpha-I_\beta\\I_\beta\end{pmatrix}=\begin{pmatrix}-1&0\\1&0\\0&-1\\1&-1\\0&1\end{pmatrix}\begin{bmatrix}I_\alpha\\I_\beta\end{bmatrix} \quad (5.2.8)$$

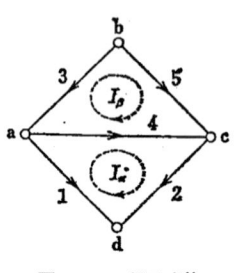

図 5.2.3　網目変換

と表せる．上式の右辺の第1番目の行列は網目行列である．網目行列を M とし，網目電流のベクトルを I_m とすると，一般に

$$I=M^t I_m \quad (5.2.9)$$

という式で表される変換が得られる．この変換は網目変換とよぶことができよう．網目変換は，KCL に基づく変換である．

5.3　回路網の解析法-方程式の誘導

上述のような変換式を用いると次のような解析法が得られる．

節点解析　　節点解析 (node analysis) は節点変換を用いる解析法である．通常，回路の電源として電流源のみが含まれる場合に適用する．このような場合，回路の素子は電流源とその他の素子に二分でき，電圧ベクトル，電流ベクトルは，

$$V=\begin{bmatrix}V_p\\V_j\end{bmatrix}, \quad I=\begin{bmatrix}I_p\\I_j\end{bmatrix} \quad (5.3.1)$$

のように書ける．V_j, I_j は，それぞれ電流源の電圧ベクトル，電流ベクトル，V_p, I_p は，その他の素子の電圧ベクトル，電流ベクトルである．I_j は電流源の電流を表すから既知である．式 (5.3.1) に応じて，インシデンス行列 A も，

5.3 回路網の解析法-方程式の誘導

$$A = [A_p \ A_j] \quad (5.3.2)$$

と書くことができる．KCL を表す式 (5.1.8) と KVL を表す節点変換の式 (5.2.5) は，それぞれ

$$[A_p \ A_j]\begin{bmatrix}I_p\\I_j\end{bmatrix} = 0 \quad (5.3.3)$$

$$\begin{bmatrix}V_p\\V_j\end{bmatrix} = \begin{bmatrix}A_p{}^t\\A_j{}^t\end{bmatrix}V_n \quad (5.3.4)$$

と書きなおせる．

次に，節点電圧 V_n に関する方程式を導く．まず，式 (5.1.6) と式 (5.3.4) から

$$I_p = D_y V_p = D_y A_p{}^t V_n \quad (5.3.5)$$

が得られるが，この式は枝の電流と節点電圧との関係を表したものである．これを式 (5.3.3) から得られる $A_p I_p = -A_j I_j$ に代入すると，

$$A_p D_y A_p{}^t V_n = -A_j I_j \quad (5.3.6)$$

が導ける．式 (5.3.6) は節点方程式 (node equation) とよばれる．節点方程式を与えられた回路から導き，これを解いて V_n を求め，V_n から V_p, I_p あるいは I_j を求める解析法が節点解析である．

【例題 5.3】 図 5.3.1 の回路に対する節点方程式を求めよ．

〔解〕 図 5.3.1 の回路のグラフは図 5.3.2 に示したようになり，そのインシデンス行列は，

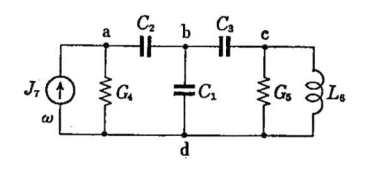

図 5.3.1

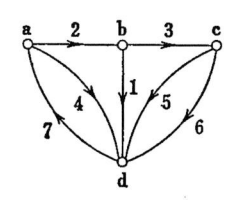

図 5.3.2

$$A = \begin{matrix} & \begin{matrix} 1 & 2 & 3 & 4 & 5 & 6 & 7 \end{matrix} \\ \begin{matrix} a \\ b \\ c \end{matrix} & \begin{bmatrix} 0 & 1 & 0 & 1 & 0 & 0 & -1 \\ 1 & -1 & 1 & 0 & 0 & 0 & 0 \\ 0 & 0 & -1 & 0 & 1 & 1 & 0 \end{bmatrix} \end{matrix} \qquad (5.3.7)$$

である．A の最初の 6 列が A_p である．これを用いると，

$$A_p D_y A_p{}^t V_n = A_p (D_y A_p{}^t) V_n$$

$$= \begin{bmatrix} 0 & 1 & 0 & 1 & 0 & 0 \\ 1 & -1 & 1 & 0 & 0 & 0 \\ 0 & 0 & -1 & 0 & 1 & 1 \end{bmatrix} \begin{pmatrix} 0 & j\omega C_1 & 0 \\ j\omega C_2 & -j\omega C_2 & 0 \\ 0 & j\omega C_3 & -j\omega C_3 \\ G_4 & 0 & 0 \\ 0 & 0 & G_5 \\ 0 & 0 & \dfrac{1}{j\omega L_6} \end{pmatrix} \begin{pmatrix} V_a \\ V_b \\ V_c \end{pmatrix}$$

$$(5.3.8)$$

だから，式 (5.3.6) から

$$\begin{pmatrix} j\omega C_2 + G_4 & -j\omega C_2 & 0 \\ -j\omega C_2 & j\omega(C_1 + C_2 + C_3) & -j\omega C_3 \\ 0 & -j\omega C_3 & j\omega C_3 + G_5 + \dfrac{1}{j\omega L_6} \end{pmatrix} \begin{pmatrix} V_a \\ V_b \\ V_c \end{pmatrix} = \begin{pmatrix} J_7 \\ 0 \\ 0 \end{pmatrix}$$

$$(5.3.9)$$

を得る．

式 (5.3.9) を用いて，節点方程式の係数行列と回路の関係を調べてみよう．まず，行列の第 1 行 1 列目の要素は，節点 a に接続されている素子 C_2 と G_4 のアドミタンスの和である．同様に，第 2 行 2 列目の要素，第 3 行 3 列目の要素は，それぞれ節点 b，c に接続されている素子のアドミタンスの和となっている．次に，第 1 行第 2 列目の要素は，節点 a と b の間に接続されている素子 C_2 のアドミタンスにマイナスの符号を付けたものである．第 1 行第 3 列目の要素は 0 であるが，これは節点 a と c の間に接続されている素子がないことに対応している．また，この係数行列は対称である．このような係数行列と回路の関係

5.3 回路網の解析法-方程式の誘導

を用いると，わざわざ行列の計算をしなくても，回路図からただちに節点方程式を書き下すことができる．

一般に，節点方程式は

$$Y_n = A_p D_y A_p{}^t \tag{5.3.10}$$
$$J = -A_j I_j \tag{5.3.11}$$

とおけば，

$$Y_n V_n = J \tag{5.3.12}$$

と書くことができる．Y_n は**節点アドミタンス行列** (node admittance matrix) とよばれる．式 (5.3.9) の係数行列がその例である．Y_n は次のようにして求めることができる．

(i) 節点を Y_n の行と列に対応づける（たとえば，節点 a ↔ 第 a 行，第 a 列のように）．

(ii) Y_n の第 a 行 a 列要素（対角要素）は，節点 a に接続される素子の複素アドミタンスの和とする．

(iii) Y_n の第 a 行 b 列要素は，節点 a と節点 b の間に接続される素子の複素アドミタンスの和にマイナスの符号を付ける．

また，右辺のベクトル J も回路から直ちに導くことができる．

(i) J の第 a 行要素は，節点 a に接続される電流源の電流の和とする．ただし，節点 a に流入する電流を正とする．

【例題 5.4】 図 5.3.3 の回路の節点方程式を求めよ．

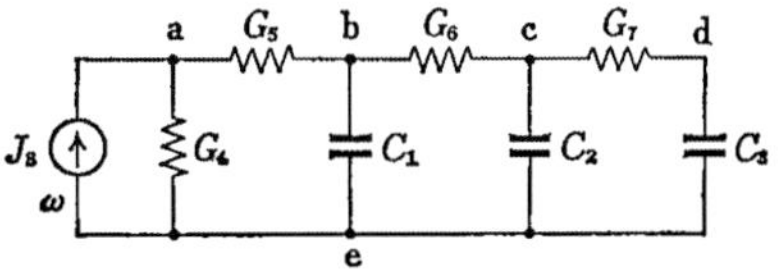

〔解〕 回路から直ちに

図 5.3.3

$$\begin{pmatrix} G_4+G_5 & -G_5 & 0 & 0 \\ -G_5 & j\omega C_1+G_5+G_6 & -G_6 & 0 \\ 0 & -G_6 & j\omega C_2+G_6+G_7 & -G_7 \\ 0 & 0 & -G_7 & G_7+j\omega C_3 \end{pmatrix} \begin{pmatrix} V_a \\ V_b \\ V_c \\ V_d \end{pmatrix} = \begin{pmatrix} J_8 \\ 0 \\ 0 \\ 0 \end{pmatrix}$$

$$(5.3.13)$$

が導ける．

節点方程式は，回路に電圧源がないという条件の下に導かれた．回路に電圧源のある場合は，ノートンの等価回路を用い，電圧源のない回路に変換するなどして節点方程式を導きうる（例題 5.9, 例題 5.10 参照）．大規模な電気回路に対しては，コンピュータを用いて解析することが多いが，このようなとき，解くべき連立方程式の係数行列に 0 の要素が多いほど，コンピュータの記憶領域が小さくてすみ，また計算時間も一般に短くなる．節点方程式の係数行列には，他の解析法で得られる方程式の係数行列より，0 の要素が多く現れることが経験的に知られている．このため，大規模な回路に対しては，節点解析を用いることが多い．

網目解析　　回路に電流源がなく，かつ，回路のグラフが平面グラフであるときには，網目変換を用いる**網目解析** (mesh analysis) を行なうことができる．節点解析の場合と同様，回路の素子を電圧源とその他の素子に二分し，

$$V = \begin{bmatrix} V_e \\ V_p \end{bmatrix}, \quad I = \begin{bmatrix} I_e \\ I_p \end{bmatrix} \tag{5.3.14}$$

とする．V_e, I_e は，それぞれ電圧源の電圧ベクトル，電流ベクトルである．V_e は電圧源の電圧を表すから既知のベクトルである．式 (5.3.14) に対応して，網目行列も

$$M = [M_e, \ M_p] \tag{5.3.15}$$

と分けることができ，式 (5.2.9) は

$$\begin{bmatrix} I_e \\ I_p \end{bmatrix} = \begin{bmatrix} M_e{}^t \\ M_p{}^t \end{bmatrix} I_m \tag{5.3.16}$$

と書ける．また，式 (5.1.15) は

$$[M_e \ M_p] \begin{bmatrix} V_e \\ V_p \end{bmatrix} = 0 \tag{5.3.17}$$

と書ける．

次に，網目電流 I_m に関する式を導く．まず，素子の電圧・電流特性を表す式 (5.1.4) と式 (5.3.16) から

$$V_p = D_z M_p{}^t I_m \tag{5.3.18}$$

を得る．この式は，各枝の電圧を網目電流によって表したものである．網目に対する KVL を表す式 (5.3.17) にこれを代入すれば，

$$M_p D_z M_p{}^t I_m = -M_e V_e \tag{5.3.19}$$

が得られる．この式は**網目方程式** (mesh equation) とよばれる．節点方程式のときと同様

$$Z_m = M_p D_z M_p{}^t \tag{5.3.20}$$
$$-M_e V_e = E \tag{5.3.21}$$

とおけば，式 (5.3.19) は

$$Z_m I_m = E \tag{5.3.22}$$

という形に書くことができる．インシデンス行列と網目行列の類似性から，Z_m と E も回路から直ちに導きうることが予想される．実際，Z_m は次のようにして求めることができる．

(i) 網目を Z_m の行と列に対応づける（たとえば，網目 $\alpha \longleftrightarrow$ 第 α 行，第 α 列など）．

(ii) Z_m の第 α 行 α 列要素（対角要素）は網目 α に含まれる素子の複素インピーダンスの和とする．

(iii) Z_m の第 α 行 β 列要素は，網目 α と網目 β に共通に含まれる素子の複素インピーダンスの和にマイナスの符号を付ける．

また，式 (5.3.22) の右辺のベクトル E は，次のようにして求める．

(i) E の第 α 行要素は，網目 α に含まれる電圧源の電圧の和とする．ただし，網目の方向と電圧の方向を示す矢印の方向が一致したとき，その電圧の符号を正とする．

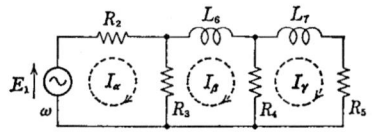

図 5.3.4

【例題 5.5】 図 5.3.4 の回路に対する

網目方程式を求めよ.

〔解〕 回路から直ちに

$$\begin{bmatrix} R_2+R_3 & -R_3 & 0 \\ -R_3 & R_3+R_4+j\omega L_6 & -R_4 \\ 0 & -R_4 & R_4+R_5+j\omega L_7 \end{bmatrix} \begin{bmatrix} I_\alpha \\ I_\beta \\ I_\gamma \end{bmatrix} = \begin{bmatrix} E_1 \\ 0 \\ 0 \end{bmatrix}$$

(5.3.23)

を得る.

節点解析と網目解析は

節 点 ⟷ 網 目

電 圧 ⟷ 電 流

アドミタンス ⟷ インピーダンス

のように言葉を置き換えれば,同じ形式をもち,回路のグラフが平面的なら,全く双対な解析法ということができる.ところが,回路のグラフが平面的でない場合は網目解析を行なうことができないので,節点解析と網目解析の双対性は,部分的に成立しているのみである.このような回路網トポロジーに関する奇妙ともいえる事実は,これに関する研究を複雑にしている一方,面白くもしているのである.

カットセット解析とタイセット解析 回路には電圧源も電流源も含まれているとして,**カットセット方程式** (cutset equation),**タイセット方程式** (tieset equation) とよばれる方程式を導いてみよう.まず,回路のグラフに木を選ぶが,5.1節に述べたように,電圧源は木に含め,電流源は補木に含める.選んだ木に応じて,電圧ベクトル,電流ベクトルを次のように4個ずつのベクトルに分ける.

$$V = \begin{bmatrix} V_e \\ V_t \\ V_l \\ V_j \end{bmatrix}, \quad I = \begin{bmatrix} I_e \\ I_t \\ I_l \\ I_j \end{bmatrix}$$

(5.3.24)

V_e と I_e,V_j と I_j は,それぞれ電圧源,電流源に関するベクトルであり,

V_e と I_j は既知である．電源以外の素子で木に含まれるものの電圧ベクトル，電流ベクトルが V_t, I_t であり，補木に含まれるものの電圧ベクトル，電流ベクトルが V_l, I_l である．

次に，基本カットセット行列のうち，電圧源の枝によって決まる基本カットセットを表している行を取り除く．得られた行列を

$$[U \ Q_l \ Q_j] \tag{5.3.25}$$

と記す．すると，KCL から，

$$[U \ Q_l \ Q_j]\begin{bmatrix} I_t \\ I_l \\ I_j \end{bmatrix} = 0 \tag{5.3.26}$$

あるいは，これを書き換えて

$$I_t = -Q_l I_l - Q_j I_j \tag{5.3.27}$$

が得られる．この式はカットセット変換の式から電圧源の電流に対する式を取り除いたものである．

同様に，基本タイセット行列から，電流源の枝によって決まる基本タイセットを表している行を取り除く．得られた行列を

$$[B_e \ B_t \ U] \tag{5.3.28}$$

と記すと，KVL から

$$[B_e \ B_t \ U]\begin{bmatrix} V_e \\ V_t \\ V_l \end{bmatrix} = 0 \tag{5.3.29}$$

あるいは，

$$V_l = -B_t V_t - B_e V_e \tag{5.3.30}$$

という式が得られる．この式は，タイセット変換の式から電流源の電圧に対する式を取り除いたものである．

さらに，素子の電圧-電流特性も，

$$V_t = D_{x_t} I_t \tag{5.3.31}$$

$$I_l = D_{y_l} V_l \tag{5.3.32}$$

のように二つの式に分けて記すことができる．

このようにして得られた式を整理し，変数間の関係をシグナル・フロー・グラフで示すと図 5.3.5 のようになる．この図において矢は変数間の式を示し，矢の横の行列を矢の後端にある変数にかけると，矢の先端にある変数が得られること

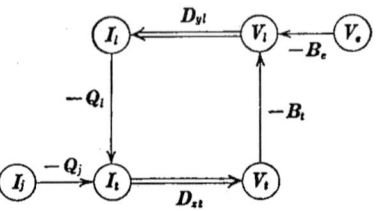

図 5.3.5 回路の変数間の関係

となる．また，一つの変数に複数個の矢が入っているときは，それらの矢で表される項を加え合わせる．一重線の矢は KCL, KVL から得られる式を，二重線の矢は素子特性を示す．図 5.3.5 のシグナル・フロー・グラフを用いると，変数の消去順序が一目でわかる．すなわち，一つの変数に注目し，その変数に入る矢から順次矢を逆の方向にたどって，矢の先端にある変数を消去していけばよい．二重線の矢は順方向にたどってもよい．

カットセット方程式は，V_t あるいは I_t 以外の変数を消去して得られる．図 5.3.5 において，I_t から矢を逆にたどれば，

$$I_t = -Q_t I_t - Q_j I_j = -Q_t D_{yl} V_l - Q_j I_j$$
$$= Q_t D_{yl} B_t V_t + Q_t D_{yl} B_e V_e - Q_j I_j$$

となり，$I_t = D_{xt}^{-1} V_t$ を代入すると

$$(D_{xt}^{-1} - Q_t D_{yl} B_t) V_t = Q_t D_{yl} B_e V_e - Q_j I_j \tag{5.3.33}$$

が導かれる．D_{xt}^{-1} は対角行列であり，木に含まれる素子のアドミタンスを対角線上に並べたものである．この行列を D_{yt} と記し，$B_t = -Q_t{}^t$ を用いると，式 (5.3.33) は

$$(D_{yt} + Q_t D_{yl} Q_t{}^t) V_t = Q_t D_{yl} B_e V_e - Q_j I_j \tag{5.3.34}$$

とも書ける．式 (5.3.34) がカットセット方程式とよばれている．

次にタイセット方程式を導いてみよう．図 5.3.5 において，V_l から矢を逆にたどれば，

$$V_l = -B_t V_t - B_e V_e = -B_t D_{xt} I_t - B_e V_e$$
$$= B_t D_{xt} Q_t I_t + B_t D_{xt} Q_j I_j - B_e V_e$$

となり，$V_l = D_{yl}^{-1} I_l$ を代入すると，

$$(D_{yl}^{-1} - B_t D_{zt} Q_l) I_l = B_t D_{zt} Q_j I_j - B_e V_e \tag{5.3.35}$$

が導かれる．先と同様，$D_{yl}^{-1} = D_{zl}$ とし，$Q_l = -B_l{}^t$ を用いると，

$$(D_{zl} + B_t D_{zt} B_t{}^t) I_l = B_t D_{zt} Q_j I_j - B_e V_e \tag{5.3.36}$$

というタイセット方程式が得られる．

【例題 5.6】 図 5.3.6 に示す回路に対するカットセット方程式とタイセット方程式を求めよ．

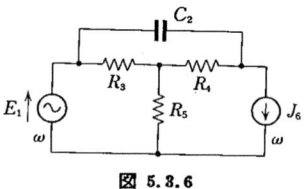

図 5.3.6

〔解〕 図 5.3.6 の回路に対するグラフは，図 5.3.7 (a) のようになる．このグラフに太線で示したような木を選ぶと，式 (5.3.25)，(5.3.28) に現れる基本カットセット行列，基本タイセット行列の部分行列は，それぞれ，

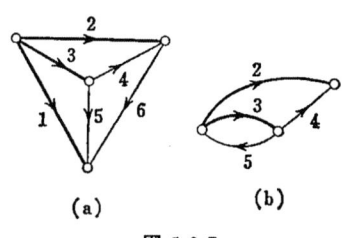

(a)　　　(b)

図 5.3.7

$$Q_l = \begin{bmatrix} 4 & 5 \\ 1 & 0 \\ -1 & -1 \end{bmatrix} \begin{matrix} 2 \\ 3 \end{matrix}, \quad Q_j = \begin{bmatrix} 6 \\ -1 \\ 0 \end{bmatrix} \begin{matrix} 2 \\ 3 \end{matrix} \tag{5.3.37}$$

$$B_t = \begin{bmatrix} 2 & 3 \\ -1 & 1 \\ 0 & 1 \end{bmatrix} \begin{matrix} 4 \\ 5 \end{matrix}, \quad B_e = \begin{bmatrix} 1 \\ 0 \\ -1 \end{bmatrix} \begin{matrix} 4 \\ 5 \end{matrix} \tag{5.3.38}$$

となる．

$$D_{zl} = \begin{bmatrix} \dfrac{1}{j\omega C_2} & 0 \\ 0 & R_3 \end{bmatrix}, \quad D_{yl} = \begin{bmatrix} j\omega C_2 & 0 \\ 0 & G_3 \end{bmatrix} \tag{5.3.39}$$

$$D_{yl} = \begin{bmatrix} G_4 & 0 \\ 0 & G_5 \end{bmatrix}, \quad D_{zl} = \begin{bmatrix} R_4 & 0 \\ 0 & R_5 \end{bmatrix} \tag{5.3.40}$$

である．ただし，$G_3 = 1/R_3$，$G_4 = 1/R_4$，$G_5 = 1/R_5$ である．これらの式を式 (5.3.34) に代入する．

$$\left(\begin{bmatrix} j\omega C_2 & 0 \\ 0 & G_3 \end{bmatrix} + \begin{bmatrix} 1 & 0 \\ -1 & -1 \end{bmatrix} \begin{bmatrix} G_4 & 0 \\ 0 & G_5 \end{bmatrix} \begin{bmatrix} 1 & -1 \\ 0 & -1 \end{bmatrix}\right) \begin{bmatrix} V_2 \\ V_3 \end{bmatrix}$$

$$= \begin{bmatrix} 1 & 0 \\ -1 & -1 \end{bmatrix} \begin{bmatrix} G_4 & 0 \\ 0 & G_5 \end{bmatrix} \begin{bmatrix} 0 \\ -1 \end{bmatrix} E_1 - \begin{bmatrix} -1 \\ 0 \end{bmatrix} J_6$$

整理して，

$$\begin{bmatrix} j\omega C_2 + G_4 & -G_4 \\ -G_4 & G_3 + G_4 + G_5 \end{bmatrix} \begin{bmatrix} V_2 \\ V_3 \end{bmatrix} = \begin{bmatrix} J_6 \\ G_5 E_1 \end{bmatrix} \qquad (5.3.41)$$

となる．また，式 (5.3.36) に代入すると，

$$\left(\begin{bmatrix} R_4 & 0 \\ 0 & R_5 \end{bmatrix} + \begin{bmatrix} -1 & 1 \\ 0 & 1 \end{bmatrix} \begin{bmatrix} \frac{1}{j\omega C_2} & 0 \\ 0 & R_3 \end{bmatrix} \begin{bmatrix} -1 & 0 \\ 1 & 1 \end{bmatrix}\right) \begin{bmatrix} I_4 \\ I_5 \end{bmatrix}$$

$$= \begin{bmatrix} -1 & 1 \\ 0 & 1 \end{bmatrix} \begin{bmatrix} \frac{1}{j\omega C_2} & 0 \\ 0 & R_3 \end{bmatrix} \begin{bmatrix} -1 \\ 0 \end{bmatrix} J_6 - \begin{bmatrix} 0 \\ -1 \end{bmatrix} E_1$$

が得られる．これを整理すると，

$$\begin{bmatrix} R_3 + R_4 + \frac{1}{j\omega C_2} & R_3 \\ R_3 & R_3 + R_5 \end{bmatrix} \begin{bmatrix} I_4 \\ I_5 \end{bmatrix} = \begin{bmatrix} \frac{1}{j\omega C_2} J_6 \\ E_1 \end{bmatrix} \qquad (5.3.42)$$

となる．

以上に述べた解析法によって得られる方程式の未知変数の数を考えてみよう．節点方程式の場合は未知変数が節点電圧 V_n であるから，この数は全節点から基準節点を除いた節点数，すなわち"全節点数 -1"である．網目方程式の場合も，網目電流 I_m の数は，"全網目数 -1"となる．カットセット方程式，タイセット方程式の場合の未知変数は，それぞれ V_t, I_t であり，その数はそれぞれ，木の枝数－電圧源の数，補木の枝数－電流源の数となる．

式 (5.3.25)，(5.3.28) に現れる行列 $[U \; Q_t]$, $[B_t \; U]$ は，第4章4.6節の終りに述べたことから，電圧源の枝を短絡除去，電流源の枝を開放除去して得られるグラフの基本カットセット行列，基本タイセット行列である．このグラフの階数を ρ，零度を μ とすると，V_n, V_t の数は ρ，I_m, I_t の数は μ となっ

ていることが容易にわかるであろう．例題 5.6 の場合，このグラフは図 5.3.7 (b) に示すようなものとなり，これから Q_l, B_l を容易に求めることができる．

5.4 ダイヤコプティックス

大規模な電気回路網を解析する場合には，5.3 節に述べた解析法のいずれを用いても，非常に次元数の大きい連立方程式を解かねばならない．このような場合，回路網全体に対する方程式を一度に求めないで，まず回路網をその構造に応じていくつかに分割し，おのおのの部分に対する方程式を組み合わせて元の回路網を解こうという解析法があり，**ダイヤコプティックス** (diakoptics) とよばれている．たとえば，図 5.4.1 (a) に示した回路のグラフは同図 (b) のようになるが，これを図 5.4.2 に実線と点線で示したように分割する．実線で示した二つの部分回路に対しては節点解析を用い，点線で示した部分回路には網目解析を適用してみよう．V_a, V_b, I_α, I_β を同図に示したように定める．I_α, I_β を電流源とみなすと

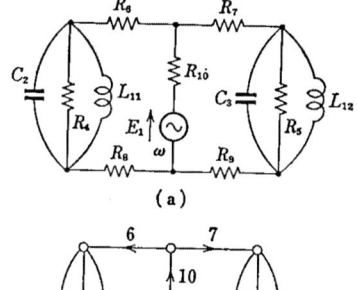

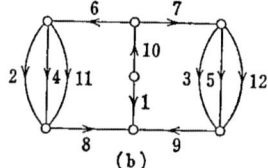

図 5.4.1　回路例とそのグラフ

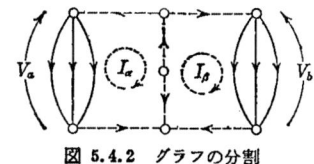

図 5.4.2　グラフの分割

$$\left(j\omega C_2+\frac{1}{R_4}+\frac{1}{j\omega L_{11}}\right)V_a=-I_\alpha \tag{5.4.1}$$

$$\left(j\omega C_3+\frac{1}{R_5}+\frac{1}{j\omega L_{12}}\right)V_b=I_\beta \tag{5.4.2}$$

が得られ，V_a, V_b を電圧源とみなすと

$$(R_6+R_8+R_{10})I_\alpha-R_{10}I_\beta=V_a-E_1 \tag{5.4.3}$$

$$-R_{10}I_\alpha+(R_7+R_9+R_{10})I_\beta=-V_b+E_1 \tag{5.4.4}$$

という方程式が得られる．式 (5.4.1), (5.4.2) において，未知変数をそれぞれ

V_a, V_b とみれば，これらの式は容易に解ける．得られた解を式(5.4.3)，(5.4.4)に代入すれば I_α, I_β に対する連立方程式が得られるから，それを解けば回路網の解が得られたことになる．この場合，未知変数の数は4個であるが，この数は電圧源を短絡除去して得られるグラフの階数 $\rho=5$，零度 $\mu=6$ より少ない．さらに，実線で示した部分回路に対する式 (5.4.1) と (5.4.2) の未知変数は，それぞれ V_a と V_b とみるから，これらの式は一次元の方程式であり，容易に解ける．一般に連立方程式を解くために必要な計算の手間は，連立方程式の次元数の何乗か (3乗くらい) に比例するので，いくつかの小さい次元数の連立方程式を何組も解く方が，総計の次元数が同じ一組の連立方程式を解くより有利である．

　上の例で述べた方法を少し一般化して記述してみよう．まず，図5.4.2のグラフにおいて実線と点線によって枝を分けたのと同様，図5.4.3のように回路を分割する．実線で囲んだ部分回路においては電圧を未知変数とした節点解析あるいはカットセット解析を行ない，点線で囲んだ部分回路においては電流を未知変数とした網目解析あるいはタイセット解析を行なう．実線で示された部分回路に対する式 (5.4.1)，(5.4.2) では，V_a, V_b を未知変数，I_α, I_β を外から加えられた電流源と考えた．このことは図5.4.4(a) のように表され，実線で囲んだ部分回路に電流源を付け加える．この回路に節点解析あるいはカットセット解析を適用し，未知電圧変数を求める．得られた電圧を，図5.4.5のように点線で囲まれた回路に電圧源として接続し，網目解析あるいはタイセット解析を行なう．図5.4.5は式 (5.4.3)，(5.4.4) のような式を導くための回路である．なお，図5.4.4(a) の部分回路が，テブナンの等価回路と同様，同図 (b) のような

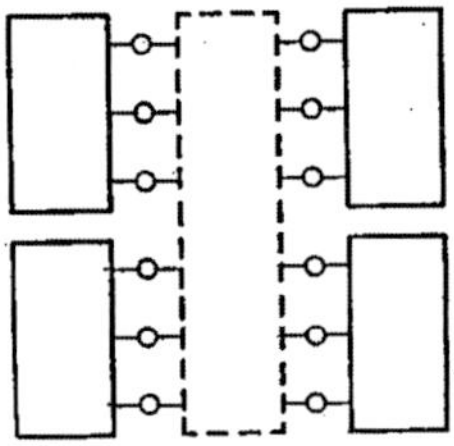

図 5.4.3　回路の分割

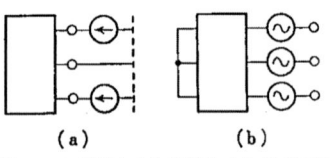

図 5.4.4　電圧を未知変数とした部分回路

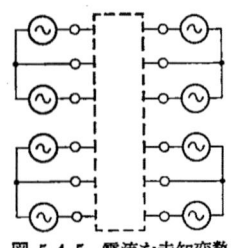

図 5.4.5　電流を未知変数とした部分回路

等価回路に置き換えられると考えてもよい．たとえば，図 5.4.1 に示した回路の場合，両側の共振回路は，それぞれ $j\omega C_2+1/R_4+1/j\omega L_{11}$, $j\omega C_3+1/R_5+1/j\omega L_{12}$ をアドミタンスとしてもつ素子に置き換えられる．

ダイヤコプティックスによる解析法は，未知変数として電圧と電流の両方が現れるので，**混合解析** (mixed analysis) ともよばれている．また，式 (5.4.1)〜(5.4.4) のような式を**混合方程式** (mixed equation) とよぶ．ダイヤコプティックスによると，上の例のように回路の解析がかなり簡単になることがある．小規模の回路ならどのような解析法を用いてもその計算の手間は大して変わらないといえようが，大規模な回路網では，解析法を工夫することにより計算の手間を大いに減らすことが可能である．回路網のグラフをどのように分割して方程式をたてれば，未知変数が最小になるかという問題は，わが国の電気工学者によって解かれ，グラフの**基本分割** (principal partition) とよばれる分割に基づいて分割すればよいことが知られている．この理論はやや複雑なので，ここでは省略するが，大ざっぱにいえば，枝のこみあっている部分を取り出して，これに対応する部分回路には節点解析あるいはカットセット解析を適用し，残りの枝のすいている部分に対応する部分回路には網目解析あるいはタイセット解析を適用すればよいのである．たとえば，図 5.4.6 のようなグラフでは，実線と点線のようにグラフを分ける．解析の際の未知変数の数は，前節のカットセット解析とタイセット解析のときに述べたように，電圧源の枝を短絡除去し，電流源を開放除去したグラフ（図 5.3.7 参照）の階数と零度から決まる．図 5.4.4 の実線で囲まれた部分回路（端子は開放）のグラフに対して，

図 5.4.6 グラフの分割

$$\text{グラフの階数} \leq \text{グラフの零度} \tag{5.4.5}$$

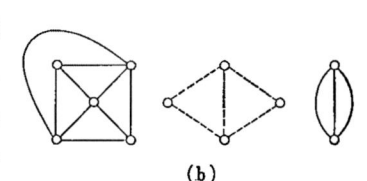

が成立し，図 5.4.3 の点線で囲まれた部分回路（端子は，実線で囲まれた部分回路ごとにまとめて短絡）のグラフに対して

グラフの階数 ≧ グラフの零度　　　　　　　　(5.4.6)

が成立するように回路を分割できれば，回路全体の未知数を前節に述べた解析法の場合より少なくできる（ただし，式 (5.4.5)，(5.4.6) のいずれもが等号で成立するときは同数）．図 5.4.6 (a) に示すグラフの分割からは，同図 (b) に示すようなグラフが得られるが，これらについては，式 (5.4.5)，(5.4.6) の不等号が成立している．この分割は基本分割の一例である．

5.5　例　題

【例題 5.7】　テレヘンの定理 (Tellegen's Theorem)
$$V^t I = 0 \qquad (5.5.1)$$
を示せ．ただし，V，I は，それぞれ回路の電圧ベクトル，電流ベクトルである．

〔解〕　式 (5.2.1) のように V，I を分けると，式 (5.2.3)，(5.2.4) が得られる．

$$V^t I = [V_t^{\ t}\ V_l^{\ t}]\begin{bmatrix}I_t \\ I_l\end{bmatrix} = V_t^{\ t} I_t + V_l^{\ t} I_l = -V_t^{\ t} Q_l I_l + (-B_t V_l)^t I_t$$
$$= -V_t^{\ t} Q_l I_l - V_l^{\ t} B_t^{\ t} I_t \qquad (5.5.2)$$

ところが，$B_t^{\ t} = -Q_l$ であるから，
$$V^t I = -V_t^{\ t} Q_l I_l - V_l^{\ t}(-Q_l) I_l = 0 \qquad (5.5.3)$$
となる．

【例題 5.8】　図 5.5.1 の回路についてテレヘンの定理を確かめよ．

〔解〕　図 5.5.2 のように回路のグラフを求め，網目電流 I_α，I_β について方程

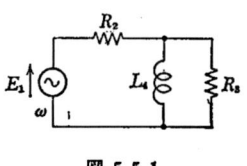

図 5.5.1

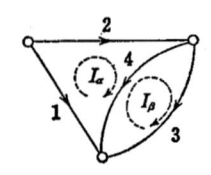

図 5.5.2

式をたてると,

$$\begin{bmatrix} R_2+j\omega L_4 & -j\omega L_4 \\ -j\omega L_4 & R_3+j\omega L_4 \end{bmatrix} \begin{bmatrix} I_\alpha \\ I_\beta \end{bmatrix} = \begin{bmatrix} E \\ 0 \end{bmatrix} \tag{5.5.4}$$

を得る。これを解いて,

$$\left.\begin{array}{l} I_\alpha = (R_3+j\omega L_4)E_1/\Delta \\ I_\beta = j\omega L_4 E_1/\Delta \end{array}\right\} \tag{5.5.5}$$

ただし

$$\Delta = R_2 R_3 + j\omega L_4 (R_2+R_3) \tag{5.5.6}$$

を得る。E_1 の電流を I_1, また, R_2, R_3, L_4 の電圧と電流を, それぞれ V_2, V_3, V_4 と I_2, I_3, I_4 とすると,

$$I_1 = -I_\alpha, \quad I_2 = I_\alpha, \quad I_3 = I_\beta, \quad I_4 = I_\alpha - I_\beta \tag{5.5.7}$$

である。式 (5.5.5) から

$$I_4 = R_3 E_1/\Delta \tag{5.5.8}$$

である。電圧と電流の積の和を求めると,

$$E_1 I_1 + V_2 I_2 + V_3 I_3 + V_4 I_4 = \{-(R_3+j\omega L_4)\Delta + (R_3+j\omega L_4)^2 R_2$$
$$+ (j\omega L_4)^2 R_3 + R_3{}^2 \cdot j\omega L_4\} E_1{}^2/\Delta^2 = 0 \tag{5.5.9}$$

となって, テレヘンの定理が成立する (電圧源を流れる電流の符号に注意)。

【例題 5.9】 図 5.5.3 の回路に対する節点方程式を求めよ。

〔解〕 ノートンの等価回路を用いて電圧源を電流源に置き換えると図 5.5.4

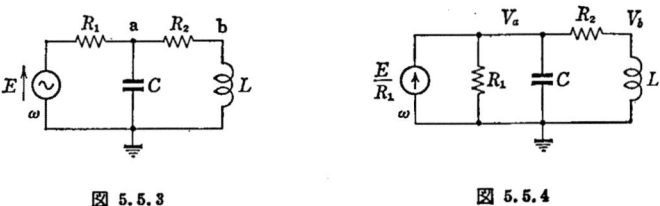

図 5.5.3　　　　　　　　図 5.5.4

の回路を得る。この回路から節点方程式を求めると,

$$\begin{bmatrix} \dfrac{1}{R_1}+\dfrac{1}{R_2}+j\omega C & -\dfrac{1}{R_2} \\ -\dfrac{1}{R_2} & \dfrac{1}{R_2}+\dfrac{1}{j\omega L} \end{bmatrix} \begin{bmatrix} V_a \\ V_b \end{bmatrix} = \begin{bmatrix} \dfrac{E}{R_1} \\ 0 \end{bmatrix} \quad (5.5.10)$$

となる.

【例題 5.10】 図 5.5.5 の回路に対する節点方程式を求めよ.

〔解〕 電圧源 E から流れ出す電流を I とし,電圧源を電流 I を流している電流源と考えて節点方程式を立てると,

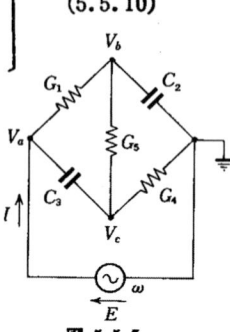

$$\begin{bmatrix} G_1+j\omega C_3 & -G_1 & -j\omega C_3 \\ -G_1 & G_1+G_5+j\omega C_2 & -G_5 \\ -j\omega C_3 & -G_5 & G_4+G_5+j\omega C_3 \end{bmatrix} \begin{bmatrix} V_a \\ V_b \\ V_c \end{bmatrix} = \begin{bmatrix} I \\ 0 \\ 0 \end{bmatrix}$$
$$(5.5.11)$$

図 5.5.5

を得る. この式では, $V_a=E$ が既知であるから,下の2式を用いて,

$$\begin{bmatrix} G_1+G_5+j\omega C_2 & -G_5 \\ -G_5 & G_4+G_5+j\omega C_3 \end{bmatrix} \begin{bmatrix} V_b \\ V_c \end{bmatrix} = \begin{bmatrix} G_1 E \\ j\omega C_3 E \end{bmatrix} \quad (5.5.12)$$

から V_b, V_c を求めればよい. V_b, V_c, E から各素子の電圧が求まり,さらに素子特性を用いて電流が求まる. 電圧源の電流 I は式 (5.5.11) の第1式から求まる.

【例題 5.11】 図 5.5.6 の回路の網目方程式を求めよ.

〔解〕 電流源を電圧 V をもつ電圧源とみなして網目方程式を立てると,

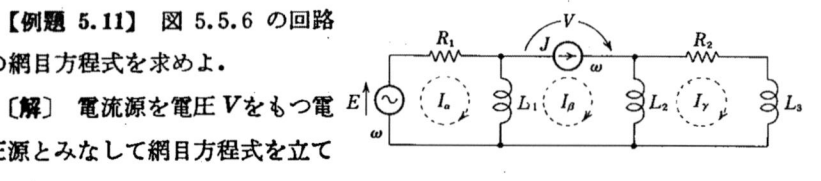

図 5.5.6

$$\begin{bmatrix} R_1+j\omega L_1 & -j\omega L_1 & 0 \\ -j\omega L_1 & j\omega(L_1+L_2) & -j\omega L_2 \\ 0 & -j\omega L_2 & R_2+j\omega(L_2+L_3) \end{bmatrix} \begin{bmatrix} I_\alpha \\ I_\beta \\ I_\gamma \end{bmatrix} = \begin{bmatrix} E \\ V \\ 0 \end{bmatrix}$$

$$\qquad (5.5.13)$$

となる．この場合 $I_\beta = J$ は既知であるから，式 (5.5.13) の第1式と第3式から

$$\begin{bmatrix} R_1+j\omega L_1 & 0 \\ 0 & R_2+j\omega(L_2+L_3) \end{bmatrix} \begin{bmatrix} I_\alpha \\ I_\gamma \end{bmatrix} = \begin{bmatrix} E+j\omega L_1 J \\ j\omega L_2 J \end{bmatrix} \qquad (5.5.14)$$

を得る（この回路のグラフから電圧源の枝を短絡除去，電流源の枝を開放除去すると可分グラフとなり，I_α と I_γ は別々に求めうることに注意）．

【例題 5.12】 図 5.5.7 の回路において，I_α, I_β, V_a に対する混合方程式を導け．

〔解〕 図 5.5.7 の回路から図 5.4.4 (a) と図 5.4.5 に対応する回路を求めると，それぞれ図 5.5.8 (a) と (b) のようになる．これら

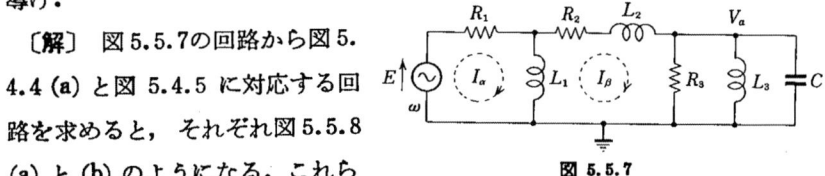

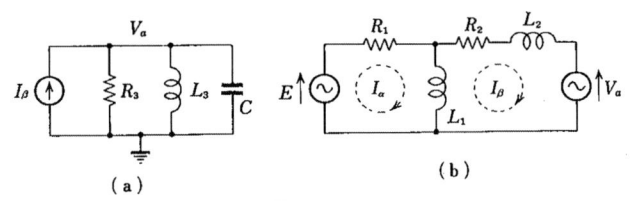

図 5.5.7

図 5.5.8

の回路から節点方程式と網目方程式を求めると，

$$\left\{\frac{1}{R_3}+j\left(\omega C-\frac{1}{\omega L_3}\right)\right\}V_a = I_\beta \qquad (5.5.15)$$

$$\begin{bmatrix} R_1+j\omega L_1 & -j\omega L_1 \\ -j\omega L_1 & R_2+j\omega(L_1+L_2) \end{bmatrix}\begin{bmatrix} I_\alpha \\ I_\beta \end{bmatrix} = \begin{bmatrix} E \\ -V_a \end{bmatrix} \qquad (5.5.16)$$

を得る．

【例題 5.13】 図 5.5.9 の回路において，V_a, V_b, I_α を未知変数とした混合方程式を求めよ．

〔解〕 図 5.5.9 の回路から図 5.4.4 (a) と図 5.4.5 の回路に対応する回路を求

めると，図 5.5.10 (a) と (b) の回路を得る．図 5.5.10 (a) の回路については，例題 5.10 の場合と同様の方法で節点方程式を求める．ただし，$G_1=1/R_1$, $G_2=1/R_2$ とする．

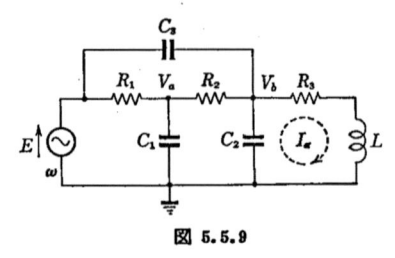

図 5.5.9

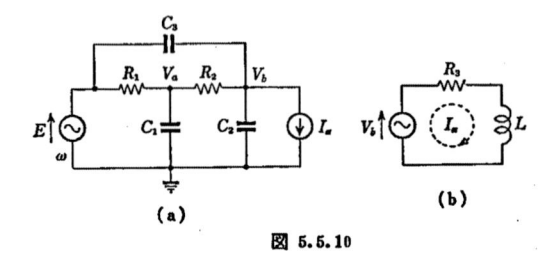

図 5.5.10

$$\begin{bmatrix} -G_1 & G_1+G_2+j\omega C_1 & -G_2 \\ -j\omega C_3 & -G_2 & R_2+j\omega(C_2+C_3) \end{bmatrix} \begin{bmatrix} E \\ V_a \\ V_b \end{bmatrix} = \begin{bmatrix} 0 \\ -I_a \end{bmatrix}$$

（電圧源に対する行は除いている） (5.5.17)

から，

$$\begin{bmatrix} G_1+G_2+j\omega C_1 & -G_2 \\ -G_2 & G_2+j\omega(C_2+C_3) \end{bmatrix} \begin{bmatrix} V_a \\ V_b \end{bmatrix} = \begin{bmatrix} G_1 E \\ -I_a+j\omega C_3 E \end{bmatrix}$$

(5.5.18)

を得る．図 5.5.10 (b) の回路については，

$$(R_3+j\omega L)I_a = V_b \qquad (5.5.19)$$

を得る（例題 5.12，例題 5.13 とも，未知変数の数は 3 であるが，未知数が 1 個の方程式と未知数が 2 個の連立方程式を解けばよいことに注意）．

【例題 5.14】 電圧源を短絡除去，電流源を開放除去した回路のグラフから求めた基本カットセット行列を Q_{fp} とすると，カットセット方程式 (5.3.34) の係数行列は

$$D_{y_t} + Q_l D_{y_l} Q_l{}^t = [U\ Q_l]\begin{bmatrix} D_{y_t} & 0 \\ 0 & D_{y_l} \end{bmatrix}\begin{bmatrix} U \\ Q_l{}^t \end{bmatrix} = Q_{fp} D_y Q_{fp}{}^t \equiv Y$$
(5.5.20)

と書ける．ただし，

$$D_y = \begin{bmatrix} D_{y_t} & 0 \\ 0 & D_{y_l} \end{bmatrix} \tag{5.5.21}$$

である．行列 Y の第 i 行第 j 列要素を y_{ij} とすると，$y_{ij}=0$ であるための必要十分条件は，Q_{fp} の第 i 行に対応する基本カットセットと第 j 行に対応する基本カットセットが共通の枝をもたないことであることを示せ．

〔解〕 Q_{fp} の要素を q_{ik}，D_y の対角要素を d_k のように記し，d_k に対応する枝を k とすると，

$$y_{ij} = [q_{i1},\ q_{i2},\ \cdots,\ q_{ib}]\begin{bmatrix} d_1 & & 0 \\ & d_2 & \\ 0 & & \ddots \\ & & & d_b \end{bmatrix}\begin{bmatrix} q_{j1} \\ q_{j2} \\ \vdots \\ q_{jb} \end{bmatrix} = \sum_{k=1}^{b} q_{ik} d_k q_{jk}$$
(5.5.22)

である．ただし，b はグラフの枝数である．枝 k が，第 i 行の基本カットセットと第 j 行の基本カットセットに共通に含まれなければ，q_{ik} と q_{jk} のうちの一つが 0 となる．したがって式 (5.5.22) から，これらの二つの基本カットセットが共通な枝をもたねば $y_{ij}=0$ となる．また，枝 k が二つの基本カットセットに共通に含まれれば，q_{ik}, q_{jk} は 1 か -1 となり，$q_{ik} d_k q_{jk} = d_k$ または $-d_k$ となる．さらに，枝 m がこれらの基本カットセットに共通に含まれていたとしよう．このとき，基本カットセットの性質から（問題 4.17 参照），$q_{ik}q_{jk}=1$ なら $q_{im}q_{jm}=1$，あるいは $q_{ik}q_{jk}=-1$ なら $q_{im}q_{jm}=-1$ となる．したがって，式 (5.5.22) の右辺の和において，第 k 項と第 m 項は打ち消し合うことはなく，この和は共通な枝のアドミタンスの和 $\sum d_k$ あるいは $-\sum d_k$ となり，0 とはならない．

演 習 問 題

5.1 問図 5.1 に示す回路の節点変換を表す式と節点方程式を導け。

5.2 問図 5.2 に示す回路の節点方程式を導け。

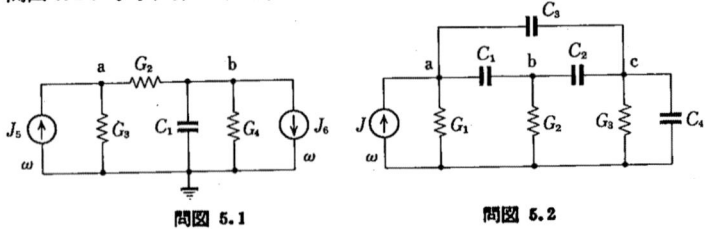

問図 5.1

問図 5.2

5.3 問図 5.3 に示す回路の網目方程式を導け。

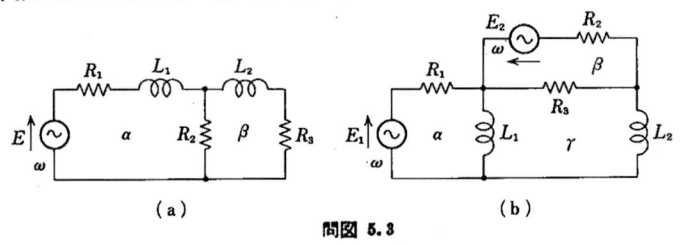

(a) (b)

問図 5.3

5.4 問題 5.2, 問題 5.3 に求めた節点方程式, 網目方程式が, それぞれカットセット方程式, タイセット方程式と同じになるためには, 回路のグラフにどのような木を選べばよいか。

5.5 問図 5.5 に示す回路のグラフを描き, 基準木を選べ. 選んだ基準木に関して, カットセット変換, タイセット変換を表す式を求めよ. さらに, カットセット方程式, タイセット方程式を求めよ。

5.6 問図 5.6 に示す回路の節点電圧 V_a, V_b に関する節点方程式を求めよ。

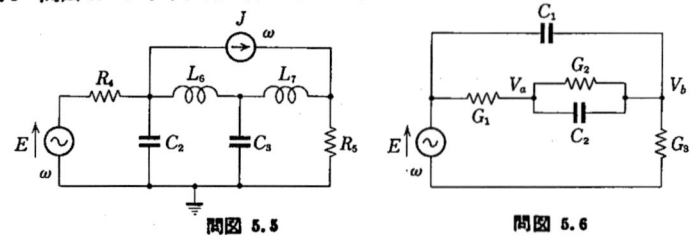

問図 5.5

問図 5.6

演習問題

5.7 問図 5.7 に示す回路に対して，V_a, I_α を未知変数とした混合方程式を導け．

5.8 問図 5.8 に示す回路に対して，V_a, V_b, I_α, I_β を未知変数とした混合方程式を求めよ．

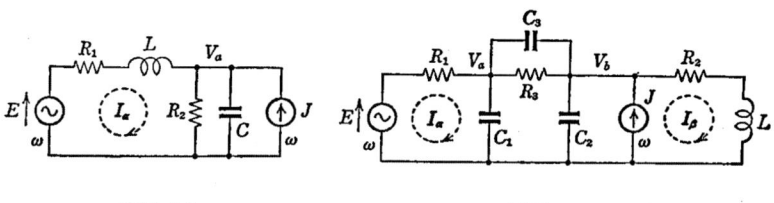

問図 5.7

問図 5.8

5.9 問図 5.9 に示すグラフについて，式 (5.5.19)，(5.5.20) を満足するような分割を試みよ．

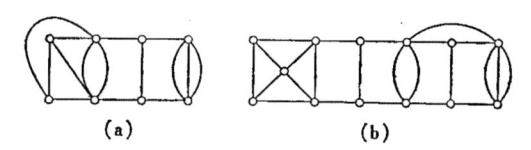

問図 5.9

5.10 例題 5.14 と節点方程式の係数行列を導く方法とを参考にして，カットセット方程式の係数行列 Y をグラフから導く公式を考えよ．また，タイセット方程式の係数行列を導く公式を考えよ．

6

相互結合素子を含む回路

6.1 相互インダクタンス

　コイルを接近させて置けば，相互の間の電磁的な結合により，単独の場合と異なった素子特性をもつようになる．図 6.1.1 のような 2 個のコイルからなる回路は**相互誘導回路**，**相互インダクタ**，あるいは変成器とよばれ，その電圧と電流の間には，

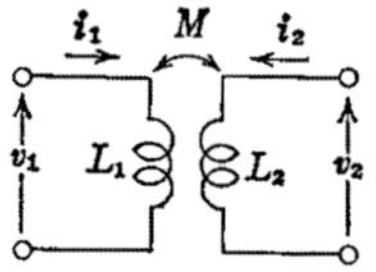

図 6.1.1 相互インダクタンス

$$\left.\begin{array}{l}v_1 = L_1 \dfrac{di_1}{dt} + M \dfrac{di_2}{dt} \\ v_2 = M \dfrac{di_1}{dt} + L_2 \dfrac{di_2}{dt}\end{array}\right\} \quad (6.1.1)$$

という式が成立する．この式における M を**相互インダクタンス** (mutual inductance) という．相互インダクタンスと区別するために，L_1, L_2 を**自己インダクタンス** (self-inductance) ということがある．抵抗，インダクタンス，キャパシタンスのほかに相互インダクタンスを含む回路は $RLCM$ 回路とよばれる．図 6.1.1 の回路を変成器とみるときは，回路の左側を 1 次側，右側を 2 次側とよぶ．また，エネルギーや信号の伝送を考えるときには，左側を入力側，右側を出力側という．

　式 (6.1.1) は，コイルの電圧が，自己の電流により誘導される電圧と，他の

コイルの電流により誘導される電圧との和になっていることを示しているが，2次側のコイルの向きを逆にすると，

$$\left.\begin{array}{l} v_1 = L_1 \dfrac{di_1}{dt} - M \dfrac{di_2}{dt} \\ v_2 = -M \dfrac{di_1}{dt} + L_2 \dfrac{di_2}{dt} \end{array}\right\} \qquad (6.1.2)$$

という式が成立する．したがってコイルの向きを明確に示すために，図6.1.2の(a)や(b)のようにコイルに・印を付け，(a)の回路に対して式(6.1.1)が成立し，(b)の回路に対して式(6.1.2)が成立するものとする．このとき$M>0$となるように・印を付けるのが普通である．また，常に式

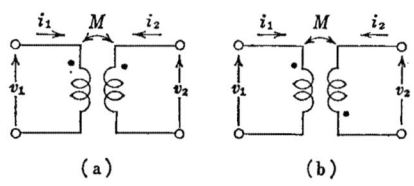

図 6.1.2 相互インダクタンスの符号

(6.1.1)が成立するとし，図6.1.2(a)のときは$M>0$，同図(b)のときは$M<0$であると考えてもよい．このように考えれば，コイルの向きが特に重要でないかぎり・印を省略でき，常に式(6.1.1)を用いることができて便利である．ここではこの方式を用いることにする．

図6.1.1に示したように電圧と電流の方向を定めれば，L_1, L_2はもちろん正である．L_1, L_2, Mの間には

$$L_1 L_2 - M^2 \geq 0 \qquad (6.1.3)$$

が成立する．式(6.1.3)において等号が成立するのは，コイルが理想的に密着した場合であり，このような回路を**密結合**な相互誘導回路という．通常のコイルでは，不等号が成立する．2個のコイルの結合の程度を表すためには，

$$k = \dfrac{M}{\sqrt{L_1 L_2}} \qquad (6.1.4)$$

で与えられる**結合係数** (coupling coefficient) kが用いられる．式(6.1.3)から

$$-1 \leq k \leq 1 \qquad (6.1.5)$$

である．

電圧と電流が正弦波の場合には，v_1, v_2, i_1, i_2の複素数表示を，それぞれ

V_1, V_2, I_1, I_2 とすると,式 (6.1.1) から

$$\left.\begin{array}{l}V_1 = j\omega L_1 I_1 + j\omega M I_2 \\ V_2 = j\omega M I_1 + j\omega L_2 I_2\end{array}\right\} \qquad (6.1.6)$$

が得られる.第2章2.3節において,キャパシタやインダクタの電圧と電流特性を求めたときのように,微分 $\dfrac{d}{dt}$ を $j\omega$ で置き換えればよいのである.式 (6.1.6) を行列で示すと

$$\begin{bmatrix} V_1 \\ V_2 \end{bmatrix} = \begin{bmatrix} j\omega L_1 & j\omega M \\ j\omega M & j\omega L_2 \end{bmatrix} \begin{bmatrix} I_1 \\ I_2 \end{bmatrix} \qquad (6.1.7)$$

となる.式 (6.1.7) における係数行列をみると,式 (5.1.4) の D_r とは異なり,対角線上以外の部分にも,0でない要素が現れている.これは,相互結合をもつ回路の特徴といえる.また,式 (6.1.7) の係数行列は対称である.このことは,相互インダクタンスを含む回路に対しても相反定理が成立することを示唆しているのである.

6.2 相互インダクタンスを含む回路の正弦波定常解析

相互インダクタンスを含む回路の正弦波定常状態の網目解析は,式 (6.1.6) を用いて,インダクタンスを含む回路と大差なく行なうことができる.たとえば,図 6.2.1 に示す回路の網目方程式を導いてみよう.まず,この回路のグラフは図 6.2.2 のようになる.素子の電圧・電流は,V,I に枝番号を添字として付けて表す.KVL から得られる式

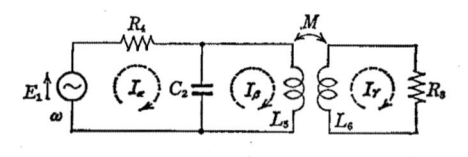

図 6.2.1 相互インダクタンスを含む回路

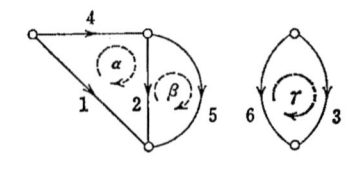

図 6.2.2 図 6.2.1 の回路のグラフ

$$V_4 + V_2 = E_1, \quad -V_2 + V_5 = 0, \quad -V_6 + V_3 = 0 \qquad (6.2.1)$$

に,素子特性

$$V_2=\frac{1}{j\omega C_2}I_2, \quad V_3=R_3I_3, \quad V_4=R_4I_4, \\ V_5=j\omega L_5I_5+j\omega MI_6, \quad V_6=j\omega MI_5+j\omega L_6I_6 \Bigg\} \quad (6.2.2)$$

と，KCL から得られる式

$$I_2=I_\alpha-I_\beta, \quad I_3=I_\gamma, \quad I_4=I_\alpha, \quad I_5=I_\beta, \quad I_6=-I_\gamma \quad (6.2.3)$$

を代入すると，

$$\left.\begin{array}{l}\left(R_4+\dfrac{1}{j\omega C_2}\right)I_\alpha \quad -\dfrac{1}{j\omega C_2}I_\beta \quad =E_1 \\ -\dfrac{1}{j\omega C_2}I_\alpha+\left(\dfrac{1}{j\omega C_2}+j\omega L_5\right)I_\beta-j\omega MI_\gamma=0 \\ \quad -j\omega MI_\beta+(j\omega L_6+R_3)I_\gamma=0\end{array}\right\} \quad (6.2.4)$$

という網目方程式が導ける．行列を用いて書けば

$$\begin{pmatrix} R_4+\dfrac{1}{j\omega C_2} & -\dfrac{1}{j\omega C_2} & 0 \\ -\dfrac{1}{j\omega C_2} & \dfrac{1}{j\omega C_2}+j\omega L_5 & -j\omega M \\ 0 & -j\omega M & j\omega L_6+R_3 \end{pmatrix}\begin{bmatrix} I_\alpha \\ I_\beta \\ I_\gamma \end{bmatrix}=\begin{bmatrix} E_1 \\ 0 \\ 0 \end{bmatrix} \quad (6.2.5)$$

となる．

式 (6.2.5) からわかるように，網目方程式を求めるには，相互インダクタを二つの網目にまたがって含まれる素子と考えて係数行列を作ればよい．

相互インダクタを含む回路の節点解析には，インダクタの電流を電圧で表す式が必要である．式 (6.1.6) は，$L_1L_2-M^2>0$ なら

$$\left.\begin{array}{l}I_1=\dfrac{1}{j\omega(L_1L_2-M^2)}(L_2V_1-MV_2) \\ I_2=\dfrac{1}{j\omega(L_1L_2-M^2)}(-MV_1+L_1V_2)\end{array}\right\} \quad (6.2.6)$$

のように I_1, I_2 について解けるので，これを用いて節点解析を行なうことができる．

カットセット解析，タイセット解析の場合は，回路のグラフにどのように木

を選ぶかによって方程式の未知変数が決まってくる．式 (6.1.6) を用いてカットセット方程式を導くには，相互インダクタンスを木の枝に含め，木の枝電圧に対する方程式を導けばよい．また，タイセット方程式は，相互インダクタンスを補木の枝に含め，補木の枝電流を未知変数として導ける．

【例題 6.1】 図 6.2.1 の回路に対するカットセット方程式とタイセット方程式を導け．

〔解〕 回路のグラフに図 6.2.3 (a) の太線のように木を選ぶ．木の枝電圧に対する素子特性から木の枝電流，補木の枝電流，補木の枝電圧を順次消去する．すると，

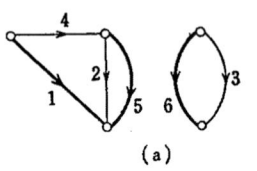

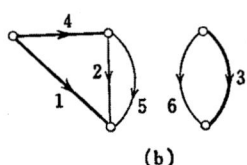

$$V_5 = j\omega L_5 I_5 + j\omega M I_6$$
$$= j\omega L_5(-I_2 + I_4) + j\omega M(-I_3)$$
$$= j\omega L_5\left(-j\omega C_2 V_2 + \frac{V_4}{R_4}\right) + j\omega M\left(-\frac{V_3}{R_3}\right)$$
$$= j\omega L_5\left(-j\omega C_2 V_5 + \frac{E_1 - V_5}{R_4}\right) + j\omega M\left(-\frac{V_6}{R_3}\right)$$
$$V_6 = j\omega M I_5 + j\omega L_6 I_6 = j\omega M(-I_2 + I_4) + j\omega L_6(-I_3)$$
$$= j\omega M\left(-j\omega C_2 V_2 + \frac{V_4}{R_4}\right) + j\omega L_6\left(-\frac{V_3}{R_3}\right)$$
$$= j\omega M\left(-j\omega C_2 V_5 + \frac{E_1 - V_5}{R_4}\right) + j\omega L_6\left(-\frac{V_6}{R_3}\right)$$

図 6.2.3

を得るが，これらを整理して，

$$\left.\begin{aligned}\left(\frac{1}{j\omega L_5} + j\omega C_2 + \frac{1}{R_4}\right) V_5 + \frac{M}{L_5 R_3} V_6 &= \frac{1}{R_4} E_1 \\ \frac{M}{L_6}\left(j\omega C_2 + \frac{1}{R_4}\right) V_5 + \left(\frac{1}{j\omega L_6} + \frac{1}{R_3}\right) V_6 &= \frac{M}{L_6 R_4} E_1\end{aligned}\right\} \quad (6.2.7)$$

というカットセット方程式を得る．また，図 6.2.3 (b) の太線のように木を選び，KVL から求まる補木の枝電圧に対する方程式から木の枝の電圧，木の枝の電流を順次消去する．すると，

$$V_2 = E_1 - V_4 = E_1 - R_4 I_4 = E_1 - R_4 (I_2 + I_5)$$
$$V_5 = E_1 - V_4 = E_1 - R_4 I_4 = E_1 - R_4 (I_2 + I_5)$$
$$V_6 = V_3 = R_3 I_3 = R_3(-I_6)$$

となるが，これらの式の左辺に式 (6.2.2) に示した V_4, V_5, V_6 に対する式を代入し，整理すると，

$$\left. \begin{aligned} \left(\frac{1}{j\omega C_2} + R_4\right) I_2 + R_4 I_5 &= E_1 \\ R_4 I_2 + (R_4 + j\omega L_5) I_5 + j\omega M I_6 &= E_1 \\ j\omega M I_5 + (j\omega L_6 + R_3) I_6 &= 0 \end{aligned} \right\} \quad (6.2.8)$$

というタイセット方程式が求まる．

図 6.2.4(a) のように，コイルの一端が共通の場合は，相互インダクタンスを含まない等価回路を求めることができる．式 (6.1.1) は，

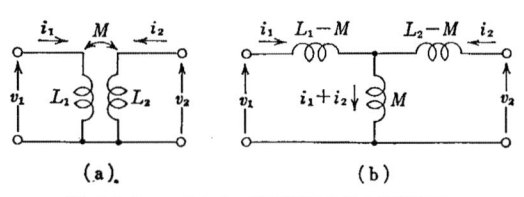

図 6.2.4 コイルの一端共通のときの等価回路

$$\left. \begin{aligned} v_1 &= (L_1 - M)\frac{di_1}{dt} + M\frac{d(i_1+i_2)}{dt} \\ v_2 &= M\frac{d(i_1+i_2)}{dt} + (L_2 - M)\frac{di_2}{dt} \end{aligned} \right\} \quad (6.2.9)$$

と書き直せる．式 (6.2.9) は，図 6.2.4(b) のような相互インダクタンスを含まない回路の電圧・電流関係を表している．したがって，この回路は，端子の外から見るかぎり同図 (a) の回路と変わらない．L_1-M あるいは L_2-M は必ずしも正とは限らないが，このような等価回路を用いると，相互結合を考えずに回路の方程式を立てうるので便利である．

【例題 6.2】 図 6.2.5 の回路の端子対 a, b からみたインピーダンスを求めよ．

〔解〕 図 6.2.5 の回路の等価回路を図 6.2.6 に示す．この図から直ちに，求

図 6.2.5　　　　　　　図 6.2.6

めるインピーダンスは，

$$R_1+j\omega(L_4-M)+\cfrac{1}{\cfrac{1}{R_2+j\omega(L_5-M)}+\cfrac{1}{R_3+j\omega M}}$$

$$=R_1+j\omega(L_4-M)+\frac{\{R_2+j\omega(L_5-M)\}(R_3+j\omega M)}{R_2+R_3+j\omega L_5}$$

(6.2.10)

となる．

【例題 6.3】 図 6.2.7 に示すケーリー・フォスタ・ブリッジ (Carey-Foster Bridge) の平衡条件を求めよ．

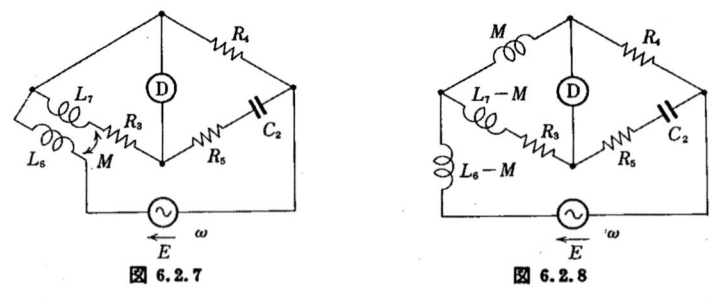

図 6.2.7　　　　　　　図 6.2.8

〔解〕 このブリッジの等価回路は図 6.2.8 に示すようになる．この等価回路においては，ブリッジの平衡条件が 3.6 節，式 (3.6.2) から

$$j\omega M\left(R_5+\frac{1}{j\omega C_2}\right)=\{R_3+j\omega(L_7-M)\}R_4 \quad (6.2.11)$$

となる．実部と虚部を分けると

$$\frac{M}{C_2}=R_3R_4,\quad (R_4+R_5)M=R_4L_7 \quad (6.2.12)$$

を得る．

6.3 理想変成器

一般に変成器はいくつかのコイルを電磁的に結合して，電圧の昇降あるいは電流のてい倍などを行なうものであるが，これを理想化して，単に電圧を n 倍，電流を $1/n$ 倍に変換する一種の変換器を**理想変成器** (ideal transformer) という．理想変成器の電圧・電流特性は，図 6.3.1 のように電圧・電流を定めると，

図 6.3.1 理想変成器

$$v_2 = nv_1, \quad i_2 = -\frac{1}{n}i_1 \tag{6.3.1}$$

である．行列で書くと

$$\begin{bmatrix} v_2 \\ i_2 \end{bmatrix} = \begin{bmatrix} n & 0 \\ 0 & -\dfrac{1}{n} \end{bmatrix} \begin{bmatrix} v_1 \\ i_1 \end{bmatrix} \tag{6.3.2}$$

となる．

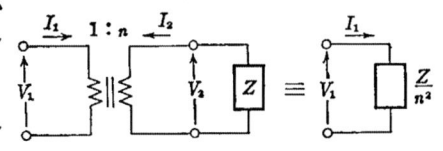

理想変成器はいろいろな回路に応用される．その一つにインピーダンスの変換がある．図 6.3.2 のように，理想変成器の 2 次側にインピーダンス Z を結合したとすると，

図 6.3.2 理想変成器によるインピーダンスの変換

$$V_2 = -ZI_2 \tag{6.3.3}$$

という式が成立するが，これに

$$V_2 = nV_1, \quad I_2 = -\frac{1}{n}I_1 \tag{6.3.4}$$

を代入すると，

$$\frac{V_1}{I_1} = \frac{Z}{n^2} \tag{6.3.5}$$

が得られる．この式は，Z というインピーダンスが，理想変成器を通すと，Z/n^2 というインピーダンスになったことを示している．このようにインピーダンスを変換する素子は**インピーダンス・コンバータ** (impedance converter) と

よばれる．第3章，3.7節に述べた最大電力供給のための整合条件を満たすために，負荷側と供給側を結合する回路にインピーダンス・コンバータが用いられることがある．式(3.7.2)において，負荷抵抗 R_L と電源内部抵抗 R_0 が等しくないとき，負荷と電源との間に理想変成器を挿入すれば，負荷 R_L は R_L/n^2 に変換される．したがって $n=\sqrt{R_L/R_0}$ と選べば，整合条件が満足されるようになる．しかもこのとき，次に示すように，理想変成器では電力が消費されないので好都合である．

理想変成器の1次側に供給される電力は，

$$p = v_1 i_1 \tag{6.3.6}$$

であるが，

$$p = v_1 i_1 = \frac{v_2}{n}(-ni_2) = -v_2 i_2 \tag{6.3.7}$$

となり，この式の右辺は2次側から出る電力を示している．したがって，理想変成器における電力消費はない．理想変成器の電圧・電流の関係式が微分を含まないので，理想変成器は抵抗とみなして取り扱われることが多いが，電力は消費しないのである．なお，理想変成器に対しても，相互誘導回路と同様・印によって入出力端子対の向きを示す．

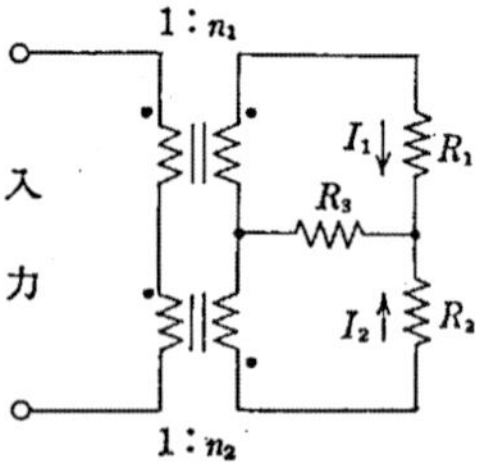

【例題 6.4】 図6.3.3の回路の入力抵抗を求めよ．

〔解〕 抵抗 R_1, R_2 を流れる電流をそれぞれ I_1, I_2 とする（・印から出るように選ぶ）と，理想変成器の1次側の電流は，それぞれ $n_1 I_1, n_2 I_2$ となるが，理想変成器の1次側電流は共通で，入力端子対の向きを考えると，

図 6.3.3

$$n_1 I_1 = n_2 I_2 \tag{6.3.8}$$

である．また，理想変成器の2次側の電圧は，それぞれ $R_1 I_1 + R_3(I_1 + I_2)$, $R_2 I_2 + R_3(I_1 + I_2)$ となるから，1次側の電圧は，これらをそれぞれ n_1, n_2 で割ったものである．入力側の電圧は，理想変成器の1次側電圧の和，

$$\frac{R_1 I_1 + R_3(I_1 + I_2)}{n_1} + \frac{R_2 I_2 + R_3(I_1 + I_2)}{n_2}$$

6.3 理想変成器

$$= \left\{ \frac{R_1+R_3}{n_1} + \frac{2R_3}{n_2} + \frac{n_1(R_2+R_3)}{n_2{}^2} \right\} I_1 \quad (6.3.9)$$

となる．入力抵抗は，これを n_1I_1 で割って，

$$\frac{R_1+R_3}{n_1{}^2} + \frac{2R_3}{n_1n_2} + \frac{R_2+R_3}{n_2{}^2} \quad (6.3.10)$$

となる．

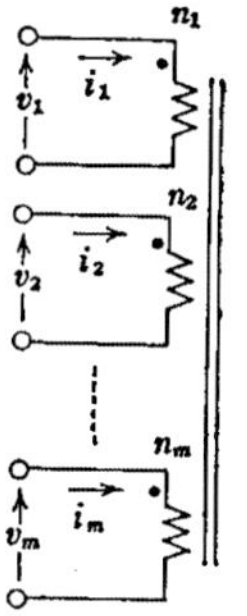

変成器が 3 個以上のコイルをもつとき，これを理想化した変成器は，図 6.3.4 に示すようなものとなる．この m 巻線理想変成器に対しては，時間領域で

$$v_1 : v_2 : \cdots : v_m = n_1 : n_2 : \cdots : n_m \quad (6.3.11)$$
$$n_1i_1 + n_2i_2 + \cdots + n_mi_m = 0 \quad (6.3.12)$$

が成立すると考える．正弦波定常状態のときは，複素数表示を用いて，

$$V_1 : V_2 : \cdots : V_m = n_1 : n_2 : \cdots : n_m \quad (6.3.13)$$
$$n_1I_1 + n_2I_2 + \cdots + n_mI_m = 0 \quad (6.3.14)$$

となる．

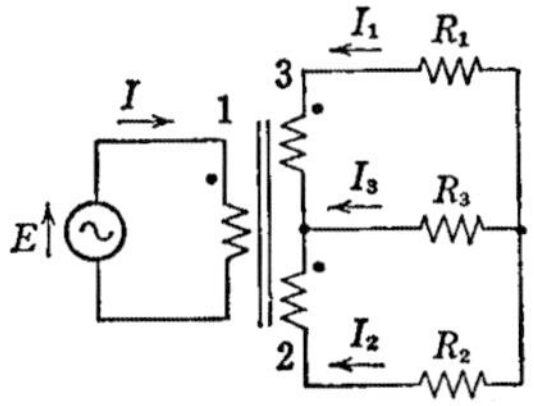

図 6.3.4 n 巻線理想変成器

【例題 6.5】 図 6.3.5 に示す回路において，電圧源が供給する電流 I を求めよ．

〔解〕 図のように各抵抗に流れる電流を I_1, I_2, I_3 とすると，式 (6.3.14) から (I_2 の方向に注意)

$$I = -3I_1 + 2I_2 \quad (6.3.15)$$

図 6.3.5

である．また，変成器の電圧は，それぞれ E, $-R_1I_1+R_3I_3$, $-R_3I_3+R_2I_2$ であるから，式 (6.3.13) は，

$$E : (-R_1I_1+R_3I_3) : (-R_3I_3+R_2I_2) = 1 : 3 : 2 \quad (6.3.16)$$

となる．式 (6.3.16) および $I_3 = -I_1 - I_2$ とから

$$I_1 = -\frac{3R_2+5R_3}{R_1R_2+R_2R_3+R_3R_1}E, \quad I_2 = \frac{2R_1+5R_3}{R_1R_2+R_2R_3+R_3R_1}E$$
$$(6.3.17)$$

が求まる．これを式 (6.3.15) に代入すると，

$$I = \frac{4R_1 + 9R_2 + 25R_3}{R_1R_2 + R_2R_3 + R_3R_1} E \qquad (6.3.18)$$

が得られる．

【例題 6.6】 図 6.3.6 に示す回路の負荷 R に流れる電流を求めよ．

〔解〕 抵抗 R_1, R_2 に流れる電流を I_1, I_2 とすると，式 (6.3.14) から

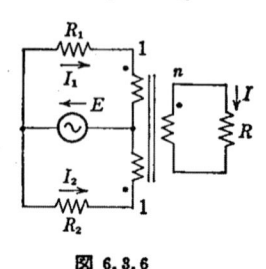

$$nI = I_1 + I_2 \qquad (6.3.19)$$

図 6.3.6

である．変成器の電圧は，それぞれ $E - R_1I_1$, $E - R_2I_2$, RI であるから，式 (6.3.13) を用いて，

$$E - R_1I_1 = E - R_2I_2 = \frac{RI}{n} \qquad (6.3.20)$$

を得る．式 (6.3.20) から

$$I_1 = \frac{1}{R_1}\left(E - \frac{RI}{n}\right), \quad I_2 = \frac{1}{R_2}\left(E - \frac{RI}{n}\right)$$

となり，これらを式 (6.3.19) に代入すると，

$$I = \frac{n(R_1 + R_2)E}{n^2 R_1 R_2 + R(R_1 + R_2)} \qquad (6.3.21)$$

が得られる．

さて，理想変成器と相互誘導回路の関係を考えてみよう．相互誘導回路に密結合の条件 $M = \sqrt{L_1 L_2}$ が成立するとき，式 (6.1.1) から

$$v_1 = L_1 \frac{di_1}{dt} + \sqrt{L_1 L_2} \frac{di_2}{dt} \qquad (6.3.22)$$

$$v_2 = \sqrt{L_1 L_2} \frac{di_1}{dt} + L_2 \frac{di_2}{dt} = \sqrt{\frac{L_2}{L_1}} \left(L_1 \frac{di_1}{dt} + \sqrt{L_1 L_2} \frac{di_2}{dt}\right) = \sqrt{\frac{L_2}{L_1}} v_1$$

$$(6.3.23)$$

が得られる．式 (6.3.22) はさらに，

$$\frac{d}{dt}\left(\sqrt{\frac{L_1}{L_2}} i_1 + i_2\right) = \frac{v_1}{\sqrt{L_1 L_2}} \qquad (6.3.24)$$

6.3 理想変成器

と書ける. コイルの巻線数を n_1, n_2 とすると, L_1, L_2 は, それぞれ n_1^2, n_2^2 におおよそ比例する. $n_2/n_1 = n$ とおくと, 式 (6.3.23), (6.3.24) は

$$v_2 = nv_1 \tag{6.3.25}$$

$$\frac{d}{dt}\left(\frac{1}{n}i_1 + i_2\right) = \frac{v_1}{\sqrt{L_1 L_2}} \tag{6.3.26}$$

となる. いま, コイルをそのままにして, 磁心の透磁率を無限大にした理想的な状態を考えると, n が不変のまま L_1, L_2 が無限大となり, 式 (6.3.26) から

$$\frac{d}{dt}\left(\frac{1}{n}i_1 + i_2\right) = 0 \tag{6.3.27}$$

が得られる. この式を積分し, $i_1 = 0$, $i_2 = 0$ のときを考えると積分定数が 0 であり,

$$\frac{1}{n}i_1 + i_2 = 0 \tag{6.3.28}$$

でなければならないことがわかる. 式 (6.3.25), (6.3.28) が理想変成器の電圧と電流の式である. m 巻線理想変成器に対しても同様, 式 (6.3.11) が密結合の条件を表し, 式 (6.3.12) が透磁率無限大のために励磁電流が 0 となる条件を示している.

式 (6.3.22) は密結合な相互誘導回路に対する式であるが, この式を,

$$v_1 = L_1 \frac{d}{dt}\left(i_1 + \sqrt{\frac{L_2}{L_1}}i_2\right) \tag{6.3.29}$$

と書けば, これはインダクタンス L_1 に電流 $i_1 + \sqrt{L_2/L_1}\,i_2$ が流れているときの電圧を表している. したがって, 式 (6.3.23), (6.3.29) は, 図 6.3.7 に示した回路の電圧・電流の関係を表す. すなわち, 密結合な相互誘導回路はインダクタンスと理想変成器とからなる回路に等価であることがいえる.

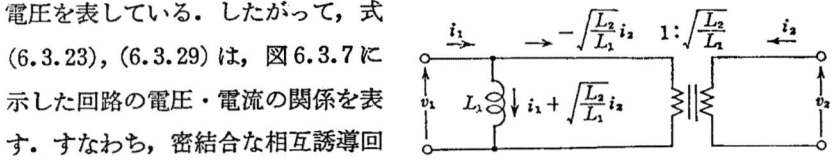

図 6.3.7 密結合な相互誘導回路の等価回路

同様に, 式 (6.1.1) から

$$v_2 = \sqrt{L_1 L_2}\frac{di_1}{dt} + L_2\frac{di_2}{dt} \tag{6.3.30}$$

$$v_1 = L_1\frac{di_1}{dt} + \sqrt{L_1 L_2}\frac{di_2}{dt} = \sqrt{\frac{L_1}{L_2}}\left(\sqrt{L_1 L_2}\frac{di_1}{dt} + L_2\frac{di_2}{dt}\right) = \sqrt{\frac{L_1}{L_2}}v_2$$

を導けば，図 6.3.8 のような等価回路が得られる．

一般の相互誘導回路に対しては，自己インダクタンスを，

$$L_1 = \left(L_1 - \frac{M^2}{L_2}\right) + \frac{M^2}{L_2} \qquad (6.3.32)$$

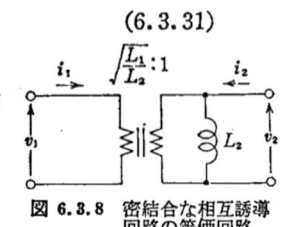

図 6.3.8　密結合な相互誘導回路の等価回路

あるいは，

$$L_2 = \left(L_2 - \frac{M^2}{L_1}\right) + \frac{M^2}{L_1} \qquad (6.3.33)$$

と分けて，式 (6.1.1) を

$$\left.\begin{aligned}v_1 &= \left(L_1 - \frac{M^2}{L_2}\right)\frac{di_1}{dt} + \frac{M^2}{L_2}\frac{di_1}{dt} + M\frac{di_2}{dt} \\ v_2 &= \qquad\qquad\qquad M\frac{di_1}{dt} + L_2\frac{di_2}{dt}\end{aligned}\right\} \qquad (6.3.34)$$

あるいは，

$$\left.\begin{aligned}v_1 &= L_1\frac{di_1}{dt} + M\frac{di_2}{dt} \\ v_2 &= M\frac{di_1}{dt} + \frac{M^2}{L_1}\frac{di_2}{dt} + \left(L_2 - \frac{M^2}{L_1}\right)\frac{di_2}{dt}\end{aligned}\right\} \qquad (6.3.35)$$

と書き直せば，図 6.3.9 に示すようなインダクタンスと密結合な相互誘導回路

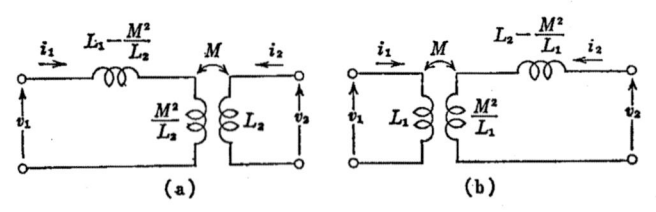

図 6.3.9　一般相互誘導回路の等価回路

からなる等価回路が得られる．これと図 6.3.7 あるいは図 6.3.8 に示す密結合な相互誘導回路に対する等価回路とを組み合わせると，図 6.3.10 のようなインダクタンスと理想変成器からなる相互誘導回路の等価回路が得られる．

図 6.3.11 は**オートトランス** (autotransformer) とよばれる変成器である．これは 1 個のコイルの中間から端子を引き出したものである．L_1 に流れる電流

6.3 理想変成器

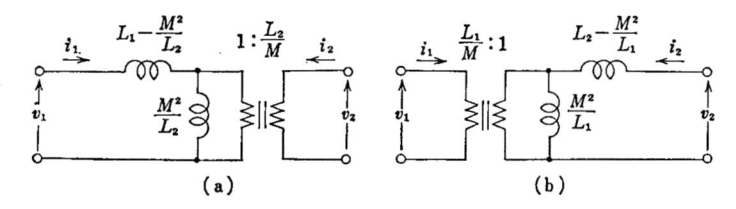

図 6.3.10 一般相互誘導回路の等価回路

が I_1+I_2 であることを考えると，

$$V_1=j\omega L_1(I_1+I_2)+j\omega M I_2 \quad (6.3.36)$$
$$V_2=V_1+j\omega M(I_1+I_2)+j\omega L_2 I_2 \quad (6.3.37)$$

を得る．これを整理すると，

$$V_1=j\omega L_1 I_1+j\omega(L_1+M)I_2 \quad (6.3.38)$$
$$V_2=j\omega(L_1+M)I_1+j\omega(L_1+L_2+2M)I_2 \quad (6.3.39)$$

図 6.3.11 オートトランス

となる．この式は，図 6.3.1 のような相互誘導回路の電圧・電流特性を示している．すなわち，図 6.3.12 の回路はオートトランスの等価回路である．

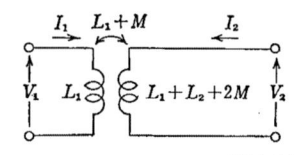

図 6.3.12 オートトランスの等価回路

オートトランスにおいて密結合の条件 $M=\sqrt{L_1 L_2}$ が成立するときには，式 (6.3.36)，(6.3.37) から，

$$\frac{V_2}{V_1}=1+\frac{j\omega\sqrt{L_1 L_2}(I_1+I_2)+j\omega L_2 I_2}{j\omega L_1(I_1+I_2)+j\omega\sqrt{L_1 L_2}I_2}=1+\frac{\sqrt{L_2}}{\sqrt{L_1}} \quad (6.3.40)$$

となる．L_1, L_2 がそれぞれのコイルの巻数 n_1, n_2 の 2 乗におおよそ比例すると考えれば，

$$\frac{V_2}{V_1}\fallingdotseq 1+\frac{n_2}{n_1} \quad (6.3.41)$$

が得られる．V_1 を入力電圧，V_2 を出力電圧とみれば，式 (6.3.41) はオートトランスによる電圧の上昇率を示している．逆に，V_2 を入力電圧，V_1 を出力電圧とみれば，式 (6.3.41) からオートトランスによる電圧の降下率が得られ

る．

6.4 ジャイレータ

ジャイレータ (gyrator) は，異なった端子対間の電圧と電流を結合する素子であり，回路の非相反性を表すために導入された．また，のちほど示すように，ジャイレータはキャパシタをインダクタに，あるいはその逆に変換する機能をもっている．最近，半導体技術の進歩によって，種々の回路が集積回路として微細な半導体片上に組まれるようになったが，半導体片上にコイルを用いてインダクタを作ることは極めて困難である．このため，抵抗，キャパシタ，トランジスタを組み合わせて等価的にインダクタ特性をもつ素子を実現するのであるが，このときの理論的な取り扱いにジャイレータを用いると便利である．実際にジャイレータを抵抗，トランジスタ等により作成することも多く試みられている．

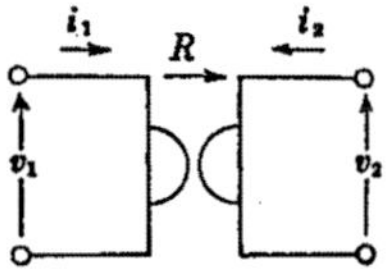

ジャイレータは，図 6.4.1 のように表示されるが，その電圧・電流特性は，

図 6.4.1 ジャイレータ

$$v_1 = \mp R i_2, \quad v_2 = \pm R i_1 \quad (\text{複号同順}) \tag{6.4.1}$$

である．行列で示すと，

$$\begin{bmatrix} v_1 \\ v_2 \end{bmatrix} = \begin{bmatrix} 0 & \mp R \\ \pm R & 0 \end{bmatrix} \begin{bmatrix} i_1 \\ i_2 \end{bmatrix} \quad (\text{複号同順}) \tag{6.4.2}$$

となる．式 (6.4.1)，(6.4.2) は理想ジャイレータの特性であり，実際に作られるジャイレータの特性は，式 (6.4.2) の係数行列の対角要素が 0 でなかったり，非対角要素の抵抗 (gyrating resistance という) の値が異なったりする．ここでは複号の上の符号を用いる．

理想ジャイレータの 1 次側の入力電力と 2 次側の出力電力を比べてみると，

$$p = v_1 i_1 = (-R i_2)\left(\frac{v_2}{R}\right) = v_2(-i_2) \tag{6.4.3}$$

であるから両者は等しく，理想ジャイレータにおいても理想変成器同様，電力

の消費がないことがわかる．図 6.4.1 に示された電圧，電流の方向と式 (6.4.1) の符号の関係を間違えると，このようなジャイレータの性質が得られないから注意を要する．

理想ジャイレータの 2 次側に図 6.4.2 に示すようにキャパシタを接続し，1 次側からみたインピーダンスを求めてみよう．このとき，

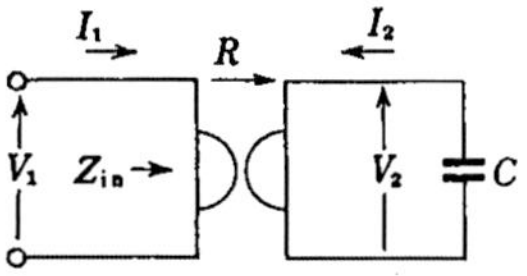

$$\begin{bmatrix} V_1 \\ V_2 \end{bmatrix} = \begin{bmatrix} 0 & -R \\ R & 0 \end{bmatrix} \begin{bmatrix} I_1 \\ I_2 \end{bmatrix} \tag{6.4.4}$$

図 6.4.2 ジャイレータによるインピーダンスの変換

と，

$$I_2 = -j\omega C V_2 \tag{6.4.5}$$

が成立するので，V_2, I_2 を消去すると，

$$V_1 = j\omega C R^2 I_1 \tag{6.4.6}$$

が得られる．$CR^2 = L$ とすれば，これはインダクタの電圧・電流特性と同じである．

一般に，理想ジャイレータの 2 次側にアドミタンス Y を接続したときの入力インピーダンス Z_{in} は，式 (6.4.4) と

$$I_2 = -YV_2 \tag{6.4.7}$$

から，V_2, I_2 を消去して，

$$Z_{in} = \frac{V_1}{I_1} = YR^2 \tag{6.4.8}$$

と求まる．また，$Y_{in} = 1/Z_{in}$, $Z = 1/Y$ とすると，式 (6.4.8) から，入力アドミタンスは，

$$Y_{in} = \frac{Z}{R^2} \tag{6.4.9}$$

となり，2 次側のインピーダンスはアドミタンスに変換される．ジャイレータのように，2 次側のアドミタンスをインピーダンスに，あるいはその逆にインピーダンスをアドミタンスに変換する機能をもっている素子を，**インピーダンス・インバータ** (impedance inverter) という．

【例題 6.7】 図6.4.3に示した回路のキャパシタ C_3 に流れる電流を求めよ。また、この回路に相反定理が成立するかどうかを確かめよ。

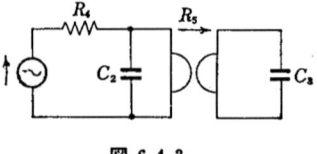

図 6.4.3

[解] 図6.4.3の回路のグラフは図6.4.4のようになる。図に示したように網目電流を選ぶ。枝5の電圧 $V_5=-R_5I_6=-R_5(-I_\gamma)=R_5I_\gamma$、枝6の電圧 $V_6=R_5I_5=R_5I_\beta$ であることを考慮して網目方程式を立てる。各網目に対して

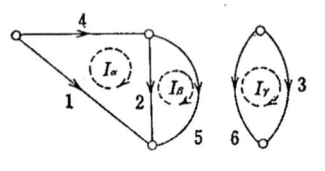

図 6.4.4

$$V_2+V_4=E, \quad -V_2+V_5=0, \quad V_3-V_6=0 \quad (6.4.10)$$

が成立するので、これに電圧・電流特性および $I_2=I_\alpha-I_\beta$, $I_4=I_\alpha$, $I_3=I_\gamma$ を代入すると、

$$\begin{pmatrix} \dfrac{1}{j\omega C_2}+R_4 & -\dfrac{1}{j\omega C_2} & 0 \\ -\dfrac{1}{j\omega C_2} & \dfrac{1}{j\omega C_2} & R_5 \\ 0 & -R_5 & \dfrac{1}{j\omega C_3} \end{pmatrix} \begin{pmatrix} I_\alpha \\ I_\beta \\ I_\gamma \end{pmatrix} = \begin{pmatrix} E \\ 0 \\ 0 \end{pmatrix} \quad (6.4.11)$$

が得られる。これを I_γ について解けば、

$$I_\gamma = \dfrac{R_5 E}{R_5^2+R_4R_5^2\left(j\omega C_2+\dfrac{1}{j\omega C_3 R_5^2}\right)} \quad (6.4.12)$$

が求まる。

次に、図6.4.5のように、電圧源を移し、キャパシタに直列に挿入する。網目方程式の係数行列は変わらず、

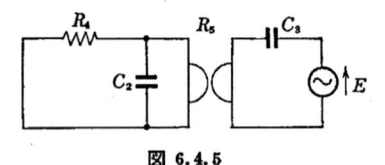

図 6.4.5

$$\begin{pmatrix} \dfrac{1}{j\omega C_2}+R_4 & -\dfrac{1}{j\omega C_2} & 0 \\ -\dfrac{1}{j\omega C_2} & \dfrac{1}{j\omega C_2} & R_5 \\ 0 & -R_5 & \dfrac{1}{j\omega C_3} \end{pmatrix} \begin{pmatrix} I_\alpha \\ I_\beta \\ I_\gamma \end{pmatrix} = \begin{pmatrix} 0 \\ 0 \\ -E \end{pmatrix} \quad (6.4.13)$$

となる．これを I_a について解けば，

$$I_a = \frac{R_5 E}{R_5^2 + R_4 R_5^2 \left(j\omega C_2 + \dfrac{1}{j\omega C_3 R_5^2} \right)} \quad (6.4.14)$$

となる．したがって枝1の電流 $-I_a$ は式 (6.4.12) に得られた I_r と符号が異なり，相反定理は成立しない．

式 (6.4.11) からわかるように，ジャイレータを含む回路の網目方程式の係数行列は対称とならない．このことは相反定理が成立しないことを示している．また，式 (6.4.12) の分母をみれば，この回路は $\omega C_2 = 1/\omega C_3 R_5^2$ のとき，すなわち，

$$\omega = \frac{1}{\sqrt{C_2 C_3} R_5} \quad (6.4.15)$$

のとき共振（並列共振）しうることがわかる．これは，キャパシタがジャイレータによってインダクタに変換されているからである．

6.5 制御電源

回路のあるところの電圧や電流によって定まる電圧や電流を，他のところに発生させるのが**制御電源**(controlled source) である．たとえば，トランジスタの等価回路では，ベース電流の β 倍の電流を発生する電流源がコレクタ側に接続される．制御電源は**センサ** (sensor) と**従属電源** (dependent source) の組から成っていて，センサにおける電圧や電流によって従属電源の電圧や電流が定まる．センサには電圧センサと電流センサの2種類がある．従属電源にも電圧源と電流源の2種類ある．それゆえ，制御電源には4種類，すなわち電圧制御電流源，電流制御電圧源，電圧制御電圧源，電流制御電流源がある．これらを図 6.5.1〜図 6.5.4 に示す．図からわかるように電圧センサは開放端子対であり，電圧センサに流れる電流は0 である．電圧センサが，たとえば抵抗と並列に接続されると，その抵抗の電圧がそのまま電圧センサの電圧となるのである．

もちろん，電圧センサが常にある素子と並列に接続されねばならないということはない。電流センサは短絡端子対であり，電流センサの電圧は常に0である。電流センサがある素子に直列に接続されれば，その素子の電流がそのまま電流センサに流れることになる。たとえば，ある抵抗を流れる電流に比例した電流を回路のほかの場所に流そうとすると，電流センサがその抵抗と直列になっているような電流制御電流源を用いればよい。

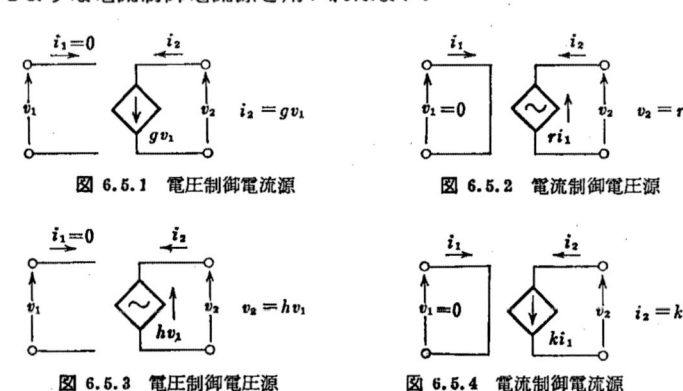

図 6.5.1 電圧制御電流源　　　　図 6.5.2 電流制御電圧源

図 6.5.3 電圧制御電圧源　　　　図 6.5.4 電流制御電流源

制御電源の電圧・電流特性は，

・電圧制御電流源
$$i_1=0, \quad i_2=gv_1 \tag{6.5.1}$$

・電流制御電圧源
$$v_1=0, \quad v_2=ri_1 \tag{6.5.2}$$

・電圧制御電圧源
$$i_1=0, \quad v_2=hv_1 \tag{6.5.3}$$

・電流制御電流源
$$v_1=0, \quad i_2=ki_1 \tag{6.5.4}$$

となる．

他の相互結合をもつ素子同様，回路のグラフにおいて制御電源はセンサと従属電源に対応する2本の枝で表される．しかし，網目方程式や節点方程式を導く際には，電圧センサを開放端子，電流センサを短絡端子として取り扱うとよ

い．また，グラフの木を選ぶ際には，電流センサと従属電圧源を木に，電圧センサと従属電流源を補木に含めると便利なことが多い．

【例題 6.8】 図 6.5.5 に示す回路に対する網目方程式を導け．ただし，$E_2=R_2I_2$ である．

〔解〕 RLC 回路の網目方程式と同様に

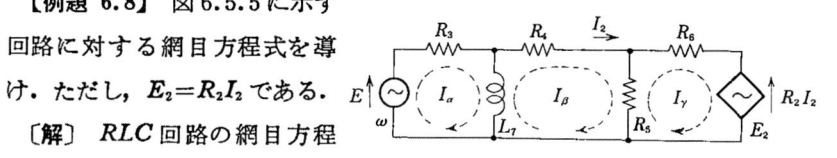

$$\begin{bmatrix} R_3+j\omega L_7 & -j\omega L_7 & 0 \\ -j\omega L_7 & R_4+R_5+j\omega L_7 & -R_5 \\ 0 & -R_5 & R_5+R_6 \end{bmatrix} \begin{bmatrix} I_\alpha \\ I_\beta \\ I_\gamma \end{bmatrix} = \begin{bmatrix} E \\ 0 \\ -E_2 \end{bmatrix} \quad (6.5.5)$$

図 6.5.5

を回路から直ちに導きうるが，これに $E_2=R_2I_2=R_2I_\beta$ を代入して

$$\begin{bmatrix} R_3+j\omega L_7 & -j\omega L_7 & 0 \\ -j\omega L_7 & R_4+R_5+j\omega L_7 & -R_5 \\ 0 & R_2-R_5 & R_5+R_6 \end{bmatrix} \begin{bmatrix} I_\alpha \\ I_\beta \\ I_\gamma \end{bmatrix} = \begin{bmatrix} E \\ 0 \\ 0 \end{bmatrix} \quad (6.5.6)$$

を得る．

【例題 6.9】 図 6.5.6 の回路に対する節点方程式を求めよ．ただし，$J_1=KI_1$ である．

〔解〕 RLC 回路の節点方程式と同様にして

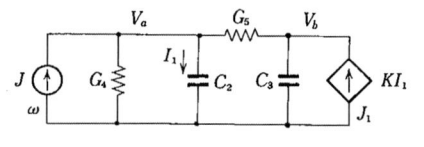

図 6.5.6

$$\begin{bmatrix} G_4+G_5+j\omega C_2 & -G_5 \\ -G_5 & G_5+j\omega C_3 \end{bmatrix} \begin{bmatrix} V_a \\ V_b \end{bmatrix} = \begin{bmatrix} J \\ J_1 \end{bmatrix} \quad (6.5.7)$$

を得るが，$J_1=KI_1=K\cdot j\omega C_2 V_a$ を代入すると，式 (6.5.7) は

$$\begin{bmatrix} G_4+G_5+j\omega C_2 & -G_5 \\ -G_5-j\omega C_2 K & G_5+j\omega C_3 \end{bmatrix} \begin{bmatrix} V_a \\ V_b \end{bmatrix} = \begin{bmatrix} J \\ 0 \end{bmatrix} \quad (6.5.8)$$

となる．

6.6 例　題

【例題 6.10】 図 6.6.1 に示すような回路において，抵抗 R を変化させるとき，これに流れる電流 I のベクトル軌跡を求めよ。

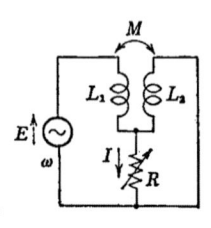

〔解〕　相互インダクタの1次側，2次側に流れる電流を，それぞれ I_1, I_2 とすると，

$$\left.\begin{array}{l} j\omega L_1 I_1 + j\omega M I_2 + RI = E \\ j\omega M I_1 + j\omega L_2 I_2 + RI = 0 \\ I_1 + I_2 = I \end{array}\right\} \quad (6.6.1)$$

図 6.6.1

が成立する。式 (6.6.1) から I_1, I_2 を消去して I を求めると

$$\begin{aligned} I &= \frac{j\omega(M-L_2)E}{\omega^2(L_1L_2-M^2)+j\omega(2M-L_1-L_2)R} \\ &= \frac{(L_2-M)E}{(L_1+L_2-2M)R+j\omega(L_1L_2-M^2)} \end{aligned} \quad (6.6.2)$$

となる。この式は

$$\frac{L_1+L_2-2M}{L_2-M}R = R', \quad \frac{L_1L_2-M^2}{L_2-M} = L' \quad (6.6.3)$$

とおくと，

$$I = \frac{E}{R' + j\omega L'} \quad (6.6.4)$$

となるので，I は抵抗 R' とインダクタ L' の直列接続回路に電圧 E を加えたときに流れる電流と考えられる。$L_1L_2 - M^2 \geq 0$ であるから，$M \leq \sqrt{L_1L_2}$,

$$L_1+L_2-2M \geq L_1+L_2-2\sqrt{L_1L_2} = (\sqrt{L_1}-\sqrt{L_2})^2 \geq 0 \quad (6.6.5)$$

であり，L_2-M の符号によって R', L' の符号が決まる。いま，$L_2-M>0$ として，R' が 0 から ∞ まで変化するときの I のベクトル軌跡を描く。I の実部と虚部を I_r, I_i とすると，

$$I_r = \frac{R'E}{R'^2+\omega^2 L'^2}, \quad I_i = -\frac{\omega L'E}{R'^2+\omega^2 L'^2} \tag{6.6.6}$$

となる．上の2式から R' を消去する．まず，

$$\frac{I_r}{I_i} = -\frac{R'}{\omega L'} \tag{6.6.7}$$

であるから，これから R' を求め，式 (6.6.6) の第2式に代入し，整理すると

$$I_r^2 + \left(I_i + \frac{E}{2\omega L'}\right)^2 = \left(\frac{E}{2\omega L'}\right)^2 \tag{6.6.8}$$

となる．この式は円を表すが，式 (6.6.6) から $I_r \geq 0$ だから，I のベクトル軌跡は，図 6.6.2 に示すような半円である．

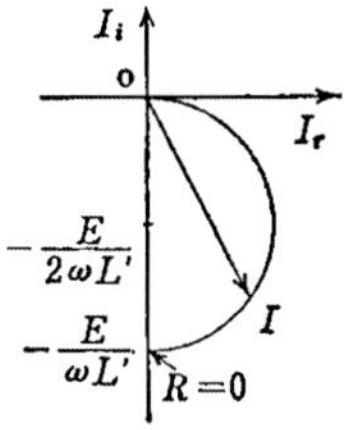

図 6.6.2

【例題 6.11】 図 6.6.3 の回路において電流 I_1 と I_2 の実効値が相等しく，位相差が $45°$ となる条件を求めよ．

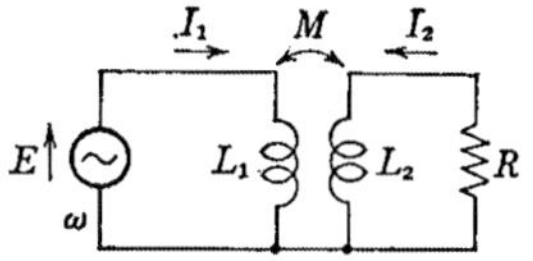

〔解〕 図 6.6.3 の回路に対しては，

$$j\omega L_1 I_1 + j\omega M I_2 = E \tag{6.6.9}$$

$$j\omega M I_1 + (R+j\omega L_2)I_2 = 0 \tag{6.6.10}$$

図 6.6.3

が成立する．I_1 と I_2 の実効値が等しく，位相差が $45°$ のときは，$I_1=(1+j)I_2/\sqrt{2}$ あるいは $I_1=(1-j)I_2/\sqrt{2}$ と表せる．これを式 (6.6.10) に代入すると，

$$\left[\frac{j\omega M(1\pm j)}{\sqrt{2}} + R + j\omega L_2\right]I_2 = 0 \tag{6.6.11}$$

を得る．式 (6.6.9) から $I_2 \neq 0$ だから [ ] 内が 0 でなければならない．したがって，

$$R \mp \frac{\omega M}{\sqrt{2}} = 0, \quad \frac{\omega M}{\sqrt{2}} + \omega L_2 = 0 \tag{6.6.12}$$

を得るが，$R>0$，$L_2>0$ だから，

$$\omega M = -\sqrt{2}R = -\sqrt{2}\omega L_2 \tag{6.6.13}$$

でなければならない．

【例題 6.12】 図 6.6.4 に示すようなキャンベル (Campbell) のブリッジ回

路において，受話器Tの電流が0となる周波数f_0を求めよ．

〔解〕 Tの電流が0となるためには，Tにかかる電圧が0でなければならない．したがって，相互インダクタンスの2次側の回路において，

$$\left(j\omega M+\frac{1}{j\omega C}\right)I=0 \qquad (6.6.14)$$

である．また，1次側の回路では，

$$\left(j\omega L_1+\frac{1}{j\omega C}\right)I=E \qquad (6.6.15)$$

だから$I\neq 0$，したがって，式(6.6.14)の( )内が0でなければならず，

$$\omega_0^2=\frac{1}{MC}, \quad f_0=\frac{1}{2\pi\sqrt{MC}} \qquad (6.6.16)$$

を得る．

図 6.6.4

【例題 6.13】 インピーダンス$R_1+j\omega L_1$をもつ2端子回路をジャイレータと抵抗とキャパシタで構成したい．回路の一例を示せ．

〔解〕 ジャイレータの2次側にアドミタンスYを接続したときの入力インピーダンスは，式(6.4.8)で与えられるから，

$$R_1+j\omega L_1=YR^2 \qquad (6.6.17)$$

を満足するようなYを求めればよい．

$$Y=\frac{R_1}{R^2}+j\omega\frac{L_1}{R^2} \qquad (6.6.18)$$

は，抵抗とキャパシタの並列接続回路によって得られ，回路例は図6.6.5に示すようなものがある．

図 6.6.5

図 6.6.6

【例題 6.14】 図6.6.6に示すような逆L形回路においては，

$$\frac{V_2}{V_1}=\frac{Z_2}{Z_1+Z_2} \qquad (6.6.19)$$

である．

$$\frac{V_2}{V_1}=\frac{1}{-\omega^2+1+j\omega} \qquad (6.6.20)$$

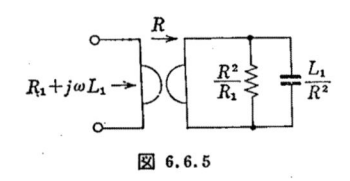

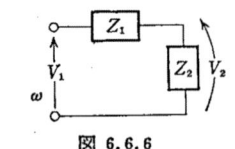

であるような回路を，抵抗，キャパシタ，ジャイレータを用いて構成せよ．

〔解〕
$$\frac{V_2}{V_1}=\frac{1}{-\omega^2+1+j\omega}=\frac{\dfrac{1}{j\omega}}{1+j\omega+\dfrac{1}{j\omega}} \qquad (6.6.21)$$

と書きなおせるので，これを式 (6.6.19) と比べて，

$$Z_1=1+j\omega, \quad Z_2=\frac{1}{j\omega} \qquad (6.6.22)$$

を得る．Z_1 は図 6.6.5 のような回路で構成できる．したがって，図 6.6.7 のような回路は式 (6.6.20) を与える．

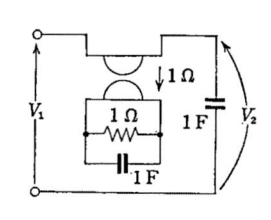

図 6.6.7

【例題 6.15】 図 6.6.8 に示すような電流制御電圧源を2個含む回路の入力インピーダンス Z_in を求めよ．

〔解〕 図 6.6.8 の回路の右側半分に対しては

$$I_2=j\omega CR_1 I_1 \qquad (6.6.23)$$

が成り立つ．したがって，端子対 aa′ の電圧は，

$$R_2 I_2=j\omega CR_1 R_2 I_1 \qquad (6.6.24)$$

であり，

$$Z_\text{in}=j\omega CR_1 R_2 \qquad (6.6.25)$$

となる（2個の電流制御電圧源がジャイレータと同じ働きをしていることに注意）．

図 6.6.8

【例題 6.16】 図 6.6.9 に示す2端子対回路の電圧・電流特性が，

$$\begin{bmatrix}v_2\\i_2\end{bmatrix}=\begin{bmatrix}2 & 0\\0 & 2\end{bmatrix}\begin{bmatrix}v_1\\i_1\end{bmatrix} \qquad (6.6.26)$$

で与えられるとき，電圧源が供給する電力と抵抗 R_1, R_2 で消費される電力とを比較せよ（この2端子対回路は**負性インピーダンス・コンバータ** (negative impedance converter) とよばれる）．

図 6.6.9

〔解〕 図6.6.9の回路においては,
$$R_1 i_1 + v_1 = E \tag{6.6.27}$$
$$R_2 i_2 + v_2 = 0 \tag{6.6.28}$$
が成立する。これらの式と式 (6.6.26) を用いて i_1, i_2 を求めると,
$$i_1 = 2, \; i_2 = 4 \quad \text{(A)} \tag{6.6.29}$$
となる。したがって,電圧源の供給電力は $2 \times 2 = 4\mathrm{W}$,R_1 の消費電力は $3 \times 2^2 = 12\mathrm{W}$,$R_2$ の消費電力は $2 \times 4^2 = 32\mathrm{W}$ となる。$12+32=44 > 4$ となり,$40\mathrm{W}$ が2端子対回路から供給されたことになる(理想変成器の場合と比較せよ)。

【例題 6.17】 図6.6.10(a)の回路はトランジスタの理想的なモデルである。図6.6.10(b)の回路において四角形で囲んだ0で示した素子は**ナレータ**(nullator)とよばれ,その電圧も電流も0であるという2端子素子である。また,四角形で囲んだ∞で示した素子は,**ノーレータ**(norator)とよばれ,その電圧も電流も任意であるという2端子素子である。図6.6.9(b)の回路が図6.6.10(a)の回路に等価であるとき,抵抗 R_1 と R_2 の値を求めよ。

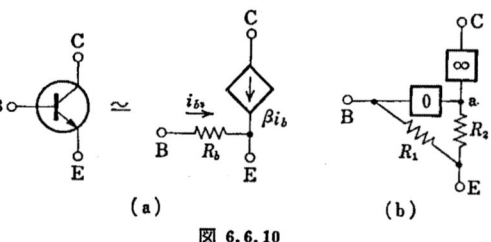

図 6.6.10

〔解〕 ナレータの電流は0であるから,ベース電流 i_b はすべて R_1 に流れる。ベースBのエミッタEに対する電圧を v_b とすると,
$$v_b = R_1 i_b \tag{6.6.30}$$
であり,したがって,
$$R_1 = R_b \tag{6.6.31}$$
である。また,ナレータの電圧は0であるから,抵抗 R_2 にかかる電圧は v_b であり,したがって,R_2 に流れる電流は v_b/R_2 となる。この電流がコレクタCに流れる電流であるから
$$\frac{v_b}{R_2} = \beta i_b \tag{6.6.32}$$

でなければならない．式 (6.6.30), (6.6.31) を用いると，

$$R_2 = R_b/\beta \tag{6.6.33}$$

と求まる．

【例題 6.18】 図 6.6.11 に示す回路において，電圧源の供給する電力と抵抗 R の消費する電力を比較せよ．

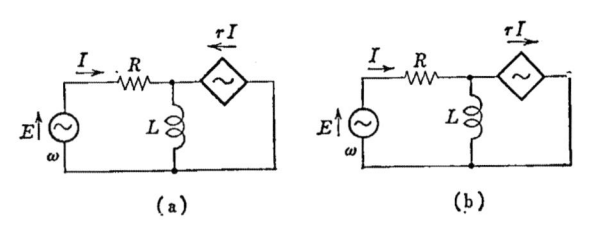

図 6.6.11

〔解〕 (a) 図 6.6.11 (a) の回路に対しては，

$$RI + rI = E \tag{6.6.34}$$

が成り立つ．したがって，

$$I = \frac{E}{R+r} \tag{6.6.35}$$

である．電圧源 E の供給する電力 P_1 は

$$P_1 = \mathcal{R}e\overline{E}I = \frac{E_e^2}{R+r} \tag{6.6.36}$$

となり，抵抗 R の消費する電力 P_2 は，

$$P_2 = RI_e^2 = \frac{RE_e^2}{(R+r)^2} \tag{6.6.37}$$

となる．E_e, I_e は E, I の実効値である．これらの電力の差は，

$$P_1 - P_2 = \frac{E_e^2}{R+r} - \frac{RE_e^2}{(R+r)^2} = \frac{rE_e^2}{(R+r)^2} \tag{6.6.38}$$

となり，制御電源がこの電力を消費する．

(b) 図 6.6.11 (b) の回路に対しては，

$$RI - rI = E \tag{6.6.39}$$

が成立し，

となる。したがって、電圧源の供給電力 P_1 は

$$P_1 = \frac{E_e^2}{R-r} \tag{6.6.41}$$

となり、抵抗 R の消費電力 P_2 は

$$P_2 = \frac{RE_e^2}{(R-r)^2} \tag{6.6.42}$$

となる。これらの電力の差は、

$$P_2 - P_1 = \frac{RE_e^2}{(R-r)^2} - \frac{E_e^2}{R-r} = \frac{rE_e^2}{(R-r)^2} \tag{6.6.43}$$

となり、この電力を制御電源が供給している。

【例題 6.19】 (a) 図 6.6.12 (a) に示すような2個の電流制御電圧源を含む回路において、電圧 E_2 を変化しても端子1に流れ込む電流 i_1 は不変であることを示せ。(b) 図 6.6.12 (b) に示す回路において、電圧 E_1 を変化したとき、端子2に流れ込む電流 i_2 はどのように変化するか。

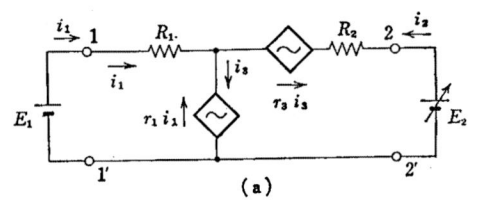

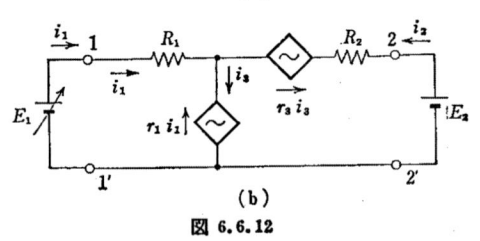

図 6.6.12

[解] 図 6.6.12 の回路に対しては、いずれにも

$$R_1 i_1 + r_1 i_1 = E_1 \tag{6.6.44}$$

$$r_1 i_1 + r_3 i_3 + R_2 i_2 = E_2 \tag{6.6.45}$$

$$i_3 = i_1 + i_2 \tag{6.6.46}$$

が成立する。

(a) 式 (6.6.44) から

※冒頭の式: $I = \dfrac{E}{R-r}$ (6.6.40)

$$i_1 = \frac{E_1}{R_1+r_1} \tag{6.6.47}$$

となり，E_2 に無関係である．

(b) 式 (6.6.45) に式 (6.6.46) を代入すると

$$(r_1+r_3)i_1 + (r_3+R_2)i_2 = E_2$$

となるが，これに式 (6.6.47) を代入して i_2 を求めると，

$$i_2 = \frac{1}{r_3+R_2}\left\{E_2 - \frac{r_1+r_3}{R_1+r_1}E_1\right\} \tag{6.6.48}$$

となる．この式から i_2 は E_1 が 0 から増大するに従って，$E_2/(r_3+R_2)$ から直線的に減少する（このような回路は**一方向系回路**といわれる）．

【例題 6.20】 図 6.6.13 に示す回路に対する回路網方程式の解の存在性につ

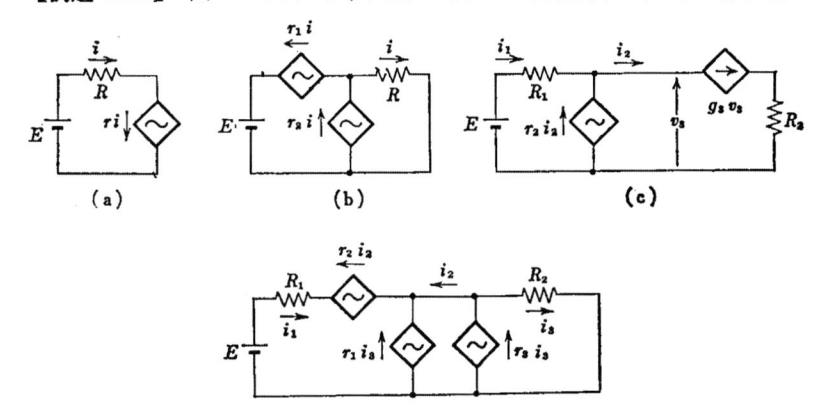

図 6.6.13

いて検討せよ．ただし，E および抵抗値はすべて正 ($\neq 0$) とする．

〔解〕 (a) 図 6.6.13 (a) の回路については，

$$(R-r)i = E \tag{6.6.49}$$

が成立する．したがって，$R \neq r$ なら $i = E/(R-r)$ という解が存在するが，$R = r$ なら解は不能である．

(b) 図 6.6.13 (b) の回路については

$$(r_1+r_2)i = E \tag{6.6.50}$$

$$(r_2 - R)i = 0 \tag{6.6.51}$$

が成立する．したがって，$r_2 \neq R$ なら解は不能であるが，$r_2 = R$ なら $i = E/(r_1 + r_2)$ という解が存在する．ただし，電圧源に流れる電流は定まらない．

(c) 図 6.6.13 (c) の回路に対しては，

$$R_1 i_1 + r_2 i_2 = E \tag{6.6.52}$$
$$i_2 = g_3 v_3 \tag{6.6.53}$$
$$v_3 = r_2 i_2 \tag{6.6.54}$$

が成立する．式 (6.6.53)，(6.6.54) から

$$(r_2 g_3 - 1) v_3 = 0 \tag{6.6.55}$$

を得る．したがって，$r_2 g_3 \neq 1$ なら，$v_3 = 0$，$i_2 = 0$，$i_1 = E/R_1$ という解を得る．さらに，従属電圧源の電流は i_1，従属電流源の電圧は 0 となる．もし，$r_2 g_3 = 1$ なら，式 (6.6.55) から v_3 が不定となり，したがって，i_2，i_1 も不定となる．

(d) 図 6.6.13 (d) の回路に対しては，

$$R_1 i_1 + r_2 i_2 + r_1 i_3 = E \tag{6.6.56}$$
$$r_1 i_3 = r_3 i_3 \tag{6.6.57}$$
$$r_3 i_3 = R_2 i_3 \tag{6.6.58}$$

が成立する．したがって，$r_1 \neq r_3$，あるいは $r_3 \neq R_2$ なら $i_3 = 0$ となるが，i_1，i_2 は不定となる．$r_1 = r_3$，$r_3 = R_2$ なら，i_3 も不定となる．

演 習 問 題

6.1 問図 6.1 に示すような回路の端子対 aa′ から見た複素インピーダンスを求めよ．

6.2 問図 6.2 に示すような回路において，R の値にかかわらず電流 I が電圧 E と同相になるための条件を求めよ．

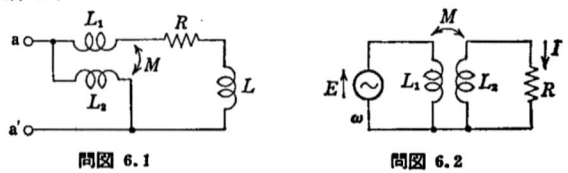

問図 6.1

問図 6.2

演習問題

6.3　問図 6.3 に示すような回路において，抵抗 R に電流が流れなくなる条件を求めよ。

6.4　問図 6.4 に示すようなブリッジ回路の平衡条件から，インダクタンス L を R_1, R_2, R_3, R_4 で表す式を求めよ。

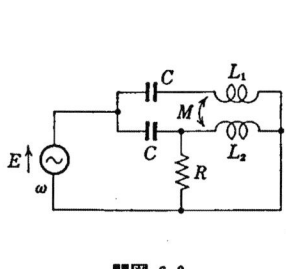

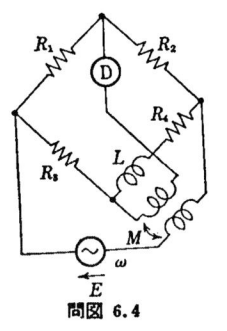

問図 6.3　　　　問図 6.4

6.5　問図 6.5 に示すブリッジ回路の平衡条件を求めよ。

6.6　問図 6.6 に示す回路の端子対 aa′ から見た複素アドミタンスを求めよ。

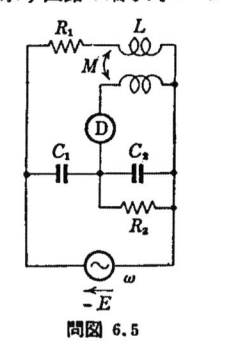

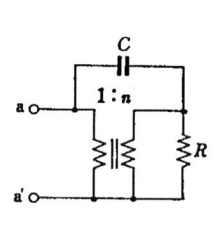

問図 6.5　　　　問図 6.6

6.7　問図 6.7 に示す回路において検出器 D に電流が流れないための条件を求めよ。またこのとき電圧源 E から見た回路の複素インピーダンスはいくらになるか。

6.8　問図 6.8 に示す回路の端子対 aa′ から見た複素アドミタンスを求めよ。

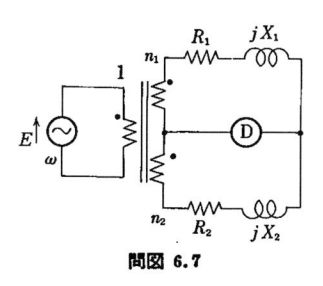

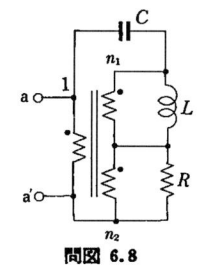

問図 6.7　　　　問図 6.8

228　　　　　　　6　相互結合素子を含む回路

6.9 問図 6.9 に示す回路の端子対 aa′ から見た複素インピーダンスを求めよ．

6.10 問図 6.10 に示すジャイレータを含む回路の端子対 aa′ から見た複素インピーダンスを求めよ．

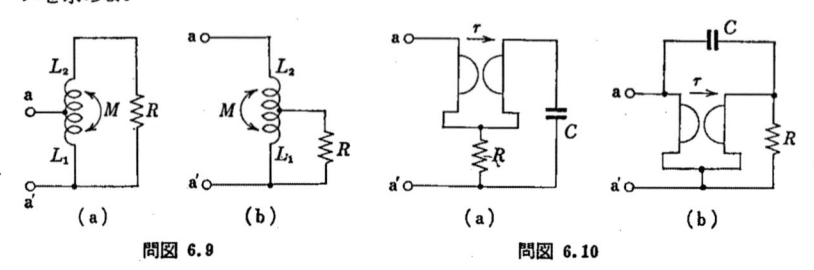

問図 6.9　(a)　(b)

問図 6.10　(a)　(b)

6.11 問図 6.11 の回路に対する節点方程式を求めよ．

6.12 問図 6.12 に示す回路において，V/E を求めよ．

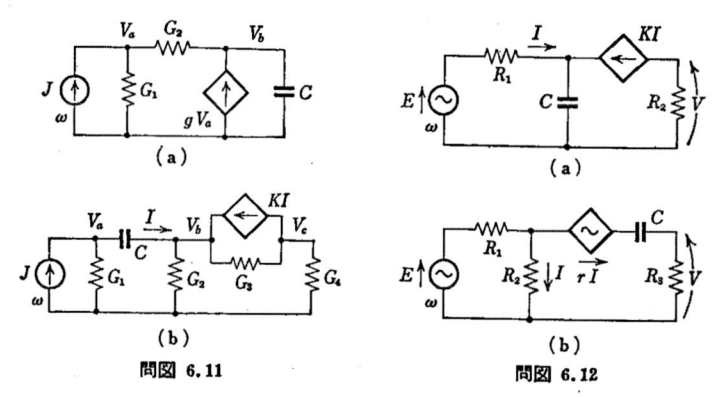

問図 6.11　(a)　(b)

問図 6.12　(a)　(b)

6.13 問図 6.13 の 2 端子対回路における電力増幅度 $p_{out}/p_{in} = v_2 i_2 / v_1 i_1$ および，その k に対する変化率を求めよ．

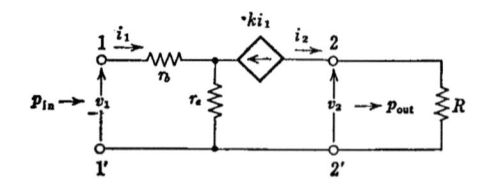

問図 6.13

6.14 問図 6.14 (a) の電圧制御電圧源と同図 (b) のナレータとノーレータを含む回路が等価であるためには，R と r をどのように定めればよいか（ナレータ，ノーレータについては，例題 6.17 参照）．

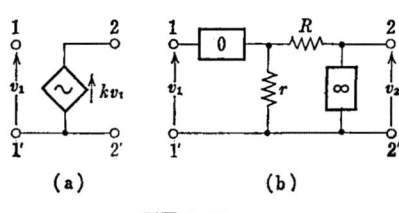

問図 6.14

7

2端子対回路網

7.1 2端子対回路網

　前の章に述べた相互結合素子は，2個の端子対間の電圧・電流関係を表しているともいえる．このほか，電気回路では，2個の端子対に注目し，その相互関係を論じることが多い．2個の端子対をもつ回路は **2端子対回路網** (2-port network) とよばれる．たとえば，図 7.1.1 のような送電系統における電源端（送電端）と負荷端（受電端）の間にある送電線は2端子対回路網として取り扱うと便利である．伝送回路における濾波器も2端子対回路網の代表的な例である．2端子対回路は図 7.1.2 のように表される．長方形の箱が2端子対回路網であり，端子対 $11'$ と $22'$ において他の回路に接続されていると考える．端子対 $11'$ や $22'$ は開放されているわけではなく，v_1, i_1 や v_2, i_2 は，一般に2端子対回路網とその外の回路の両方から決まってくる．2端子対回路網を考えるときに注意しなければならないことは，図 7.1.2 に示されているように端子対において1個の端子から流れ込む電流がその

図 7.1.1 送電系統

図 7.1.2 2端子対回路

端子対の他方の端子から流れ出る電流に等しいという条件が付けられていることである．回路からその一部分を2端子対回路網として取り出そうとするときは，この条件が満足されているかを確かめておかなければならない．端子端における接続を切ると，その回路が二つに分かれるならば，KCLからこの条件は満足される．そうでないときは一般に注意が必要である．また，2端子対回路を他の回路に接続するときも同様の注意が必要で，接続後に2端子対回路でなくなる場合がある．

ここで取り扱う2端子対回路網には，独自にその電圧あるいは電流の値を決めうる電源（独立な電源）は含まれていないものとする．

2個の端子対の電圧と電流の間にある関係は様々な形で表しうる．一つの表現から他の表現を導くことは一般に可能であるが，理想変成器，理想ジャイレータ，制御電源などを含む回路には，特定の表現しか存在しないものもある．また，実用的な立場から見ると，一つの表現が他の表現より便利なこともある．次節以下に2端子対回路網を表現する行列について述べる．回路は正弦波定常状態にあるとする．

7.2 アドミタンス行列（Y行列）とインピーダンス行列（Z行列）

端子対 1 1′ の電圧 V_1，電流 I_1，端子対 2 2′ の電圧 V_2，電流 I_2 の間にある関係が

$$\begin{bmatrix} I_1 \\ I_2 \end{bmatrix} = \begin{bmatrix} Y_{11} & Y_{12} \\ Y_{21} & Y_{22} \end{bmatrix} \begin{bmatrix} V_1 \\ V_2 \end{bmatrix} \tag{7.2.1}$$

と表しうるとき，右辺の係数行列を**アドミタンス行列** (admittance matrix)，Y_{11}，Y_{12}，Y_{21}，Y_{22} を**アドミタンス・パラメータ**という．この行列は Y 行列ともよばれ，2端子対回路網は図7.2.1のように表される．

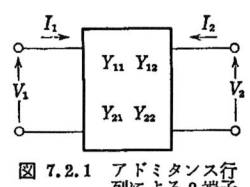

図7.2.1 アドミタンス行列による2端子対回路網の表現

また，

$$\begin{bmatrix} V_1 \\ V_2 \end{bmatrix} = \begin{bmatrix} Z_{11} & Z_{12} \\ Z_{21} & Z_{22} \end{bmatrix} \begin{bmatrix} I_1 \\ I_2 \end{bmatrix} \tag{7.2.2}$$

のように表しうるとき，右辺の係数行列を**インピーダンス行列** (impedance matrix)，$Z_{11}, Z_{12}, Z_{21}, Z_{22}$ を**インピーダンス・パラメータ**という．この行列は Z 行列ともいわれ，2端子対回路網は図7.2.2のように表される．

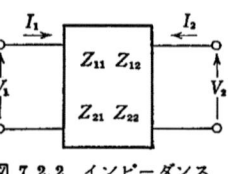

図7.2.2 インピーダンス行列による2端子対回路網の表現

【例題 7.1】 図7.2.3に示す回路のアドミタンス行列とインピーダンス行列を求めよ．

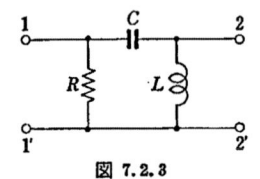

図7.2.3 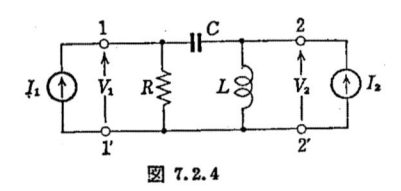　　図7.2.4

〔解〕 図7.2.4のように電流源 I_1 および I_2 を接続して得られる回路に対する節点方程式を求めれば，

$$\begin{bmatrix} \dfrac{1}{R}+j\omega C & -j\omega C \\ -j\omega C & j\omega C + \dfrac{1}{j\omega L} \end{bmatrix} \begin{bmatrix} V_1 \\ V_2 \end{bmatrix} = \begin{bmatrix} I_1 \\ I_2 \end{bmatrix} \tag{7.2.3}$$

となる．これを式 (7.2.1) と比べれば，この式の左辺の係数行列がアドミタンス行列であることがわかる．次に，図7.2.5のように電圧源 V_1 と V_2 を図7.2.3 の2端子対回路網に接続し，得られた回路に対して網目方程式を求める．ただし，網目電流は，図7.2.5に示したように定める．すると，

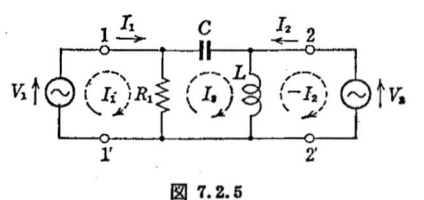

図7.2.5

$$\begin{bmatrix} R & -R & 0 \\ -R & R+j\omega L + \dfrac{1}{j\omega C} & -j\omega L \\ 0 & -j\omega L & j\omega L \end{bmatrix} \begin{bmatrix} I_1 \\ I_3 \\ -I_2 \end{bmatrix} = \begin{bmatrix} V_1 \\ 0 \\ -V_2 \end{bmatrix} \tag{7.2.4}$$

7.2 アドミタンス行列 (Y 行列) とインピーダンス行列 (Z 行列)

が得られる．この第2式の右辺は0であることに注目し，この式から

$$I_3 = \frac{1}{R+j\left(\omega L - \frac{1}{\omega C}\right)}(RI_1 - j\omega L I_2) \tag{7.2.5}$$

を求める．これを第1式，第3式に代入して整理すると，

$$\begin{bmatrix} \frac{jR}{Z}\left(\omega L - \frac{1}{\omega C}\right) & \frac{j\omega LR}{Z} \\ \frac{j\omega LR}{Z} & \frac{1}{Z}\left(\frac{L}{C}+j\omega LR\right) \end{bmatrix} \begin{bmatrix} I_1 \\ I_2 \end{bmatrix} = \begin{bmatrix} V_1 \\ V_2 \end{bmatrix} \tag{7.2.6}$$

ただし，

$$Z = R + j\left(\omega L - \frac{1}{\omega C}\right) \tag{7.2.7}$$

が得られる．式 (7.2.6) の左辺の係数行列が，図 7.2.3 に示した回路のインピーダンス行列である．

アドミタンス行列やインピーダンス行列は次のようにしても求められる．式 (7.2.1) の第1式は

$$I_1 = Y_{11}V_1 + Y_{12}V_2$$

であるが，この式で $V_2 = 0$ とすると，$I_1 = Y_{11}V_1$ となる．これから

$$Y_{11} = \frac{I_1}{V_1}\bigg]_{V_2=0} \tag{7.2.8}$$

が得られる．上式で] の右下側に $V_2=0$ と書いたのは，V_2 を0としたときの I_1, V_1 の値を用いることを示すためである．ところで $V_2=0$ とは，2端子対回路の端子対 22' を短絡することを意味する．したがって，図 7.2.6 のように，端子対 22' を短絡して得られる回路に対して I_1/V_1，すなわち，端子対 11' からみたアドミタンスを求めれば，Y_{11} が得られることになる．同様に，

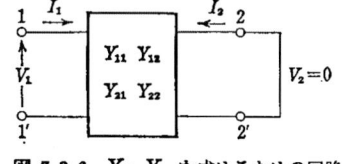

図 7.2.6 Y_{11}, Y_{21} を求めるための回路

$$Y_{12} = \frac{I_1}{V_2}\bigg]_{V_1=0} \tag{7.2.9}$$

であるから，図7.2.7のような回路からI_1/V_2を求めればY_{12}が得られる．さらに，式(7.2.1)の第2式からは，

$$Y_{21} = \frac{I_2}{V_1}\bigg]_{V_2=0} \qquad (7.2.10)$$

$$Y_{22} = \frac{I_2}{V_2}\bigg]_{V_1=0} \qquad (7.2.11)$$

図7.2.7 Y_{12}, Y_{22}を求めるための回路

が得られるが，これらは図7.2.6あるいは図7.2.7の回路から求めることができる．また，Y_{11}, Y_{22}が**短絡駆動点アドミタンス**，Y_{12}, Y_{21}が**短絡伝達アドミタンス**とよばれることも，これらの図から理解できよう．「駆動点」は，1個の端子対における電圧と電流の関係を意味し，「伝達」は，2個の端子対の間にまたがった電圧と電流の関係を意味している．

【**例題 7.2**】 図7.2.8の2端子対回路網のアドミタンス・パラメータを求めよ．

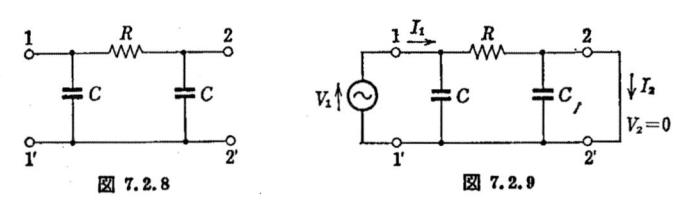

図7.2.8

図7.2.9

〔**解**〕 図7.2.9のように端子対22′を短絡した回路の端子対11′から見たアドミタンスを求めると，右方のCは短絡されているので，

$$Y_{11} = \frac{1}{R} + j\omega C \qquad (7.2.12)$$

である．また，

$$I_2 = \frac{V_1}{R} \qquad (7.2.13)$$

だから

$$Y_{21} = \frac{-I_2}{V_1}\bigg]_{V_2=0} = -\frac{1}{R} \qquad (7.2.14)$$

7.2 アドミタンス行列 (Y 行列) とインピーダンス行列 (Z 行列)

を得る．さらに，この回路は左右対称であり，端子対 1 1' と 2 2' を交換しても回路は変わらないので，

$$Y_{22}=Y_{11}=\frac{1}{R}+j\omega C \tag{7.2.15}$$

$$Y_{12}=Y_{21}=-\frac{1}{R} \tag{7.2.16}$$

である．

アドミタンス行列の場合と同じように，インピーダンス行列に対しても，式 (7.2.2) から

$$Z_{11}=\frac{V_1}{I_1}\bigg]_{I_2=0} \tag{7.2.17}$$

$$Z_{12}=\frac{V_1}{I_2}\bigg]_{I_1=0} \tag{7.2.18}$$

$$Z_{21}=\frac{V_2}{I_1}\bigg]_{I_2=0} \tag{7.2.19}$$

$$Z_{22}=\frac{V_2}{I_2}\bigg]_{I_1=0} \tag{7.2.20}$$

が得られるが，Z_{11}, Z_{21} は，端子対 2 2' を開放した図 7.2.10 のような回路から求めることができ，Z_{12}, Z_{22} は，端子対 1 1' を開放した図 7.2.11 のような回路から求めうる．また，Z_{11}, Z_{22} は**開放駆動点インピーダンス**，Z_{12}, Z_{21} は**開放伝達インピーダンス**とよばれる．

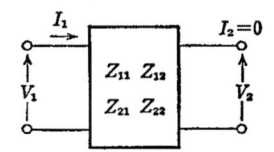

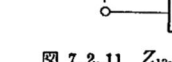

図 7.2.10 Z_{11}, Z_{21} を求めるための回路　　図 7.2.11 Z_{12}, Z_{22} を求めるための回路

抵抗，キャパシタ，インダクタだけを含むような回路が相反性をもつことは，第 3 章 3.1 節に述べたが，このような相反回路に対しては，

$$Y_{12}=Y_{21} \tag{7.2.21}$$

$$Z_{12}=Z_{21} \tag{7.2.22}$$

が成立している．

【例題 7.3】 図7.2.8に示した2端子対回路のインピーダンス・パラメータを求めよ．

〔解〕 図7.2.12のように，端子対22'を開放した回路を考え，端子対11'から見たインピーダンスを求める．まず，右方のRとCの直列回路のインピーダンスは$R+1/j\omega C$だから，これとCの並列回路のアドミタンスは

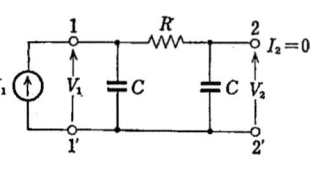

図 7.2.12

$$j\omega C+\frac{1}{R+\dfrac{1}{j\omega C}}=j\omega C+\frac{j\omega C}{1+j\omega CR}=\frac{j\omega C(2+j\omega CR)}{1+j\omega CR} \qquad (7.2.23)$$

となる．したがって，

$$Z_{11}=\frac{1+j\omega CR}{j\omega C(2+j\omega CR)} \qquad (7.2.24)$$

を得る．また，図7.2.12の回路において

$$V_1=Z_{11}I_1=\frac{1+j\omega CR}{j\omega C(2+j\omega CR)}I_1 \qquad (7.2.25)$$

$$V_2=\frac{\dfrac{1}{j\omega C}}{R+\dfrac{1}{j\omega C}}V_1=\frac{1}{1+j\omega CR}V_1=\frac{1}{j\omega C(2+j\omega CR)}I_1 \qquad (7.2.26)$$

となるから，

$$Z_{21}=\frac{V_2}{I_1}\bigg]_{I_2=0}=\frac{1}{j\omega C(2+j\omega CR)} \qquad (7.2.27)$$

を得る．さらに，この回路は左右対称だから，

$$Z_{22}=Z_{11}=\frac{1+j\omega CR}{j\omega C(2+j\omega CR)} \qquad (7.2.28)$$

$$Z_{12}=Z_{21}=\frac{1}{j\omega C(2+j\omega CR)} \qquad (7.2.29)$$

を得る．

7.3 ハイブリッド行列

2端子対回路網の端子電圧と電流の関係が

$$\begin{bmatrix} V_1 \\ I_2 \end{bmatrix} = \begin{bmatrix} H_{11} & H_{12} \\ H_{21} & H_{22} \end{bmatrix} \begin{bmatrix} I_1 \\ V_2 \end{bmatrix} \tag{7.3.1}$$

のように表しうるとき，右辺の係数行列をH行列 (H matrix)，H_{11}, H_{12}, H_{21}, H_{22}をHパラメータという．H行列，Hパラメータはトランジスタを表すのによく用いられる．アドミタンス・パラメータやインピーダンス・パラメータの場合と同様に考えれば，

$$H_{11} = \frac{V_1}{I_1} \bigg]_{V_2=0} \tag{7.3.2}$$

$$H_{12} = \frac{V_1}{V_2} \bigg]_{I_1=0} \tag{7.3.3}$$

$$H_{21} = \frac{I_2}{I_1} \bigg]_{V_2=0} \tag{7.3.4}$$

$$H_{22} = \frac{I_2}{V_2} \bigg]_{I_1=0} \tag{7.3.5}$$

が求まる．

また，端子の電圧と電流の関係が

$$\begin{bmatrix} I_1 \\ V_2 \end{bmatrix} = \begin{bmatrix} G_{11} & G_{12} \\ G_{21} & G_{22} \end{bmatrix} \begin{bmatrix} V_1 \\ I_2 \end{bmatrix} \tag{7.3.6}$$

のように表しうるとき，右辺の係数行列をG行列 (G matrix)，G_{11}, G_{12}, G_{21}, G_{22}をGパラメータという．

$$G_{11} = \frac{I_1}{V_1} \bigg]_{I_2=0} \tag{7.3.7}$$

$$G_{12} = \frac{I_1}{I_2} \bigg]_{V_1=0} \tag{7.3.8}$$

$$G_{21} = \frac{V_2}{V_1} \bigg]_{I_2=0} \tag{7.3.9}$$

$$G_{22} = \frac{V_2}{I_2}\bigg]_{V_1=0} \qquad (7.3.10)$$

である.

7.4 4端子行列 (F行列)

2端子対回路網の2個の端子対のうち,特に一方を入力側,他方を出力側と定めて,入力と出力の間の関係を論じようとするときによく用いられる行列に **4端子行列** (4-terminal matrix) がある. これはまた,**F行列**あるいは**縦続行列**ともよばれる. この行列を用いるときには,出力側の電流の方向を,図7.4.1に示すように回路網から流れ出る方向に定めるのが便利である. この方向は,アドミタンス行列,インピーダンス行列などの場合と逆であるから,異なる行列を同時に用いるときには注意を要する. 4端子行列は

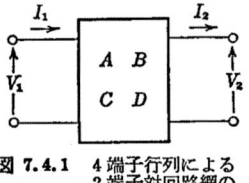

図7.4.1 4端子行列による2端子対回路網の表現

$$\begin{bmatrix} V_1 \\ I_1 \end{bmatrix} = \begin{bmatrix} A & B \\ C & D \end{bmatrix} \begin{bmatrix} V_2 \\ I_2 \end{bmatrix} \qquad (7.4.1)$$

によって定義され,A, B, C, Dは**4端子定数**とよばれる. A, B, C, Dはいずれも伝達を表す定数であるが,

$$A = \frac{V_1}{V_2}\bigg]_{I_2=0} \qquad (7.4.2)$$

$$B = \frac{V_1}{I_2}\bigg]_{V_2=0} \qquad (7.4.3)$$

$$C = \frac{I_1}{V_2}\bigg]_{I_2=0} \qquad (7.4.4)$$

$$D = \frac{I_1}{I_2}\bigg]_{V_2=0} \qquad (7.4.5)$$

と書けるから,A, Dは,それぞれ電圧,電流の伝達比(あるいは利得),Bは短絡伝達インピーダンス,Cは開放伝達アドミタンスである.

【例題 7.4】 図7.4.2に示す回路の4端子定数を求めよ.

〔解〕 端子対 22′ を開放したときには,

$$I_1 = \frac{V_1}{R + \dfrac{1}{j\omega C}} = \frac{j\omega C}{1 + j\omega CR} V_1 \quad (7.4.6)$$

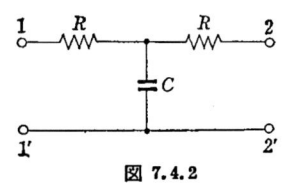

$$V_2 = \frac{1}{j\omega C} I_1 = \frac{1}{1 + j\omega CR} V_1 \quad (7.4.7)$$

であるから, 式 (7.4.2), (7.4.4) を用いて,

$$A = 1 + j\omega CR \quad (7.4.8)$$
$$C = j\omega C \quad (7.4.9)$$

が得られる. また, 端子対 22′ を短絡すると, 図 7.4.3 の回路が得られるが, この回路の閉路方程式は,

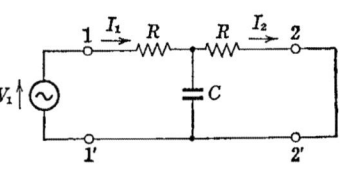

$$\begin{bmatrix} R + \dfrac{1}{j\omega C} & -\dfrac{1}{j\omega C} \\ -\dfrac{1}{j\omega C} & R + \dfrac{1}{j\omega C} \end{bmatrix} \begin{bmatrix} I_1 \\ I_2 \end{bmatrix} = \begin{bmatrix} V_1 \\ 0 \end{bmatrix} \quad (7.4.10)$$

である. この第2式から

$$\frac{1}{j\omega C} I_1 = \left(R + \frac{1}{j\omega C} \right) I_2$$

すなわち

$$I_1 = (1 + j\omega CR) I_2 \quad (7.4.11)$$

が得られるから, これを式 (7.4.10) の第1式に代入して I_1 を消去すると,

$$(2 + j\omega CR) R I_2 = V_1 \quad (7.4.12)$$

が求まる. したがって, 式 (7.4.3), (7.4.5) から

$$B = (2 + j\omega CR) R \quad (7.4.13)$$
$$D = 1 + j\omega CR \quad (7.4.14)$$

となる.

例題 7.4 の回路のように左右対称の場合は，のちほど示すように $A=D$ となる。

さて，Y 行列，Z 行列と F 行列の関係を求めてみよう。式 (7.2.1) の第 2 式から，

$$V_1 = -\frac{Y_{22}}{Y_{21}} V_2 + \frac{1}{Y_{21}} I_2 \tag{7.4.15}$$

が求まるが，これを式 (7.2.1) の第 1 式に代入し，整理すると

$$I_1 = \frac{Y_{12}Y_{21} - Y_{11}Y_{22}}{Y_{21}} V_2 + \frac{Y_{11}}{Y_{21}} I_2 \tag{7.4.16}$$

となる。式 (7.4.15)，(7.4.16) から I_2 の方向に注意して次の変換式が得られる。

〔Y 行列から F 行列への変換〕

$$A = -\frac{Y_{22}}{Y_{21}},\ B = -\frac{1}{Y_{21}},\ C = \frac{Y_{12}Y_{21} - Y_{11}Y_{22}}{Y_{21}},\ D = -\frac{Y_{11}}{Y_{21}} \tag{7.4.17}$$

同様にして，式 (7.2.2) の第 2 式から，

$$I_1 = \frac{1}{Z_{21}} V_2 - \frac{Z_{22}}{Z_{21}} I_2 \tag{7.4.18}$$

が求まるが，これを式 (7.2.2) の第 1 式に代入して整理すれば，

$$V_1 = \frac{Z_{11}}{Z_{21}} V_2 - \frac{Z_{11}Z_{22} - Z_{12}Z_{21}}{Z_{21}} I_2 \tag{7.4.19}$$

が得られる。したがって，次の変換式が求まる。

〔Z 行列から F 行列への変換〕

$$A = \frac{Z_{11}}{Z_{21}},\ B = \frac{Z_{11}Z_{22} - Z_{12}Z_{21}}{Z_{21}},\ C = \frac{1}{Z_{21}},\ D = \frac{Z_{22}}{Z_{21}} \tag{4.4.20}$$

2 端子対回路に対して相反定理が成立すれば，$Y_{12} = Y_{21}$ あるいは $Z_{12} = Z_{21}$ である。式 (7.4.17) から

$$AD - BC = \frac{Y_{11}Y_{22} + Y_{12}Y_{21} - Y_{11}Y_{22}}{Y_{21}^2} = \frac{Y_{12}}{Y_{21}}$$

となるので，相反定理が成立するとき，

$$AD - BC = 1 \tag{7.4.21}$$

7.4 4端子行列（F行列）

である．すなわち，4端子定数のすべてが独立ではなく，そのうちの3個が独立なパラメータである．式 (7.4.21) は相反回路に対して成立するが，トランジスタを含んだ回路や増幅器を含んだ回路に対しては，必ずしも成立するとは限らない．さらに，2端子対回路が対称のときは，$Y_{11}=Y_{22}$, $Z_{11}=Z_{22}$ である．これらの関係を式 (7.4.17) あるいは式 (7.4.20) に代入すると，

$$A=D \quad \text{（対称のとき）} \tag{7.4.22}$$

であることがわかる．

表 7.1 に，パラメータ間の変換を示す．F行列に対する電流 I_2 の方向は，ほかの行列に対する電流 I_2 の方向と逆である．

表 7.1 パラメータ間の変換

	Z	Y	F	H	G
Z	$\begin{bmatrix} Z_{11} & Z_{12} \\ Z_{21} & Z_{22} \end{bmatrix}$	$\begin{bmatrix} \dfrac{Y_{22}}{\|Y\|} & -\dfrac{Y_{12}}{\|Y\|} \\ -\dfrac{Y_{21}}{\|Y\|} & \dfrac{Y_{11}}{\|Y\|} \end{bmatrix}$	$\begin{bmatrix} \dfrac{A}{C} & \dfrac{\|F\|}{C} \\ \dfrac{1}{C} & \dfrac{D}{C} \end{bmatrix}$	$\begin{bmatrix} \dfrac{\|H\|}{H_{22}} & \dfrac{H_{12}}{H_{22}} \\ -\dfrac{H_{21}}{H_{22}} & \dfrac{1}{H_{22}} \end{bmatrix}$	$\begin{bmatrix} \dfrac{1}{G_{11}} & -\dfrac{G_{12}}{G_{11}} \\ \dfrac{G_{21}}{G_{11}} & \dfrac{\|G\|}{G_{11}} \end{bmatrix}$
Y	$\begin{bmatrix} \dfrac{Z_{22}}{\|Z\|} & -\dfrac{Z_{12}}{\|Z\|} \\ -\dfrac{Z_{21}}{\|Z\|} & \dfrac{Z_{11}}{\|Z\|} \end{bmatrix}$	$\begin{bmatrix} Y_{11} & Y_{12} \\ Y_{21} & Y_{22} \end{bmatrix}$	$\begin{bmatrix} \dfrac{D}{B} & -\dfrac{\|F\|}{B} \\ -\dfrac{1}{B} & \dfrac{A}{B} \end{bmatrix}$	$\begin{bmatrix} \dfrac{1}{H_{11}} & -\dfrac{H_{12}}{H_{11}} \\ \dfrac{H_{21}}{H_{11}} & \dfrac{\|H\|}{H_{11}} \end{bmatrix}$	$\begin{bmatrix} \dfrac{\|G\|}{G_{22}} & \dfrac{G_{12}}{G_{22}} \\ -\dfrac{G_{21}}{G_{22}} & \dfrac{1}{G_{22}} \end{bmatrix}$
F	$\begin{bmatrix} \dfrac{Z_{11}}{Z_{21}} & \dfrac{\|Z\|}{Z_{21}} \\ \dfrac{1}{Z_{21}} & \dfrac{Z_{22}}{Z_{21}} \end{bmatrix}$	$\begin{bmatrix} -\dfrac{Y_{22}}{Y_{21}} & -\dfrac{1}{Y_{21}} \\ -\dfrac{\|Y\|}{Y_{21}} & -\dfrac{Y_{11}}{Y_{21}} \end{bmatrix}$	$\begin{bmatrix} A & B \\ C & D \end{bmatrix}$	$\begin{bmatrix} -\dfrac{\|H\|}{H_{21}} & -\dfrac{H_{11}}{H_{21}} \\ -\dfrac{H_{22}}{H_{21}} & -\dfrac{1}{H_{21}} \end{bmatrix}$	$\begin{bmatrix} \dfrac{1}{G_{21}} & \dfrac{G_{22}}{G_{21}} \\ \dfrac{G_{11}}{G_{21}} & \dfrac{\|G\|}{G_{21}} \end{bmatrix}$
H	$\begin{bmatrix} \dfrac{\|Z\|}{Z_{22}} & \dfrac{Z_{12}}{Z_{22}} \\ -\dfrac{Z_{21}}{Z_{22}} & \dfrac{1}{Z_{22}} \end{bmatrix}$	$\begin{bmatrix} \dfrac{1}{Y_{11}} & -\dfrac{Y_{12}}{Y_{11}} \\ \dfrac{Y_{21}}{Y_{11}} & \dfrac{\|Y\|}{Y_{11}} \end{bmatrix}$	$\begin{bmatrix} \dfrac{B}{D} & \dfrac{\|F\|}{D} \\ -\dfrac{1}{D} & \dfrac{C}{D} \end{bmatrix}$	$\begin{bmatrix} H_{11} & H_{12} \\ H_{21} & H_{22} \end{bmatrix}$	$\begin{bmatrix} \dfrac{G_{22}}{\|G\|} & -\dfrac{G_{12}}{\|G\|} \\ -\dfrac{G_{21}}{\|G\|} & \dfrac{G_{11}}{\|G\|} \end{bmatrix}$
G	$\begin{bmatrix} \dfrac{1}{Z_{11}} & -\dfrac{Z_{12}}{Z_{11}} \\ \dfrac{Z_{21}}{Z_{11}} & \dfrac{\|Z\|}{Z_{11}} \end{bmatrix}$	$\begin{bmatrix} \dfrac{\|Y\|}{Y_{22}} & \dfrac{Y_{12}}{Y_{22}} \\ -\dfrac{Y_{21}}{Y_{22}} & \dfrac{1}{Y_{22}} \end{bmatrix}$	$\begin{bmatrix} \dfrac{C}{A} & -\dfrac{\|F\|}{A} \\ \dfrac{1}{A} & \dfrac{B}{A} \end{bmatrix}$	$\begin{bmatrix} \dfrac{H_{22}}{\|H\|} & -\dfrac{H_{12}}{\|H\|} \\ -\dfrac{H_{21}}{\|H\|} & \dfrac{H_{11}}{\|H\|} \end{bmatrix}$	$\begin{bmatrix} G_{11} & G_{12} \\ G_{21} & G_{22} \end{bmatrix}$

ここに $|Z|=Z_{11}Z_{22}-Z_{12}Z_{21}$
$|Y|=Y_{11}Y_{22}-Y_{12}Y_{21}$
$|F|=AD-BC$
$|H|=H_{11}H_{22}-H_{12}H_{21}$
$|G|=G_{11}G_{22}-G_{12}G_{21}$

7.5　2端子対回路網の縦続接続

一般に規模の大きい回路網は，いくつかの回路を組み合わせて構成する．2端子対回路網の理論は，このような複雑な回路網を取り扱うために発展したといえよう．いくつかの回路網からより大きい回路網を構成するための回路接続法にはいろいろあるが，そのうち特に重要と考えられるのは**縦続接続** (cascade connection) であろう．これは図 7.5.1 のように，左方の回路網 N_1 の出力端子対が右方の回路網 N_2 の入力端子対となるような接続法である．縦続接続によって得られる合成2端子対回路網に対する4端子行列を求めてみよう．

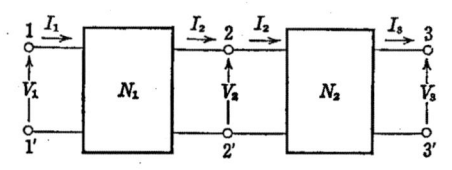

図 7.5.1　2端子対回路網の縦続接続

回路網 N_1 に対しては

$$\begin{bmatrix} V_1 \\ I_1 \end{bmatrix} = \begin{bmatrix} A_1 & B_1 \\ C_1 & D_1 \end{bmatrix} \begin{bmatrix} V_2 \\ I_2 \end{bmatrix} \tag{7.5.1}$$

が成立し，回路網 N_2 に対しては，

$$\begin{bmatrix} V_2 \\ I_2 \end{bmatrix} = \begin{bmatrix} A_2 & B_2 \\ C_2 & D_2 \end{bmatrix} \begin{bmatrix} V_3 \\ I_3 \end{bmatrix} \tag{7.5.2}$$

が成立するものとすれば，V_1, I_1 と V_3, I_3 の関係は，式 (7.5.1)，(7.5.2) から直ちに，

$$\begin{bmatrix} V_1 \\ I_1 \end{bmatrix} = \begin{bmatrix} A_1 & B_1 \\ C_1 & D_1 \end{bmatrix} \begin{bmatrix} A_2 & B_2 \\ C_2 & D_2 \end{bmatrix} \begin{bmatrix} V_3 \\ I_3 \end{bmatrix} \tag{7.5.3}$$

となる．したがって，合成2端子対回路の4端子定数を A, B, C, D とすれば，

$$\begin{bmatrix} A & B \\ C & D \end{bmatrix} = \begin{bmatrix} A_1 & B_1 \\ C_1 & D_1 \end{bmatrix} \begin{bmatrix} A_2 & B_2 \\ C_2 & D_2 \end{bmatrix} = \begin{bmatrix} A_1A_2 + B_1C_2 & A_1B_2 + B_1D_2 \\ C_1A_2 + D_1C_2 & C_1B_2 + D_1D_2 \end{bmatrix} \tag{7.5.4}$$

7.5 2端子対回路網の縦続接続

である.一般に,図7.5.2のように,いくつかの2端子対回路網を縦続接続して得られる合成2端子対回路網の4端子行列は

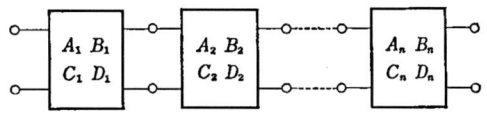

図 7.5.2 2端子対回路網の縦続接続

個々の回路網の4端子行列を順次掛け合わせて得られる.すなわち,

$$\begin{bmatrix} A & B \\ C & D \end{bmatrix} = \begin{bmatrix} A_1 & B_1 \\ C_1 & D_1 \end{bmatrix} \begin{bmatrix} A_2 & B_2 \\ C_2 & D_2 \end{bmatrix} \cdots \begin{bmatrix} A_n & B_n \\ C_n & D_n \end{bmatrix} \tag{7.5.5}$$

である.

式 (7.5.4) あるいは式 (7.5.5) を用いれば,複雑な回路の4端子行列を基本的な2端子対回路網の4端子行列から求めることができる.次にいろいろな2端子対回路網の4端子行列あるいは4端子定数を示す.

基本2端子対回路 最も基本的な2端子対回路としては,図7.5.3に示した回路をあげることができよう.図7.5.3 (a) の回路の4端子行列は,$I_2=0$ のとき,$V_1=V_2, I_1=0$,また $V_2=0$ のとき,$I_1=I_2, V_1=ZI_2$ であるから,式 (7.4.2)〜(7.4.5) を用いて,

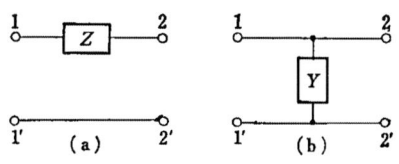

図 7.5.3 基本的な2端子対回路

$$\begin{bmatrix} A & B \\ C & D \end{bmatrix} = \begin{bmatrix} 1 & Z \\ 0 & 1 \end{bmatrix} \tag{7.5.6}$$

となる.また,図7.5.3 (b) の回路の4端子行列は,$I_2=0$ のとき $V_1=V_2$, $I_1=YV_2$,また $V_2=0$ のとき $V_1=0$, $I_1=I_2$ であるから,

$$\begin{bmatrix} A & B \\ C & D \end{bmatrix} = \begin{bmatrix} 1 & 0 \\ Y & 1 \end{bmatrix} \tag{7.5.7}$$

である.

L形回路 図7.5.3の回路の縦続接続によって,図7.5.4に示すようなL形回路が得られる.図7.5.4 (a) の回路の4

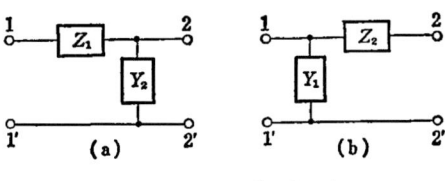

図 7.5.4 L形回路

端子行列は，式 (7.5.4), (7.5.6), (7.5.7) を用いて，

$$\begin{bmatrix} A & B \\ C & D \end{bmatrix} = \begin{bmatrix} 1 & Z_1 \\ 0 & 1 \end{bmatrix} \begin{bmatrix} 1 & 0 \\ Y_2 & 1 \end{bmatrix} = \begin{bmatrix} 1+Z_1Y_2 & Z_1 \\ Y_2 & 1 \end{bmatrix} \qquad (7.5.8)$$

となる．また，図 7.5.4 (b) の回路の 4 端子行列は，同様にして

$$\begin{bmatrix} A & B \\ C & D \end{bmatrix} = \begin{bmatrix} 1 & 0 \\ Y_1 & 1 \end{bmatrix} \begin{bmatrix} 1 & Z_2 \\ 0 & 1 \end{bmatrix} = \begin{bmatrix} 1 & Z_2 \\ Y_1 & 1+Y_1Z_2 \end{bmatrix} \qquad (7.5.9)$$

と求まる．

【例題 7.5】 図 7.5.5 に示す T 形 2 端子対回路網の 4 端子行列を求めよ．

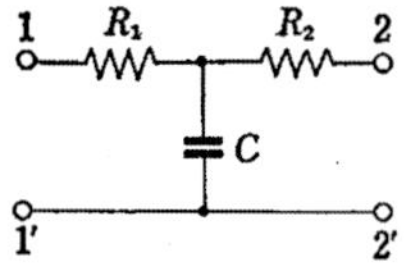

〔解〕 この回路は 3 個の基本的な 2 端子対回路の縦続接続と考えられる．式 (7.5.5), (7.5.6), (7.5.7) を用いると，

図 7.5.5

$$\begin{bmatrix} A & B \\ C & D \end{bmatrix} = \begin{bmatrix} 1 & R_1 \\ 0 & 1 \end{bmatrix} \begin{bmatrix} 1 & 0 \\ j\omega C & 1 \end{bmatrix} \begin{bmatrix} 1 & R_2 \\ 0 & 1 \end{bmatrix} = \begin{bmatrix} 1+j\omega CR_1 & R_1 \\ j\omega C & 1 \end{bmatrix} \begin{bmatrix} 1 & R_2 \\ 0 & 1 \end{bmatrix}$$

$$= \begin{bmatrix} 1+j\omega CR_1 & R_1+R_2+j\omega CR_1R_2 \\ j\omega C & 1+j\omega CR_2 \end{bmatrix} \qquad (7.5.10)$$

となる．

【例題 7.6】 図 7.5.6 に示す π 形 2 端子対回路網の 4 端子行列を求めよ．

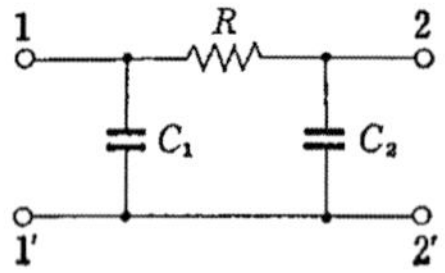

〔解〕 式 (7.5.5), (7.5.6), (7.5.7) を用いて

図 7.5.6

$$\begin{bmatrix} A & B \\ C & D \end{bmatrix} = \begin{bmatrix} 1 & 0 \\ j\omega C_1 & 1 \end{bmatrix} \begin{bmatrix} 1 & R \\ 0 & 1 \end{bmatrix} \begin{bmatrix} 1 & 0 \\ j\omega C_2 & 1 \end{bmatrix}$$

$$= \begin{bmatrix} 1 & R \\ j\omega C_1 & 1+j\omega C_1R \end{bmatrix} \begin{bmatrix} 1 & 0 \\ j\omega C_2 & 1 \end{bmatrix}$$

$$= \begin{bmatrix} 1+j\omega C_2R & R \\ -\omega^2 C_1C_2R+j\omega(C_1+C_2) & 1+j\omega C_1R \end{bmatrix} \qquad (7.5.11)$$

と求まる.

格子形回路　図7.5.7に示した回路は**格子形回路**とよばれる．この回路は図7.5.3の回路の縦続接続と考えることができず，一つの基本的な回路である．格子形回路の4端子定数は，式(7.4.2)～(7.4.5)を用いて次のように求まる．

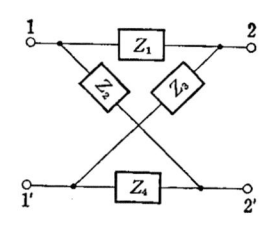

図7.5.7　格子形回路

$$A=\frac{(Z_1+Z_3)(Z_2+Z_4)}{Z_2Z_3-Z_1Z_4},\ B=\frac{Z_1Z_2(Z_3+Z_4)+Z_3Z_4(Z_1+Z_2)}{Z_2Z_3-Z_1Z_4}$$

$$C=\frac{Z_1+Z_2+Z_3+Z_4}{Z_2Z_3-Z_1Z_4},\ D=\frac{(Z_1+Z_2)(Z_3+Z_4)}{Z_2Z_3-Z_1Z_4}$$

(7.5.12)

$Z_1=Z_4$, $Z_2=Z_3$ のときは，対称格子形回路とよばれ，その4端子定数は

$$A=D=\frac{Z_2+Z_1}{Z_2-Z_1},\ B=\frac{2Z_1Z_2}{Z_2-Z_1},\ C=\frac{2}{Z_2-Z_1} \quad (7.5.13)$$

である．

相互誘導回路　図7.5.8に示す相互誘導回路に対しては，

$$\left.\begin{array}{l}V_1=Z_1I_1-Z_MI_2\\V_2=Z_MI_1-Z_2I_2\end{array}\right\} \quad (7.5.14)$$

が成立する．ただし，$Z_1=j\omega L_1$, $Z_2=j\omega L_2$, $Z_M=j\omega M$ である．式(7.5.14)の第2式から

図7.5.8　相互誘導回路

$$I_1=\frac{1}{Z_M}V_2+\frac{Z_2}{Z_M}I_2 \quad (7.5.15)$$

が得られ，これを第1式に代入して整理すると，

$$V_1=\frac{Z_1}{Z_M}V_2+\frac{Z_1Z_2-Z_M{}^2}{Z_M}I_2 \quad (7.5.16)$$

となる．したがって，4端子定数は

$$A=\frac{Z_1}{Z_M},\ B=\frac{Z_1Z_2-Z_M{}^2}{Z_M},\ C=\frac{1}{Z_M},\ D=\frac{Z_2}{Z_M} \quad (7.5.17)$$

である.

理想変成器　図 7.5.9 に示す理想変成器に対しては,

$$V_1 = \frac{1}{n} V_2, \quad I_1 = n I_2 \tag{7.5.18}$$

であるから, 4端子定数は,

$$A = \frac{1}{n}, \quad B = 0, \quad C = 0, \quad D = n \tag{7.5.19}$$

図 7.5.9　理想変成器

である.

理想ジャイレータ　図 7.5.10 に示す理想ジャイレータに対しては,

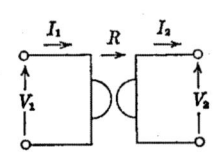

$$V_1 = R I_2, \quad I_1 = \frac{1}{R} V_2 \tag{7.5.20}$$

であるから,

$$A = 0, \quad B = R, \quad C = \frac{1}{R}, \quad D = 0 \tag{7.5.21}$$

図 7.5.10　理想ジャイレータ

である.

制御電源　図 7.5.11 に示す制御電源に対しては, A, B, C, D のうちの1個だけが零でなく, 残りの3個が零である.

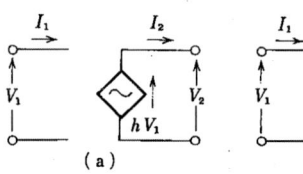

・電圧制御電圧源：図 7.5.9 (a). 式 (6.5.3) より

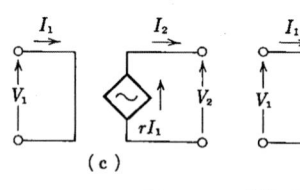

$$\left. \begin{array}{l} A = \dfrac{1}{h}, \quad B = 0 \\ C = 0, \quad D = 0 \end{array} \right\} \tag{7.5.22}$$

図 7.5.11　制御電源

・電圧制御電流源：図 7.5.9 (b). 式 (6.5.1) より

$$A = 0, \quad B = -\frac{1}{g}, \quad C = 0, \quad D = 0 \tag{7.5.23}$$

・電流制御電圧源：図 7.5.9(c). 式 (6.5.2) より

$$A=0, \quad B=0, \quad C=\frac{1}{r}, \quad D=0 \tag{7.5.24}$$

・電流制御電流源：図 7.5.9(d)．式 (6.5.4) より

$$A=0, \quad B=0, \quad C=0, \quad D=-\frac{1}{k} \tag{7.5.25}$$

【例題 7.7】 図 7.5.12 は実際の変成器の等価回路を示したものである．この回路の 4 端子行列を求めよ．

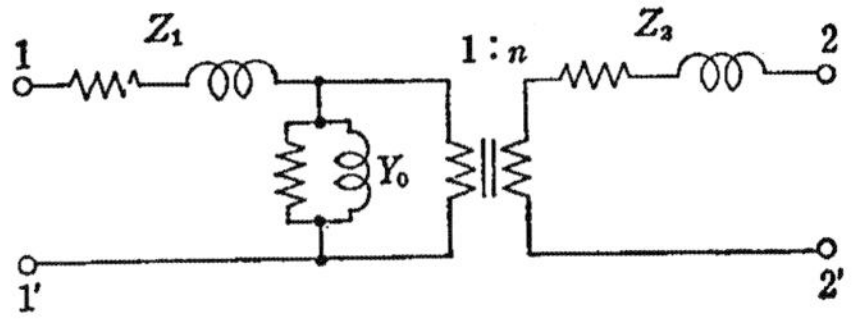

〔解〕 この回路は L 形回路，理想変成器，図 7.5.3(a) の回路の縦続接続である．したがって，式 (7.5.8), (7.5.19), (7.5.6) を用いて，

図 7.5.12

$$\begin{bmatrix} A & B \\ C & D \end{bmatrix} = \begin{bmatrix} 1+Z_1Y_0 & Z_1 \\ Y_0 & 1 \end{bmatrix} \begin{bmatrix} \frac{1}{n} & 0 \\ 0 & n \end{bmatrix} \begin{bmatrix} 1 & Z_2 \\ 0 & 1 \end{bmatrix} = \begin{bmatrix} \frac{1+Z_1Y_0}{n} & nZ_1 \\ \frac{Y_0}{n} & n \end{bmatrix} \begin{bmatrix} 1 & Z_2 \\ 0 & 1 \end{bmatrix}$$

$$= \frac{1}{n} \begin{bmatrix} 1+Z_1Y_0 & n^2Z_1+(1+Z_1Y_0)Z_2 \\ Y_0 & Y_0Z_2+n^2 \end{bmatrix} \tag{7.5.26}$$

が得られる．

【例題 7.8】 理想変成器はジャイレータの縦続接続によって得られることを示せ．

〔解〕 ジャイレータを 2 個縦続した回路の 4 端子行列は，式 (7.5.21) から

$$\begin{bmatrix} A & B \\ C & D \end{bmatrix} = \begin{bmatrix} 0 & R_1 \\ \frac{1}{R_1} & 0 \end{bmatrix} \begin{bmatrix} 0 & R_2 \\ \frac{1}{R_2} & 0 \end{bmatrix} = \begin{bmatrix} \frac{R_1}{R_2} & 0 \\ 0 & \frac{R_2}{R_1} \end{bmatrix} \tag{7.5.27}$$

となる．したがって，$n=R_2/R_1$ とおけば，式 (7.5.27) は理想変成器の 4 端子行列である．

7.6 2端子対回路網の並列接続,直列接続,直並列接続

2端子対回路網の接続法には,縦続接続のほかに並列接続,直列接続,直並列接続がある.これらの接続法に対しては,それぞれアドミタンス行列,インピーダンス行列,H行列あるいはG行列を用いるのが便利である.この際,7.1節に述べた2端子対回路網に対する条件,すなわち,おのおのの端子対において流入する電流と流出する電流が等しいという条件が成立しえなければならない.

並列接続 図7.6.1のように2個の2端子対回路網を並列接続して得られる合成2端子対回路網のアドミタンス行列は,

$$I_1 = I_1' + I_1'', \quad I_2 = I_2' + I_2'' \tag{7.6.1}$$

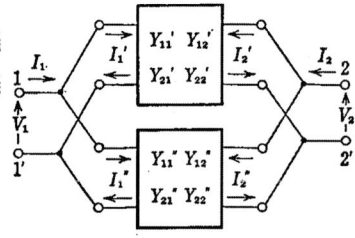

だから,

図 7.6.1 2端子対回路網の並列接続

$$\begin{bmatrix} Y_{11} & Y_{12} \\ Y_{21} & Y_{22} \end{bmatrix} = \begin{bmatrix} Y_{11}' + Y_{11}'' & Y_{12}' + Y_{12}'' \\ Y_{21}' + Y_{21}'' & Y_{22}' + Y_{22}'' \end{bmatrix} \tag{7.6.2}$$

である.図7.6.2のような共通接地2端子対回路網の並列接続に対しては,各端子対における流入電流と流出電流が等しいという条件が成立しうるので,式 (7.6.2) を用いることができる.すなわち,図7.6.2の回路において,各2端子対回路網を切り離すカットセットに対するKCLから

$$I_1' - I_1^{\dagger} = I_2^{\dagger} - I_2',$$
$$I_1'' - I_1^{\dagger\dagger} = I_2^{\dagger\dagger} - I_2'' \tag{7.6.3}$$

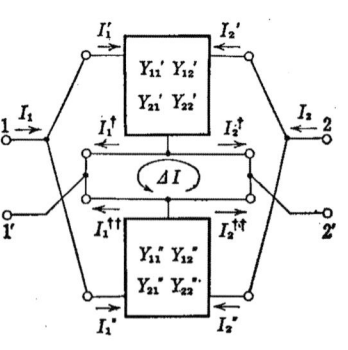

図 7.6.2 共通接地2端子対回路網の並列接続

が得られ,また

7.6 2端子対回路網の並列接続,直列接続,直並列接続

$$I_1'+I_1''=I_1'+I_1''=I_1 \tag{7.6.4}$$

であるから,

$$I_1'-I_1^\mathrm{t}=I_2'-I_2'=I_1''-I_1''=I_2''-I_2'' \tag{7.6.5}$$

である.上式は各端子対に流入する電流と流出する電流の差を表している.これを ΔI とおく.もし,ΔI が 0 でなければ,図7.6.2 に示すように,中央の閉路に ΔI の電流を加える(中央の閉路は短絡回路だからどのような電流が流れていると考えてもよい)と,各端子対に流入する電流と流出する電流の差がなくなる.いいかえれば,図7.6.2 の回路では,$I_1'=I_1^\mathrm{t}$,$I_2'=I_2^\mathrm{t}$,$I_1''=I_1''$,$I_2''=I_2''$ となるように I_1^t,I_2^t,I_1'',I_2'' を調整しうるのである.次の例題 7.9 に示すような並列 T 形回路 (twin T circuit) は,図7.6.2 に当てはめることができる.

【例題 7.9】 図7.6.3 に示す回路のアドミタンス行列を求めよ.

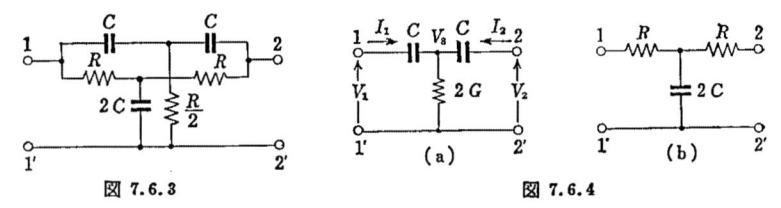

図 7.6.3   図 7.6.4

〔解〕 図7.6.3 の回路を図7.6.4(a),(b) に示すような 2 個の T 形回路に分けてアドミタンス行列を求める.ただし,$G=1/R$ である.同図(a) の回路に対しては,

$$\begin{bmatrix} j\omega C & -j\omega C & 0 \\ -j\omega C & 2(G+j\omega C) & -j\omega C \\ 0 & -j\omega C & j\omega C \end{bmatrix} \begin{bmatrix} V_1 \\ V_3 \\ V_2 \end{bmatrix} = \begin{bmatrix} I_1 \\ 0 \\ I_2 \end{bmatrix} \tag{7.6.6}$$

という節点方程式が成立する.この第 2 式から V_3 を求め,第 1 式,第 3 式に代入すると,

$$\frac{j\omega C}{2(G+j\omega C)} \begin{bmatrix} 2G+j\omega C & -j\omega C \\ -j\omega C & 2G+j\omega C \end{bmatrix} \begin{bmatrix} V_1 \\ V_2 \end{bmatrix} = \begin{bmatrix} I_1 \\ I_2 \end{bmatrix} \tag{7.6.7}$$

が得られる.左辺の係数行列がアドミタンス行列である.図7.6.4 (b) の回路

に対しては，$j\omega C \to \frac{1}{R}$, $G \to j\omega C$ の置き換えを式 (7.6.7) において行なえば，アドミタンス行列が

$$\frac{1}{2(1+j\omega CR)}\begin{bmatrix} 2j\omega C+\frac{1}{R} & -\frac{1}{R} \\ -\frac{1}{R} & 2j\omega C+\frac{1}{R} \end{bmatrix} \qquad (7.6.8)$$

と求まる．したがって，図 7.6.3 の並列 T 形回路のアドミタンス行列は，$G=1/R$ を考慮し，式 (7.6.2) を用いて，

$$\frac{1}{2(1+j\omega CR)}\begin{bmatrix} \frac{1}{R}-\omega^2 C^2 R+4j\omega C & -\frac{1}{R}+\omega^2 C^2 R \\ -\frac{1}{R}+\omega^2 C^2 R & \frac{1}{R}-\omega^2 C^2 R+4j\omega C \end{bmatrix}$$

$$(7.6.9)$$

となる．

直列接続 図 7.6.5 に示すように 2 個の 2 端子対回路網を直列接続して得られる合成 2 端子対回路網のインピーダンス行列は，

図 7.6.5 2 端子対回路網の直列接続

$$V_1 = V_1' + V_1'', \quad V_2 = V_2' + V_2'' \qquad (7.6.10)$$

であるから，

$$\begin{bmatrix} Z_{11} & Z_{12} \\ Z_{21} & Z_{22} \end{bmatrix} = \begin{bmatrix} Z_{11}'+Z_{11}'' & Z_{12}'+Z_{12}'' \\ Z_{21}'+Z_{21}'' & Z_{22}'+Z_{22}'' \end{bmatrix} \qquad (7.6.11)$$

である．図 7.6.6 のような共通接地 2 端子対回路網の直列接続の場合には，並列接続の場合と同様，各端子対における流入電流と流出電流とが等しいと考えられるので，式 (7.6.11) を用いることができる．

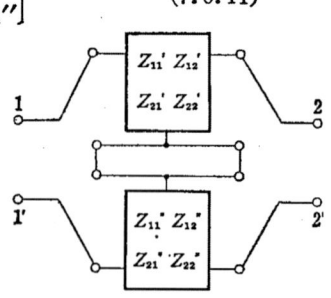

【例題 7.10】 図 7.6.7 に示すような橋絡

図 7.6.6 共通接地 2 端子対回路網の直列接続

7.6 2端子対回路網の並列接続, 直列接続, 直並列接続

T形回路 (bridged T circuit) のインピーダンス・パラメータを求めよ.

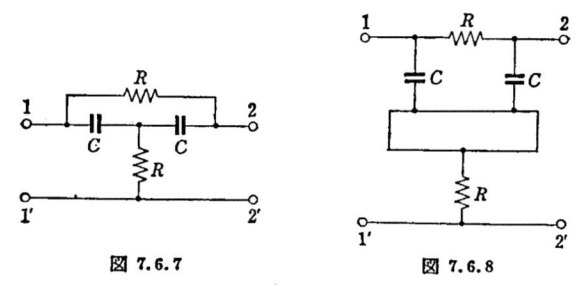

図 7.6.7   図 7.6.8

〔解〕 図7.6.7の回路は図7.6.8のように書き直せる. この図の上部のπ形回路のインピーダンス・パラメータはすでに例題7.3において求めており, 式 (7.2.28), (7.2.29)に示されている. また, 下部の回路のインピーダンス・パラメータは容易に求まり,

$$Z_{11}=Z_{12}=Z_{21}=Z_{22}=R \tag{7.6.12}$$

である. したがって, 式 (7.6.11) より, 合成2端子対回路のインピーダンス・パラメータは

$$Z_{11}=Z_{22}=\frac{1-\omega^2C^2R^2+3j\omega CR}{j\omega C(2+j\omega CR)} \tag{7.6.13}$$

$$Z_{12}=Z_{21}=\frac{1-\omega^2C^2R^2+2j\omega CR}{j\omega C(2+j\omega CR)} \tag{7.6.14}$$

となる.

直並列接続 図7.6.9のように, 2個の2端子対回路網の入力側端子対を直列に接続し, 出力側端子対を並列に接続すると,

$$V_1=V_1'+V_1'', \quad I_2=I_2'+I_2'' \tag{7.6.15}$$

図 7.6.9 2端子対回路網の直-並列接続

であるから, 合成2端子対回路網のH行列は

$$\begin{bmatrix} H_{11} & H_{12} \\ H_{21} & H_{22} \end{bmatrix} = \begin{bmatrix} H_{11}'+H_{11}'' & H_{12}'+H_{12}'' \\ H_{21}'+H_{21}'' & H_{22}'+H_{22}'' \end{bmatrix} \tag{7.6.16}$$

となる.

並直列接続　図7.6.10のように，2個の2端子対回路網の入力側端子対を並列に接続し，出力側端子対を直列に接続すると，

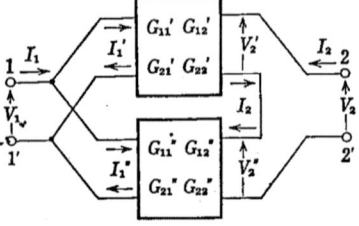

$$I_1 = I_1' + I_1'',$$
$$V_2 = V_2' + V_2'' \quad (7.6.17)$$

図7.6.10　2端子対回路網の並-直列接続

が成立するので，合成2端子対回路網の G 行列は，

$$\begin{bmatrix} G_{11} & G_{12} \\ G_{21} & G_{22} \end{bmatrix} = \begin{bmatrix} G_{11}' + G_{11}'' & G_{12}' + G_{12}'' \\ G_{21}' + G_{21}'' & G_{22}' + G_{22}'' \end{bmatrix} \quad (7.6.18)$$

で与えられる.

共通接地2端子対回路網については，並列接続，直列接続の場合と同様，直並列接続した合成回路網の H 行列，G 行列が式 (7.6.16)，(7.6.18) で与えられる.

7.7 例　題

【例題 7.11】 アドミタンス・パラメータとインピーダンス・パラメータを4端子定数で表せ.

〔解〕 式 (7.4.17) の第2式から直ちに

$$Y_{21} = -\frac{1}{B} \quad (7.7.1)$$

を得る. これを第1式, 第4式に代入して,

$$Y_{22} = \frac{A}{B}, \quad Y_{11} = \frac{D}{B} \quad (7.7.2)$$

となる. また，第3式から

$$C = Y_{12} - Y_{11} Y_{22}/Y_{21}$$

であるから，

$$C = Y_{12} + \frac{AD}{B}$$

したがって，

$$Y_{12} = -\frac{AD-BC}{B} = -\frac{|F|}{B} \tag{7.7.3}$$

を得る．次に，式 (7.4.20) の第 3 式から

$$Z_{21} = \frac{1}{C} \tag{7.7.4}$$

を得るが，これを第 1 式，第 4 式に代入して

$$Z_{11} = \frac{A}{C}, \quad Z_{22} = \frac{D}{C} \tag{7.7.5}$$

となる．また，第 2 式から

$$B = \frac{AD}{C} - Z_{12}$$

であるから

$$Z_{12} = \frac{AD-BC}{C} = \frac{|F|}{C} \tag{7.7.6}$$

となる．

【例題 7.12】 図 7.7.1 に示すように理想変成器と 2 端子対回路を縦続接続した回路の F 行列，Y 行列，Z 行列を，それぞれ回路 N の各パラメータ，A, B, C, D；$Y_{11}, Y_{12}, Y_{21}, Y_{22}$；$Z_{11}, Z_{12}, Z_{21}, Z_{22}$ を用いて表せ．

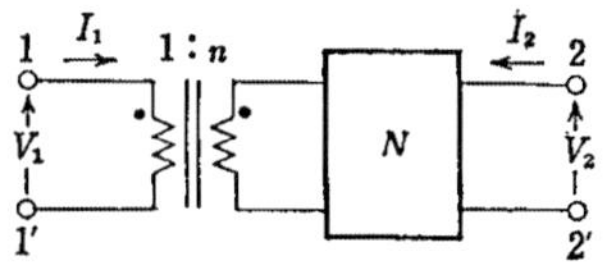

図 7.7.1

〔解〕 理想変成器の F 行列は，式 (7.5.19) から

$$\begin{bmatrix} \frac{1}{n} & 0 \\ 0 & n \end{bmatrix}$$

であるから，これと N を縦続接続した回路の F 行列は，式 (7.5.4) を用いて，

$$\begin{bmatrix} \frac{1}{n} & 0 \\ 0 & n \end{bmatrix} \begin{bmatrix} A & B \\ C & D \end{bmatrix} = \begin{bmatrix} \frac{A}{n} & \frac{B}{n} \\ nC & nD \end{bmatrix} \tag{7.7.7}$$

となる。また，N の左側端子対の電圧，電流を，V_{1N}, I_{1N} とすると，

$$V_{1N}=nV_1, \quad I_{1N}=\frac{I_1}{n} \tag{7.7.8}$$

であるから

$$\begin{bmatrix} \dfrac{I_1}{n} \\ I_2 \end{bmatrix} = \begin{bmatrix} Y_{11} & Y_{12} \\ Y_{21} & Y_{22} \end{bmatrix} \begin{bmatrix} nV_1 \\ V_2 \end{bmatrix} \tag{7.7.9}$$

である。これから

$$\begin{bmatrix} I_1 \\ I_2 \end{bmatrix} = \begin{bmatrix} n^2 Y_{11} & n Y_{12} \\ n Y_{21} & Y_{22} \end{bmatrix} \begin{bmatrix} V_1 \\ V_2 \end{bmatrix} \tag{7.7.10}$$

となり，この式の右辺の係数行列が合成 2 端子対回路網の Y 行列である。同様に，

$$\begin{bmatrix} nV_1 \\ V_2 \end{bmatrix} = \begin{bmatrix} Z_{11} & Z_{12} \\ Z_{21} & Z_{22} \end{bmatrix} \begin{bmatrix} \dfrac{I_1}{n} \\ I_2 \end{bmatrix} \tag{7.7.11}$$

であるから，

$$\begin{bmatrix} V_1 \\ V_2 \end{bmatrix} = \begin{bmatrix} \dfrac{Z_{11}}{n^2} & \dfrac{Z_{12}}{n} \\ \dfrac{Z_{21}}{n} & Z_{22} \end{bmatrix} \begin{bmatrix} I_1 \\ I_2 \end{bmatrix} \tag{7.7.12}$$

となる。上式の右辺の係数行列が合成 2 端子対回路の Z 行列である。

【例題 7.13】 図 7.7.2 に示す回路のテブナン等価回路とノートン等価回路を求めよ。

〔解〕 端子対 aa' を開放したときに，ここに現れる電圧 E_0 は，$I_2=0$ なので

$$E = V_1 = AV_2 = AE_0$$

から，

$$E_0 = \frac{E}{A} \tag{7.7.13}$$

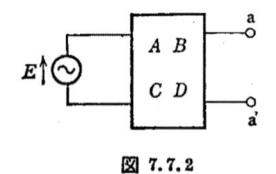

図 7.7.2

である．端子対 aa′ から見たインピーダンス Z_0 は，電圧源 E を短絡除去，すなわち $V_1=0$ として，

$$0 = AV_2 + BI_2 \tag{7.7.14}$$

から，

$$Z_0 = -\frac{V_2}{I_2} = \frac{B}{A} \tag{7.7.15}$$

となる．E_0 と Z_0 を用いて，テブナン等価回路は図7.7.3(a)のようになる．同様に，ノートンの等価回路は，端子対 aa′ を短絡したときに流れる電流 J_0

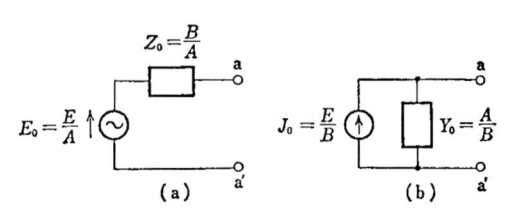

$$J_0 = I_2]_{V_2=0} = \frac{E}{B} \tag{7.7.16}$$

図 7.7.3

と，$Y_0 = 1/Z_0$ から図7.7.3(b)のようになる．

【例題 7.14】 図7.7.4(a)の2端子対回路網の4端子定数を A, B, C, D とする．図7.7.4(b)の2端子対回路網は，同図(a)の回路から，直列素子の逆回路を並列素子とし，並列素子の逆回路を直列素子として得られる回路である（このような置き換えは**双対変換**といわれる）．この回路の4端子定数を A, B, C, D を用いて表せ．

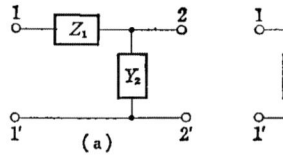

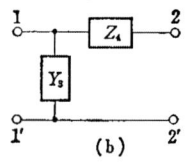

図 7.7.4

〔解〕 図7.7.4(a)の回路に対しては，式(7.5.8)から，

$$A = 1 + Z_1 Y_2, \quad B = Z_1, \quad C = Y_2, \quad D = 1 \tag{7.7.17}$$

である．同図(b)の回路の4端子定数を A', B', C', D' とすると，式(7.5.9)から，

$$A' = 1, \quad B' = Z_4, \quad C' = Y_3, \quad D' = 1 + Y_3 Z_4 \tag{7.7.18}$$

である．また，Z_1 と Y_3，Y_2 と Z_4 は逆回路であるから

$$\frac{Z_1}{Y_3}=R^2, \quad \frac{Z_4}{Y_2}=R^2 \tag{7.7.19}$$

である．したがって，

$$A'=1=D \tag{7.7.20}$$

$$B'=Z_4=R^2Y_2=R^2C \tag{7.7.21}$$

$$C'=Y_3=\frac{Z_1}{R^2}=\frac{B}{R^2} \tag{7.7.22}$$

$$D'=1+Y_3Z_4=1+Z_1Y_2=A \tag{7.7.23}$$

となる（特に $R=1$ のときは，$A'=D$，$B'=C$，$C'=B$，$D'=A$ となる）．

【例題 7.15】 図 7.7.5 に示すような理想ジャイレータと抵抗の並列接続回路の Y 行列，Z 行列，および F 行列を求めよ．また，F 行列の行列式の値を求めよ．

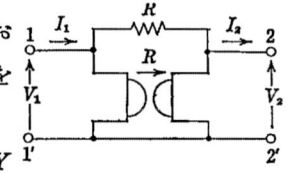

〔解〕 ジャイレータと抵抗の並列接続回路の Y 行列を求める．理想ジャイレータの Y 行列 Y_g は，式(7.5.20)を用いて，

図 7.7.5 一方向系回路

$$Y_g=\begin{bmatrix} 0 & \dfrac{1}{R} \\ -\dfrac{1}{R} & 0 \end{bmatrix} \tag{7.7.24}$$

である．また，抵抗 R の Y 行列 Y_R は容易に求まり，

$$Y_R=\begin{bmatrix} \dfrac{1}{R} & -\dfrac{1}{R} \\ -\dfrac{1}{R} & \dfrac{1}{R} \end{bmatrix} \tag{7.7.25}$$

となる．Y は

$$Y=Y_g+Y_R=\begin{bmatrix} \dfrac{1}{R} & 0 \\ -\dfrac{2}{R} & \dfrac{1}{R} \end{bmatrix} \tag{7.7.26}$$

となる．Z 行列は，表 7.1 の変換式を用いると，$|Y|=1/R^2$ であるから，

$$Z = \begin{bmatrix} R & 0 \\ 2R & R \end{bmatrix} \tag{7.7.27}$$

となる。さらに，4端子定数も同様に表7.1から，

$$A = -\frac{Y_{22}}{Y_{21}} = \frac{1}{2} \tag{7.7.28}$$

$$B = -\frac{1}{Y_{21}} = \frac{R}{2} \tag{7.7.29}$$

$$C = -\frac{|Y|}{Y_{21}} = \frac{1}{2R} \tag{7.7.30}$$

$$D = -\frac{Y_{11}}{Y_{21}} = \frac{1}{2} \tag{7.7.31}$$

となる。これから

$$|F| = AD - BC = \frac{1}{4} - \frac{1}{4} = 0 \tag{7.7.32}$$

となる（この回路のように，$Y_{12}=0$，$Z_{12}=0$，$AD-BC=0$ となる回路網は，**一方向系回路網** (unilateral network) といわれる）。

【**例題 7.16**】 図7.7.6に示す回路の H パラメータを求めよ。

〔**解**〕 図7.7.6の回路の端子対22′を短絡し，端子対11′に電流源 I_1 を接続すると，図7.7.7 (a) の回路を得る。この回路で，V_1 を求めると，

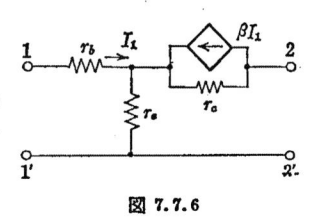

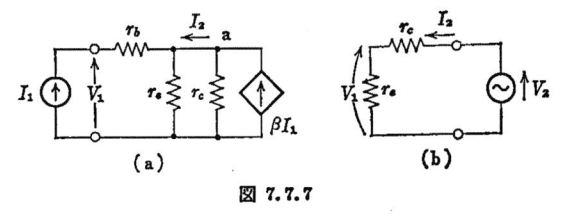

図 7.7.6

図 7.7.7

$$V_1 = r_b I_1 + (r_e /\!/ r_c)(\beta+1) I_1 \tag{7.7.33}$$

となる。ただし，

$$r_e /\!/ r_c = \frac{r_e r_c}{r_e + r_c} \tag{7.7.34}$$

である．これから，

$$H_{11} = \frac{V_1}{I_1}\bigg]_{V_2=0} = r_b + \frac{r_e r_c(\beta+1)}{r_e + r_c} \tag{7.7.35}$$

が得られる．また，図 7.7.7 (a) の回路の a 点における電圧は

$$(r_e /\!/ r_c)(\beta+1) I_1 = \frac{r_e r_c(\beta+1)}{r_e + r_c} I_1$$

だから r_e に流れる電流は

$$\frac{r_c(\beta+1)}{r_e + r_c} I_1$$

となり，

$$I_2 = -I_1 + \frac{r_c(\beta+1)}{r_e + r_c} I_1 = \frac{-r_e + r_c \beta}{r_e + r_c} I_1 \tag{7.7.36}$$

である．したがって，

$$H_{21} = \frac{I_2}{I_1}\bigg]_{V_2=0} = \frac{-r_e + r_c \beta}{r_e + r_c} \tag{7.7.37}$$

となる．次に，図 7.7.6 の回路の端子対 1 1′ を開放すると $I_1 = 0$ となり，図 7.7.7 (b) に示す回路が得られる．この回路から

$$V_1 = \frac{r_e V_2}{r_e + r_c} \tag{7.7.38}$$

であるから

$$H_{12} = \frac{V_1}{V_2}\bigg]_{I_1=0} = \frac{r_e}{r_e + r_c} \tag{7.7.39}$$

となる．また，

$$I_2 = \frac{V_2}{r_e + r_c} \tag{7.7.40}$$

であるから

$$H_{22} = \frac{I_2}{V_2}\bigg]_{I_1=0} = \frac{1}{r_e + r_c} \tag{7.7.41}$$

となる．

【例題 7.17】(Bartlett の 2 等分定理)　図 7.7.8 (a) は,軸対称 2 端子対回路網を表したものである.右側の回路網 $\dfrac{N}{2}$ は,左側の回路網 $\dfrac{N}{2}$ を中央の軸で折り返して得られ,これらの回路網の F 行列は,それぞれ,

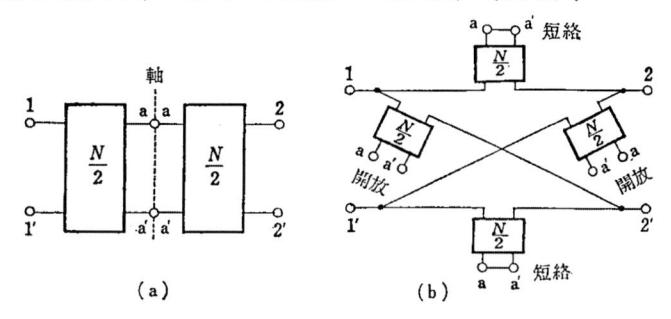

図 7.7.8　Bartlett の 2 等分定理

$$\begin{bmatrix} A_1 & B_1 \\ C_1 & D_1 \end{bmatrix},\ \begin{bmatrix} D_1 & B_1 \\ C_1 & A_1 \end{bmatrix} \tag{7.7.42}$$

で与えられる ($A_1D_1-B_1C_1=1$ である).この軸対称 2 端子対回路網が,図 7.7.8 (b) に示す対称格子形回路に等価であることを示せ.ただし,対称格子形回路を構成する四つの回路は,図 7.7.8 (a) の回路網 $\dfrac{N}{2}$ の端子対 aa′ を短絡あるいは開放して得られたものである.

〔解〕　軸対称 2 端子対回路網の F 行列は,

$$F=\begin{bmatrix} A_1 & B_1 \\ C_1 & D_1 \end{bmatrix}\begin{bmatrix} D_1 & B_1 \\ C_1 & A_1 \end{bmatrix}=\begin{bmatrix} A_1D_1+B_1C_1 & 2A_1B_1 \\ 2C_1D_1 & A_1D_1+B_1C_1 \end{bmatrix} \tag{7.7.43}$$

である.回路網 $\dfrac{N}{2}$ の端子対 aa′ を短絡,あるいは開放して得られる回路の端子対 1 1′ から見たインピーダンス Z_1 と Z_2 は,それぞれ $V_1=B_1I_2$,$I_1=D_1I_2$ から,

$$Z_1=\frac{B_1}{D_1} \tag{7.7.44}$$

あるいは,$V_1=A_1V_2$,$I_1=C_1V_2$ から

$$Z_2=\frac{A_1}{C_1} \tag{7.7.45}$$

となる．したがって，図7.7.8(b)の格子形回路の4端子定数は，式(7.5.13)から

$$A = D = \frac{\dfrac{A_1}{C_1} + \dfrac{B_1}{D_1}}{\dfrac{A_1}{C_1} - \dfrac{B_1}{D_1}} = A_1 D_1 + B_1 C_1 \tag{7.7.46}$$

$$B = \frac{2\dfrac{A_1}{C_1} \cdot \dfrac{B_1}{D_1}}{\dfrac{A_1}{C_1} - \dfrac{B_1}{D_1}} = 2A_1 B_1 \tag{7.7.47}$$

$$C = \frac{2}{\dfrac{A_1}{C_1} - \dfrac{B_1}{D_1}} = 2C_1 D_1 \tag{7.7.48}$$

となり，式(7.7.43)の4端子定数と一致する．

【例題 7.18】 図 7.7.9 の軸対称2端子対回路網に等価な対称格子形回路を求めよ．

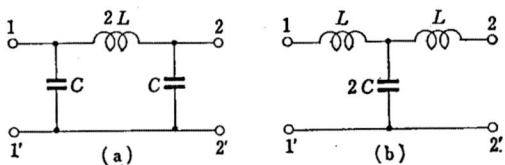

図 7.7.9

〔解〕 (a) 図7.7.9(a)の回路網を2等分すると，図7.7.10(a)の回路が得られる．この回路の端子対 aa′ を短絡，あるいは開放した回路から対称格子形回路を構成すると，図 7.7.10(b)の回路が得られる．

(b) 図7.7.9(b)の回路網を2等分すると，図7.7.10(c)の回路が得られ，これから，図7.7.10(d)の対称格子形回路が導かれる．

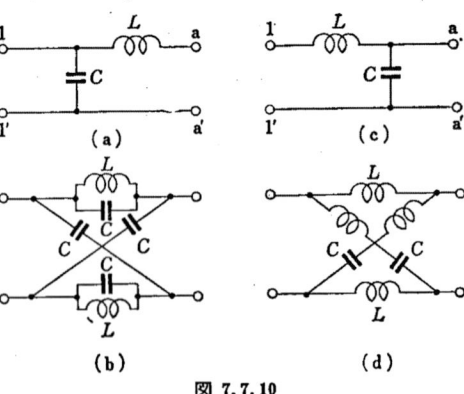

図 7.7.10

演習問題

7.1 問図7.1に示す回路のアドミタンス・パラメータとインピーダンス・パラメータを求めよ．

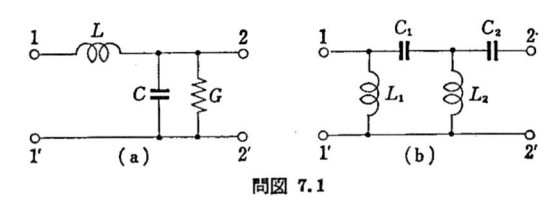

問図 7.1

7.2 問図7.2に示す回路の H パラメータと G パラメータを求めよ．

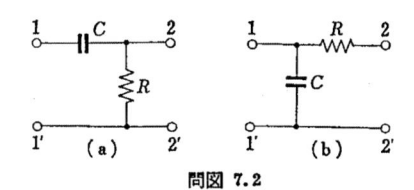

問図 7.2

7.3 問図7.3に示す回路の4端子行列を求めよ．

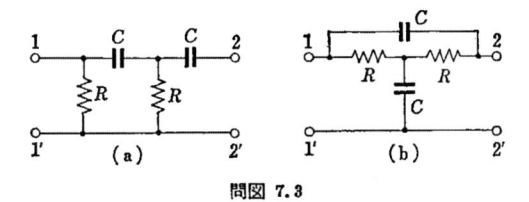

問図 7.3

7.4 問図7.4 (a) に示す回路の Y 行列は

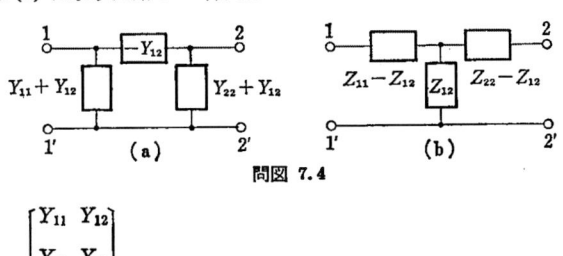

問図 7.4

$$\begin{bmatrix} Y_{11} & Y_{12} \\ Y_{12} & Y_{22} \end{bmatrix}$$

となることを示せ．双対的に，問図7.4 (b) に示す回路の Z 行列は

$$\begin{bmatrix} Z_{11} & Z_{12} \\ Z_{12} & Z_{22} \end{bmatrix}$$

となることを示せ.

7.5 問図7.5に示す回路のテブナン等価回路を求めよ.

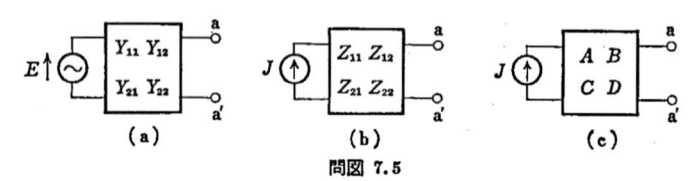

問図 7.5

7.6 問図7.6に示す回路の Z 行列を求めよ.

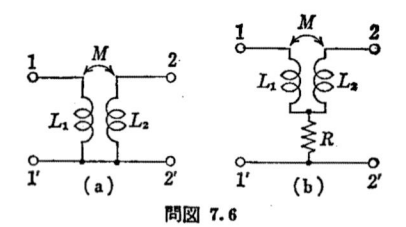

問図 7.6

7.7 問図7.7に示す回路の Y 行列を求めよ. また, $G_1 = G_2$ のとき, この回路の F 行列はどうなるか.

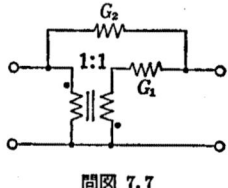

問図 7.7

7.8 (a) 問図7.8(a)に示す制御電源を含む回路の Z 行列および F 行列を求めよ.
(b) 問図7.8(b)に示す回路の Y 行列および F 行列を求めよ (例題6.19参照).

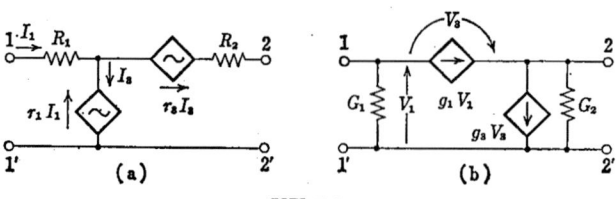

問図 7.8

7.9 2個の一方向系回路を縦続接続して得られた回路の Z 行列，Y 行列を，それぞれもとの回路の Y パラメータ，Z パラメータを用いて表せ．また，縦続接続して得られた回路が一方向系であることを F 行列を用いて示せ．

7.10 問図 7.10 に示す軸対称回路に等価な格子形回路を求めよ．

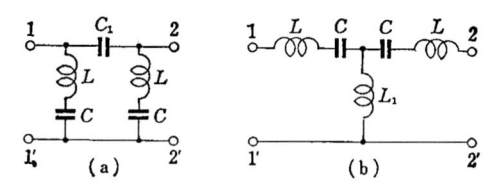

問図 7.10

8

3 相 交 流 回 路

8.1 3相起電力

3相交流回路 (three-phase circuit) は3個の起電力からなる電源から負荷に電力を送る回路であるが，単相交流回路より経済的に電力を送れることから送電系統に広く用いられている．また，3相交流モータも数多く使用されている．さて，3相起電力は次の式で表される．

$$\left. \begin{array}{l} e_a = E_m \sin \omega t \\ e_b = E_m \sin\left(\omega t - \dfrac{2\pi}{3}\right) \\ e_c = E_m \sin\left(\omega t - \dfrac{4\pi}{3}\right) \end{array} \right\} \quad (8.1.1)$$

これらを複素数で表すと

$$E_a = E_e, \quad E_b = E_e e^{-j\frac{2\pi}{3}}, \quad E_c = E_e e^{-j\frac{4\pi}{3}} \quad (8.1.2)$$

と書ける．ただし，E_e は電圧の実効値で，$E_e = E_m/\sqrt{2}$ である．このように実効値が等しく，位相が $2\pi/3$ (120°) ずつずれた3相起電力を**対称3相起電力**という．一般には，3個の起電力の実効値が等しいと限らず，位相のずれも $2\pi/3$ に等しいと限らな

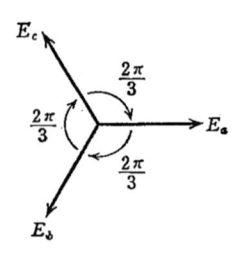

図 8.1.1 3相起電力

い．式(8.1.2)で表される起電力のベクトル図を示すと図8.1.1のようになる．図8.1.1の三つのベクトルを加え合わせると0になることは容易に確かめることができよう．式で書くと，

$$e^{-j\frac{2\pi}{3}}=\cos\left(-\frac{2\pi}{3}\right)+j\sin\left(-\frac{2\pi}{3}\right)=-\frac{1}{2}-j\frac{\sqrt{3}}{2}$$

$$e^{-j\frac{4\pi}{3}}=\cos\left(-\frac{4\pi}{3}\right)+j\sin\left(-\frac{4\pi}{3}\right)=-\frac{1}{2}+j\frac{\sqrt{3}}{2}$$

であるから，

$$1+e^{-j\frac{2\pi}{3}}+e^{-j\frac{4\pi}{3}}=0 \tag{8.1.3}$$

となり，

$$E_a+E_b+E_c=E_e(1+e^{-j\frac{2\pi}{3}}+e^{-j\frac{4\pi}{3}})=0 \tag{8.1.4}$$

である．

3相起電力は，3個の電圧源からなっているのであるが，3個の電圧源の接続法には，**Y形結線** (Y connection) と **Δ形結線** (delta connection) がある．Y形結線は，**星状結線** (star connection)，Δ形結線は，**環状結線** (ring connection) ともいわれる．

Y形結線 図8.1.2のような3個の電圧源の接続法をY形結線という．中央の節点nを**中性点** (neutral point) とよび，E_a, E_b, E_c を**相電圧** (phase voltage)，I_a, I_b, I_c を**相電流** (phase current) という．端子 a, b, c には，たと

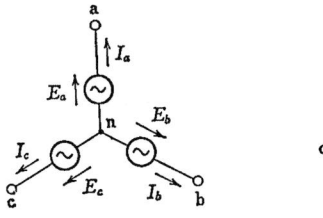

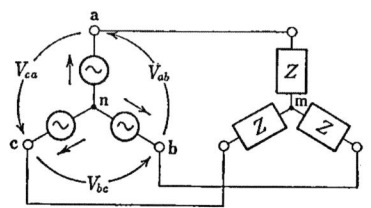

図 8.1.2 Y形結線　　　図 8.1.3 Y形結線の電源と負荷

えば図8.1.3のように外部へ3本の線が接続されるが，これらの線の間の電圧を**線電圧** (line voltage)，線に流れる電流を**線電流** (line current) という．Y形結線では，相電流と線電流が等しいが，線電圧は

$$V_{ab}=E_a-E_b, \quad V_{bc}=E_b-E_c, \quad V_{ca}=E_c-E_a \qquad (8.1.5)$$

となる。相電圧と線電圧の関係を対称起電力の場合について図に示すと図8.1.4のようになるが，この図から，V_{ab}, V_{bc}, V_{ca} はそれぞれ E_a, E_b, E_c に対し位相が $\frac{\pi}{6}$ だけ進み，実効値が $\sqrt{3}$ 倍であることがわかる。このことを式で書くと

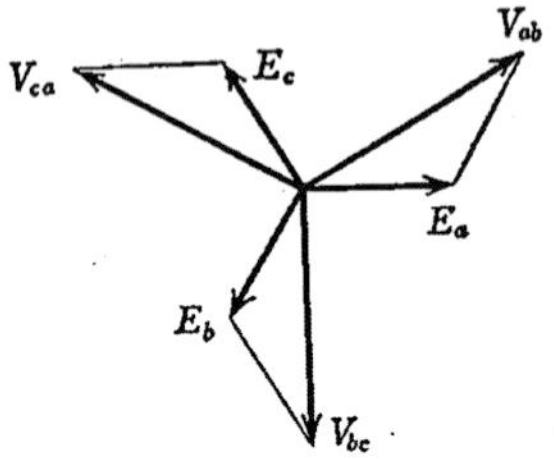

$$\left. \begin{array}{l} V_{ab}=\sqrt{3}\,E_a e^{j\frac{\pi}{6}}=\sqrt{3}\,E_e e^{j\frac{\pi}{6}} \\ V_{bc}=\sqrt{3}\,E_b e^{j\frac{\pi}{6}}=\sqrt{3}\,E_e e^{-j\frac{\pi}{2}} \\ V_{ca}=\sqrt{3}\,E_c e^{j\frac{\pi}{6}}=\sqrt{3}\,E_e e^{-j\frac{7\pi}{6}} \end{array} \right\} \qquad (8.1.6)$$

である。

図 8.1.4 相電圧と線電圧 (Y形結線)

相電圧を線電圧で表す式は，中性点の電圧が定まらないため，一般に求まらない。しかし，式 (8.1.4) が成り立つ場合は，この式と式 (8.1.5) のうちの2式から，

$$E_a=\frac{1}{3}(V_{ab}-V_{ca}), \quad E_b=\frac{1}{3}(V_{bc}-V_{ab}), \quad E_c=\frac{1}{3}(V_{ca}-V_{bc}) \qquad (8.1.7)$$

となる。対称3相起電力の場合は，式 (8.1.4) が成立するので，式 (8.1.7) を用いることができる。もちろん，式 (8.1.6) を用いてもよい。

Δ形結線 図8.1.5のような3個の電圧源の接続法をΔ形結線という。Δ形結線の場合，線電圧は相電圧と等しいが，線電流は相電流と異なってくる。図8.1.5のように線電流を $I_\alpha, I_\beta, I_\gamma$ とする（相電圧，相電流の添字と，線電流の添字の関係に注意すること。a, b, c の向かいが，それぞれ α, β, γ となっている）。すると，

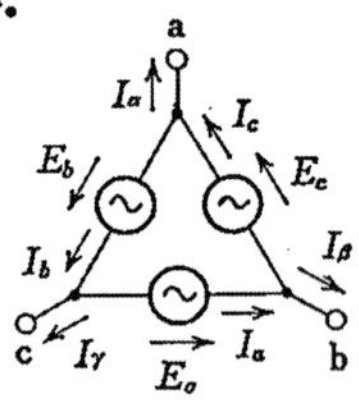

$$I_\alpha=I_c-I_b, \quad I_\beta=I_a-I_c, \quad I_\gamma=I_b-I_a \qquad (8.1.8)$$

である。相電流が

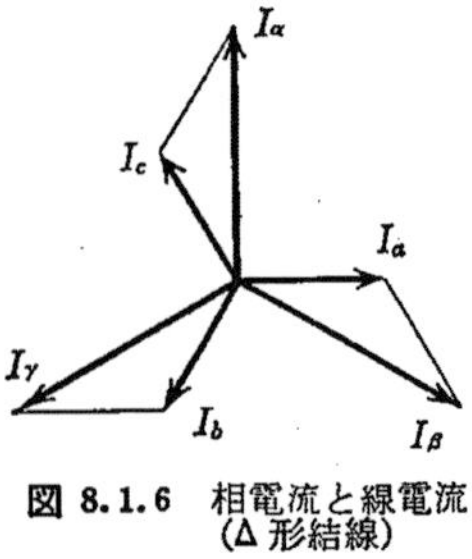

$$I_a=I_e, \quad I_b=I_e e^{-j\frac{2\pi}{3}}, \quad I_c=I_e e^{-j\frac{4\pi}{3}} \qquad (8.1.9)$$

図 8.1.5 Δ形結線

図 8.1.6 相電流と線電流 (Δ形結線)

のように表されるとき，これらの相電流はやはり対称であるといわれる．このとき相電流と線電流の関係は図 8.1.6 のようになる．

8.2 対称 3 相回路

　図 8.2.1 のように Y 形に結線された対称 3 相起電力に対称 3 相負荷が接続された回路を考えよう．この回路の負荷に流れる電流 I_a, I_b, I_c は，回路の対称性から，やはり対称である．したがって，式 (8.1.3) から

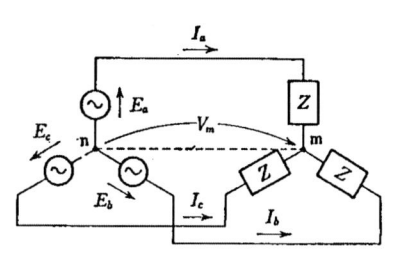

図 8.2.1　Y 形結線対称 3 相回路

$$I_a+I_b+I_c=I_a(1+e^{-j\frac{2\pi}{3}}+e^{-j\frac{4\pi}{3}})=0 \qquad (8.2.1)$$

となる．

　いま，電源側の中性点 n を基準点に選び，負荷側の中性点 m の電圧を V_m としよう．すると，KVL から

$$V_m = E_a - ZI_a = E_b - ZI_b = E_c - ZI_c \qquad (8.2.2)$$

が得られる．式 (8.2.2) の三つの式を加えて 3 で割ると，

$$V_m = \frac{E_a+E_b+E_c-Z(I_a+I_b+I_c)}{3} \qquad (8.2.3)$$

が求まる．ところが，対称 3 相回路には，式 (8.1.4)，(8.2.1) が成立するので，

$$V_m = 0 \qquad (8.2.4)$$

である．つまり，電源側の中性点と，負荷側の中性点の間に電圧差はなく，これらの点の間を線で結んだとしても，何の変化も起こらない．これらの中性点の間を線で結ぶと，図 8.2.1 の対称 3 相回路は，図 8.2.2 に示すような 3 個の単相回路に分解して考えることができる．式 (8.2.2) の左辺に $V_m=0$ を代入して得られる式は，これらの単相回路に対して成立する式で

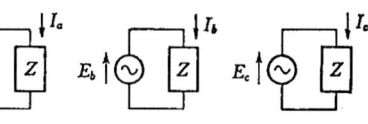

図 8.2.2　対称 3 相回路の分解

ある．もちろん，これらの式のうち，a相に対する式を解いて I_a を求めれば，他の相に対する電流は式 (8.1.9) から求めることができる．

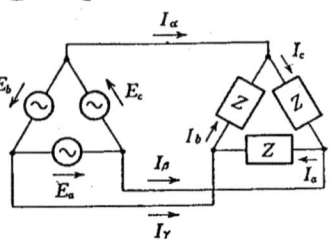

次に，Δ形に結線された対称3相回路を考えよう．この場合は，おのおのの電圧源に，それぞれ負荷が接続されているのであるから，直ちに図 8.2.2 のような3個の単相回路に分解できる．これらの単相回路から相電流 I_a, I_b, I_c を求めれば，式 (8.1.8) から線電流 I_α, I_β, I_γ を求めることができる．

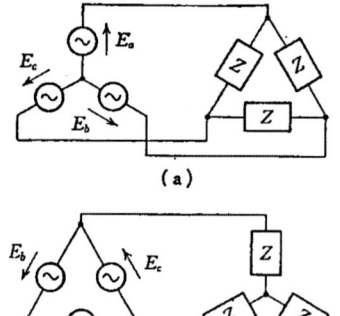

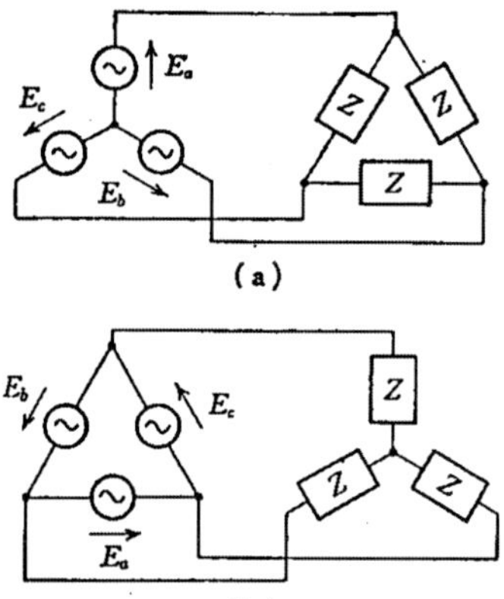

図 8.2.3　Δ形結線対称3相回路

図 8.2.4 の対称3相回路は，電源，負荷のうち一方が Y 形に，他方が Δ 形に結線されている．このような場合には，負荷に 3.5 節に述べた Δ-Y 変換を施して，電源も負荷も Y 形結線あるいは Δ 形結線になるように回路を変えれば，図 8.2.1 あるいは図 8.2.3 の場合に帰着できる．また，式 (8.1.6) は Y 形結線の場合に相電圧から線電圧を求める式であるが，線電圧は Δ 形結線の場合の相電圧に等しいから，この式は対称3相起電力の Y-Δ 変換を与える式と考えてもよい．図 8.2.4(a) のような3相回路の場合，式 (8.1.6) によって，電源側に変換を施し，図 8.2.3 のような3相回路に帰着できる．

図 8.2.4　対称3相回路

【例題 8.1】　図 8.2.5 に示す対称3相回路の線電流 I_a を求めよ．

〔解〕　図中の Δ 形回路に等価な Y 形回路のアドミタンスは，第3章の式 (3.5.22), (3.5.23), (3.5.24) を用いて，

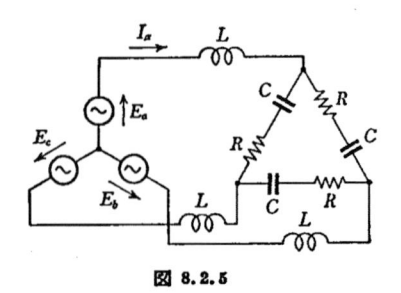

図 8.2.5

8.2 対称3相回路

$$Y_a = Y_b = Y_c = \frac{3}{R + \dfrac{1}{j\omega C}} \tag{8.2.5}$$

となる．したがって，図 8.2.5 の回路は，図 8.2.1 の回路において

$$Z = j\omega L + \frac{1}{Y_a} = j\omega L + \frac{1}{3}\left(R + \frac{1}{j\omega C}\right) = \frac{1 - 3\omega^2 LC + j\omega CR}{j3\omega C} \tag{8.2.6}$$

の場合に帰着でき，

$$I_a = \frac{E_a}{Z} = \frac{j3\omega C E_a}{1 - 3\omega^2 LC + j\omega CR} \tag{8.2.7}$$

となる．

【例題 8.2】 図 8.2.6 の対称3相回路において負荷 R に流れる電流を求めよ．

〔解〕 Δ形に結線された電圧源に等価な Y 形結線電源の電圧を，図 8.2.7 のように，E_a, E_b, E_c とすると，式 (8.1.6) から

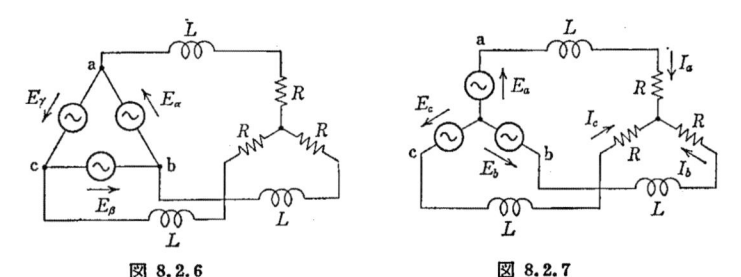

$$E_a = \frac{1}{\sqrt{3}} E_\alpha e^{-j\frac{\pi}{6}}, \quad E_b = \frac{1}{\sqrt{3}} E_\beta e^{-j\frac{\pi}{6}}, \quad E_c = \frac{1}{\sqrt{3}} E_\gamma e^{-j\frac{\pi}{6}} \tag{8.2.8}$$

図 8.2.6   図 8.2.7

となる．したがって，R に流れる電流は，

$$\left.\begin{aligned} I_a &= \frac{E_a}{R + j\omega L} = \frac{E_\alpha e^{-j\frac{\pi}{6}}}{\sqrt{3}(R + j\omega L)} \\ I_b &= \frac{E_b}{R + j\omega L} = \frac{E_\beta e^{-j\frac{\pi}{6}}}{\sqrt{3}(R + j\omega L)} \end{aligned}\right\} \tag{8.2.9}$$

$$I_c = \frac{E_c}{R+j\omega L} = \frac{E_\gamma e^{-j\frac{\pi}{6}}}{\sqrt{3}(R+j\omega L)}$$

である．

8.3 対称座標法

3相回路が対称でない場合や，発電機，モータなどの回転機が含まれる場合には，3相回路の電圧・電流をそのまま未知変数とするよりも，次に述べるような変数変換を行なえば，解析が容易になることが多い．この変数変換による解析法は対称座標法とよばれ，C. L. Fortescue が1918年に発表したものである．

まず，簡単のため，

$$a = e^{j\frac{2\pi}{3}} = -\frac{1}{2} + j\frac{\sqrt{3}}{2} \tag{8.3.1}$$

と記すことにする．a に対しては

$$\left.\begin{array}{l} a^2 = e^{j\frac{4\pi}{3}} = -\frac{1}{2} - j\frac{\sqrt{3}}{2} \\ a^3 = 1, \quad a^2 = a^{-1}, \quad a = a^{-2} \\ 1 + a + a^2 = 0 \end{array}\right\} \tag{8.3.2}$$

が成立する．

対称座標法における変数変換は，3相起電力を E_a, E_b, E_c とすると

$$\left.\begin{array}{l} E_0 = \frac{1}{3}(E_a + E_b + E_c) \\ E_1 = \frac{1}{3}(E_a + aE_b + a^2 E_c) \\ E_2 = \frac{1}{3}(E_a + a^2 E_b + aE_c) \end{array}\right\} \tag{8.3.3}$$

によって与えられる．E_0, E_1, E_2 は，E_a, E_b, E_c の対称分 (symmetrical components) といい，E_0 を零相分 (zero-phase sequence component)，E_1 を正相分 (positive-phase sequence component)，E_2 を逆相分 (negative-phase sequence component) という．図 8.3.1 (a) に示されるように零相分は，もと

8.3 対称座標法

の起電力の平均である. 正相分, 逆相分は, それぞれ図8.3.1 (b), (c) に示す

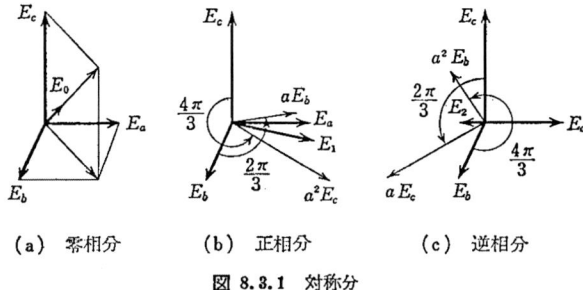

(a) 零相分　　(b) 正相分　　(c) 逆相分

図 8.3.1　対称分

ように, もとの起電力を $\frac{2\pi}{3}$, あるいは $\frac{4\pi}{3}$ だけ回転した後に平均して得られる. E_a, E_b, E_c が対称の場合には, 零相分と逆相分は0となり, 正相分 E_1 $=E_a$ となる.

式 (8.3.3) を E_a, E_b, E_c について解けば, 次のような対称分からもとの3相起電力を与える逆変換式が得られる.

$$\left.\begin{array}{l}E_a=E_0+E_1+E_2\\E_b=E_0+a^2E_1+aE_2\\E_c=E_0+aE_1+a^2E_2\end{array}\right\} \quad (8.3.4)$$

式 (8.3.4) の第1式は, 式 (8.3.3) の3式を加えて得られる. E_b は, 式 (8.3.3) の第1式+第2式×a^2+第3式×a によって求まる. E_c も同様の方法で求めうる. 式 (8.3.3), (8.3.4) を行列で書くと,

$$\begin{bmatrix}E_0\\E_1\\E_2\end{bmatrix}=\frac{1}{3}\begin{bmatrix}1&1&1\\1&a&a^2\\1&a^2&a\end{bmatrix}\begin{bmatrix}E_a\\E_b\\E_c\end{bmatrix} \quad (8.3.5)$$

$$\begin{bmatrix}E_a\\E_b\\E_c\end{bmatrix}=\begin{bmatrix}1&1&1\\1&a^2&a\\1&a&a^2\end{bmatrix}\begin{bmatrix}E_0\\E_1\\E_2\end{bmatrix} \quad (8.3.6)$$

となる. 逆変換を与える行列を S と記す. すなわち,

$$S = \begin{bmatrix} 1 & 1 & 1 \\ 1 & a^2 & a \\ 1 & a & a^2 \end{bmatrix}, \quad S^{-1} = \frac{1}{3}\begin{bmatrix} 1 & 1 & 1 \\ 1 & a & a^2 \\ 1 & a^2 & a \end{bmatrix} \quad (8.3.7)$$

である．

　式 (8.3.4) あるいは式 (8.3.6) は，3相起電力が3組の対称的な起電力，すなわち対称分から成り立っていることを示している．対称分のうち零相分は，E_a, E_b, E_c の中に同位相，つまり位相差0で現れる．正相分 E_1 は，E_a, E_b, E_c の中に E_1, $a^2 E_1$, $a E_1$ の形で現れる．この位相関係は，E_a, E_b, E_c が対称起電力である場合の E_a, E_b, E_c の位相関係と全く同じである．また，逆相分 E_2 は，E_a, E_b, E_c の中に E_2, $a E_2$, $a^2 E_2$ の形で現れるが，この位相関係は，E_a, E_b, E_c が対称起電力である場合の E_a, E_b, E_c の位相関係と逆の順序になっている．

　Y形に結線された3相起電力の対称分への分解を図8.3.2に示す．このように分解された起電力に対しては重ね合わせの理を適用することができる．

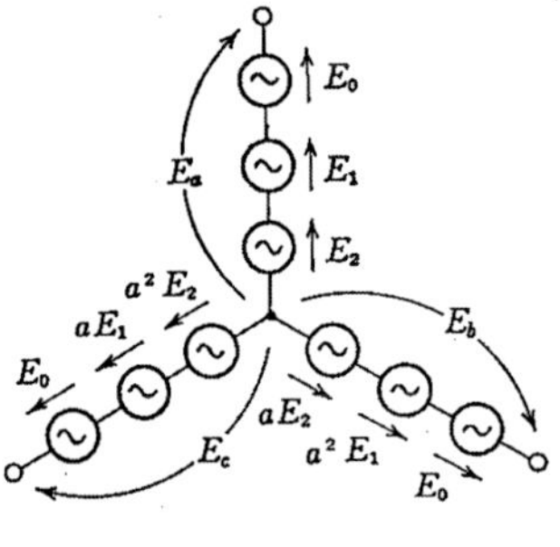

　電流に対する変換も式 (8.3.5), (8.3.6) と全く同じ形で与えられ，3相電流を I_a, I_b, I_c とすると，

図 8.3.2 3相起電力の対称分への分解

$$\begin{bmatrix} I_0 \\ I_1 \\ I_2 \end{bmatrix} = \frac{1}{3}\begin{bmatrix} 1 & 1 & 1 \\ 1 & a & a^2 \\ 1 & a^2 & a \end{bmatrix}\begin{bmatrix} I_a \\ I_b \\ I_c \end{bmatrix} \quad (8.3.8)$$

$$\begin{bmatrix} I_a \\ I_b \\ I_c \end{bmatrix} = \begin{bmatrix} 1 & 1 & 1 \\ 1 & a^2 & a \\ 1 & a & a^2 \end{bmatrix}\begin{bmatrix} I_0 \\ I_1 \\ I_2 \end{bmatrix} \quad (8.3.9)$$

となる．I_0 は零相電流，I_1 は正相電流，I_2 は逆相電流である．

8.3 対称座標法

【例題 8.3】 図8.3.3に示す3相回路において, E_a, E_b, E_c は非対称起電力である. 各相を流れる電流 I_a, I_b, I_c を求めよ.

〔解〕 図8.3.3の回路は, 図8.3.4に示す三つの回路を重ね合わせたものと考えられる. 同図 (a) の零相分回路

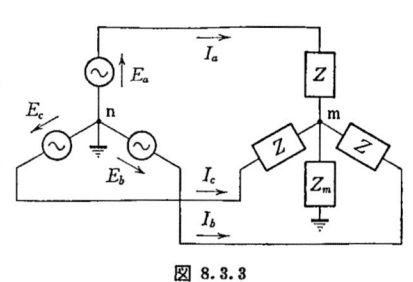

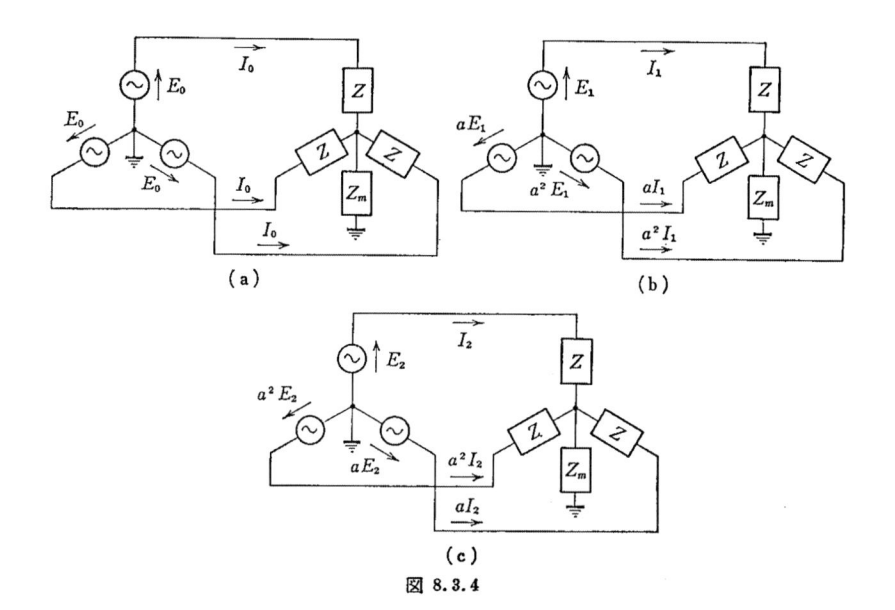

図 8.3.3

(a)

(b)

(c)

図 8.3.4

に対しては, Z_m に $3I_0$ が流れるから,

$$E_0 = ZI_0 + 3Z_m I_0 \tag{8.3.10}$$

が成立する. また, 同図 (b), (c) の回路に対しては, Z_m に流れる電流は 0 であるから,

$$E_1 = ZI_1 \tag{8.3.11}$$

$$E_2 = ZI_2 \tag{8.3.12}$$

が成立する．式 (8.3.10), (8.3.11), (8.3.12) から I_0, I_1, I_2 を求め，式(8.3.9) に代入すると，

$$I_a = \frac{E_0}{Z+3Z_m} + \frac{E_1+E_2}{Z} = \left(\frac{1}{Z+3Z_m} - \frac{1}{Z}\right)E_0 + \frac{E_0+E_1+E_2}{Z}$$

$$= \frac{1}{3}\left(\frac{1}{Z+3Z_m} - \frac{1}{Z}\right)(E_a+E_b+E_c) + \frac{E_a}{Z} \qquad (8.3.13)$$

$$I_b = \frac{E_0}{Z+3Z_m} + \frac{a^2E_1+aE_2}{Z} = \frac{1}{3}\left(\frac{1}{Z+3Z_m} - \frac{1}{Z}\right)(E_a+E_b+E_c) + \frac{E_b}{Z} \qquad (8.3.14)$$

$$I_c = \frac{E_0}{Z+3Z_m} + \frac{aE_1+a^2E_2}{Z} = \frac{1}{3}\left(\frac{1}{Z+3Z_m} - \frac{1}{Z}\right)(E_a+E_b+E_c) + \frac{E_c}{Z} \qquad (8.3.15)$$

が求まる．

8.4　インピーダンスとアドミタンスの変換

電圧 V_a, V_b, V_c と電流 I_a, I_b, I_c が，インピーダンス Z_a, Z_b, Z_c によって，

$$V_a = Z_a I_a, \quad V_b = Z_b I_b, \quad V_c = Z_c I_c \qquad (8.4.1)$$

のように関係づけられるとしよう．V_a, V_b, V_c および I_a, I_b, I_c の対称分を，それぞれ V_0, V_1, V_2 および I_0, I_1, I_2 とすると，

$$\begin{bmatrix} V_a \\ V_b \\ V_c \end{bmatrix} = \begin{bmatrix} 1 & 1 & 1 \\ 1 & a^2 & a \\ 1 & a & a^2 \end{bmatrix} \begin{bmatrix} V_0 \\ V_1 \\ V_2 \end{bmatrix} \qquad (8.4.2)$$

$$\begin{bmatrix} I_a \\ I_b \\ I_c \end{bmatrix} = \begin{bmatrix} 1 & 1 & 1 \\ 1 & a^2 & a \\ 1 & a & a^2 \end{bmatrix} \begin{bmatrix} I_0 \\ I_1 \\ I_2 \end{bmatrix} \qquad (8.4.3)$$

である．これらを，式 (8.4.1) を行列で表した式

8.4 インピーダンスとアドミタンスの変換

$$\begin{bmatrix} V_a \\ V_b \\ V_c \end{bmatrix} = \begin{bmatrix} Z_a & 0 & 0 \\ 0 & Z_b & 0 \\ 0 & 0 & Z_c \end{bmatrix} \begin{bmatrix} I_a \\ I_b \\ I_c \end{bmatrix} \qquad (8.4.4)$$

に代入すると，

$$\begin{bmatrix} 1 & 1 & 1 \\ 1 & a^2 & a \\ 1 & a & a^2 \end{bmatrix} \begin{bmatrix} V_0 \\ V_1 \\ V_2 \end{bmatrix} = \begin{bmatrix} Z_a & 0 & 0 \\ 0 & Z_b & 0 \\ 0 & 0 & Z_c \end{bmatrix} \begin{bmatrix} 1 & 1 & 1 \\ 1 & a^2 & a \\ 1 & a & a^2 \end{bmatrix} \begin{bmatrix} I_0 \\ I_1 \\ I_2 \end{bmatrix}$$

である．左辺の係数行列の逆行列を上式の左から掛けると，

$$\begin{bmatrix} V_0 \\ V_1 \\ V_2 \end{bmatrix} = \begin{bmatrix} 1 & 1 & 1 \\ 1 & a^2 & a \\ 1 & a & a^2 \end{bmatrix}^{-1} \begin{bmatrix} Z_a & 0 & 0 \\ 0 & Z_b & 0 \\ 0 & 0 & Z_c \end{bmatrix} \begin{bmatrix} 1 & 1 & 1 \\ 1 & a^2 & a \\ 1 & a & a^2 \end{bmatrix} \begin{bmatrix} I_0 \\ I_1 \\ I_2 \end{bmatrix}$$

$$= \frac{1}{3} \begin{bmatrix} 1 & 1 & 1 \\ 1 & a & a^2 \\ 1 & a^2 & a \end{bmatrix} \begin{bmatrix} Z_a & 0 & 0 \\ 0 & Z_b & 0 \\ 0 & 0 & Z_c \end{bmatrix} \begin{bmatrix} 1 & 1 & 1 \\ 1 & a^2 & a \\ 1 & a & a^2 \end{bmatrix} \begin{bmatrix} I_0 \\ I_1 \\ I_2 \end{bmatrix} \qquad (8.4.5)$$

が得られる．右辺の行列の積は，

$$\frac{1}{3} \begin{bmatrix} 1 & 1 & 1 \\ 1 & a & a^2 \\ 1 & a^2 & a \end{bmatrix} \begin{bmatrix} Z_a & 0 & 0 \\ 0 & Z_b & 0 \\ 0 & 0 & Z_c \end{bmatrix} \begin{bmatrix} 1 & 1 & 1 \\ 1 & a^2 & a \\ 1 & a & a^2 \end{bmatrix}$$

$$= \frac{1}{3} \begin{bmatrix} 1 & 1 & 1 \\ 1 & a & a^2 \\ 1 & a^2 & a \end{bmatrix} \begin{bmatrix} Z_a & Z_a & Z_a \\ Z_b & a^2 Z_b & a Z_b \\ Z_c & a Z_c & a^2 Z_c \end{bmatrix}$$

$$= \frac{1}{3} \begin{bmatrix} Z_a+Z_b+Z_c & Z_a+a^2 Z_b+a Z_c & Z_a+a Z_b+a^2 Z_c \\ Z_a+a Z_b+a^2 Z_c & Z_a+Z_b+Z_c & Z_a+a^2 Z_b+a Z_c \\ Z_a+a^2 Z_b+a Z_c & Z_a+a Z_b+a^2 Z_c & Z_a+Z_b+Z_c \end{bmatrix}$$

$$(8.4.6)$$

となる．したがって，インピーダンスの変換を

$$\begin{bmatrix} Z_0 \\ Z_1 \\ Z_2 \end{bmatrix} = \frac{1}{3} \begin{bmatrix} 1 & 1 & 1 \\ 1 & a & a^2 \\ 1 & a^2 & a \end{bmatrix} \begin{bmatrix} Z_a \\ Z_b \\ Z_c \end{bmatrix} \tag{8.4.7}$$

とすると，式 (8.4.5) は，

$$\begin{bmatrix} V_0 \\ V_1 \\ V_2 \end{bmatrix} = \begin{bmatrix} Z_0 & Z_2 & Z_1 \\ Z_1 & Z_0 & Z_2 \\ Z_2 & Z_1 & Z_0 \end{bmatrix} \begin{bmatrix} I_0 \\ I_1 \\ I_2 \end{bmatrix} \tag{8.4.8}$$

と書ける．

電圧と電流は，アドミタンスによっても

$$\begin{bmatrix} I_a \\ I_b \\ I_c \end{bmatrix} = \begin{bmatrix} Y_a & 0 & 0 \\ 0 & Y_b & 0 \\ 0 & 0 & Y_c \end{bmatrix} \begin{bmatrix} V_a \\ V_b \\ V_c \end{bmatrix} \tag{8.4.9}$$

のように関係づけられる．インピーダンスの場合と同様，式 (8.4.2)，(8.4.3) によって，電圧と電流を変換すると，

$$\begin{bmatrix} I_0 \\ I_1 \\ I_2 \end{bmatrix} = \frac{1}{3} \begin{bmatrix} 1 & 1 & 1 \\ 1 & a & a^2 \\ 1 & a^2 & a \end{bmatrix} \begin{bmatrix} Y_a & 0 & 0 \\ 0 & Y_b & 0 \\ 0 & 0 & Y_c \end{bmatrix} \begin{bmatrix} 1 & 1 & 1 \\ 1 & a^2 & a \\ 1 & a & a^2 \end{bmatrix} \begin{bmatrix} V_0 \\ V_1 \\ V_2 \end{bmatrix}$$

$$= \begin{bmatrix} Y_0 & Y_2 & Y_1 \\ Y_1 & Y_0 & Y_2 \\ Y_2 & Y_1 & Y_0 \end{bmatrix} \begin{bmatrix} V_0 \\ V_1 \\ V_2 \end{bmatrix} \tag{8.4.10}$$

が得られる．ただし，

$$\begin{bmatrix} Y_0 \\ Y_1 \\ Y_2 \end{bmatrix} = \frac{1}{3} \begin{bmatrix} 1 & 1 & 1 \\ 1 & a & a^2 \\ 1 & a^2 & a \end{bmatrix} \begin{bmatrix} Y_a \\ Y_b \\ Y_c \end{bmatrix} \tag{8.4.11}$$

である．式 (8.4.8)，(8.4.10) の係数行列の間には

$$\begin{bmatrix} Y_0 & Y_2 & Y_1 \\ Y_1 & Y_0 & Y_2 \\ Y_2 & Y_1 & Y_0 \end{bmatrix} = \begin{bmatrix} Z_0 & Z_2 & Z_1 \\ Z_1 & Z_0 & Z_2 \\ Z_2 & Z_1 & Z_0 \end{bmatrix}^{-1} \tag{8.4.12}$$

8.4 インピーダンスとアドミタンスの変換

の関係があることは容易にわかる.

3相回路の負荷の間に相互誘導のある場合に対する対称分電圧と対称分電流の関係も上と同様の方法で導ける. 簡単のため, 図8.4.1のように, 対称負荷の相互間に Z_m というインピーダンスがある場合について考えてみよう. 相電圧を V_a, V_b, V_c, 相電流を I_a, I_b, I_c とすると,

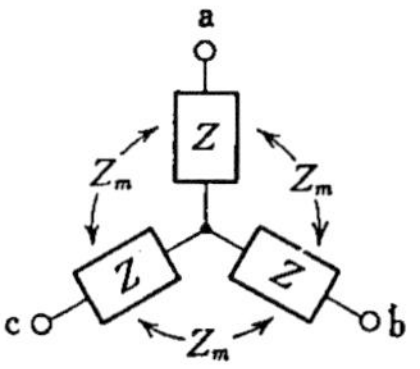

図 8.4.1 相互インピーダンスをもつ負荷

$$\begin{bmatrix} V_a \\ V_b \\ V_c \end{bmatrix} = \begin{bmatrix} Z & Z_m & Z_m \\ Z_m & Z & Z_m \\ Z_m & Z_m & Z \end{bmatrix} \begin{bmatrix} I_a \\ I_b \\ I_c \end{bmatrix} \tag{8.4.13}$$

である. 式(8.4.2), (8.4.3)を用いて電圧, 電流を変換すれば,

$$\begin{bmatrix} V_0 \\ V_1 \\ V_2 \end{bmatrix} = \frac{1}{3} \begin{bmatrix} 1 & 1 & 1 \\ 1 & a & a^2 \\ 1 & a^2 & a \end{bmatrix} \begin{bmatrix} Z & Z_m & Z_m \\ Z_m & Z & Z_m \\ Z_m & Z_m & Z \end{bmatrix} \begin{bmatrix} 1 & 1 & 1 \\ 1 & a^2 & a \\ 1 & a & a^2 \end{bmatrix} \begin{bmatrix} I_0 \\ I_1 \\ I_2 \end{bmatrix} \tag{8.4.14}$$

となる.

$$\frac{1}{3} \begin{bmatrix} 1 & 1 & 1 \\ 1 & a & a^2 \\ 1 & a^2 & a \end{bmatrix} \begin{bmatrix} Z & Z_m & Z_m \\ Z_m & Z & Z_m \\ Z_m & Z_m & Z \end{bmatrix} \begin{bmatrix} 1 & 1 & 1 \\ 1 & a^2 & a \\ 1 & a & a^2 \end{bmatrix}$$

$$= \frac{1}{3} \begin{bmatrix} 1 & 1 & 1 \\ 1 & a & a^2 \\ 1 & a^2 & a \end{bmatrix} \begin{bmatrix} Z+2Z_m & Z-Z_m & Z-Z_m \\ Z+2Z_m & a^2(Z-Z_m) & a(Z-Z_m) \\ Z+2Z_m & a(Z-Z_m) & a^2(Z-Z_m) \end{bmatrix}$$

$$= \begin{bmatrix} Z+2Z_m & 0 & 0 \\ 0 & Z-Z_m & 0 \\ 0 & 0 & Z-Z_m \end{bmatrix} \tag{8.4.15}$$

であるから,

$$\begin{bmatrix} V_0 \\ V_1 \\ V_2 \end{bmatrix} = \begin{bmatrix} Z+2Z_m & 0 & 0 \\ 0 & Z-Z_m & 0 \\ 0 & 0 & Z-Z_m \end{bmatrix} \begin{bmatrix} I_0 \\ I_1 \\ I_2 \end{bmatrix} \qquad (8.4.16)$$

という電圧と電流の関係式が得られる．式 (8.4.16) の右辺の係数行列は対角行列なので，零相分，正相分，逆相分の間に相互関係はないが，零相分に対するインピーダンスは，他の相に対するインピーダンスと異なってきている．

【例題 8.4】 図 8.4.2 の回路の線電流 I_a, I_b, I_c を求めよ．

〔解〕 電源側の中性点 n を基準とした負荷側の中性点 m の電圧を V_m とすると，

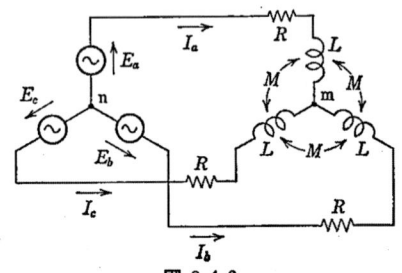

$$\begin{bmatrix} V_a \\ V_b \\ V_c \end{bmatrix} + \begin{bmatrix} V_m \\ V_m \\ V_m \end{bmatrix} = \begin{bmatrix} E_a \\ E_b \\ E_c \end{bmatrix} \qquad (8.4.17)$$

図 8.4.2

が成り立つ．この式の両辺に変換行列 S^{-1} を掛けて，V_a, V_b, V_c の対称分 V_0, V_1, V_2 と E_a, E_b, E_c の対称分 E_0, E_1, E_2 に関する式を求めると，

$$\begin{bmatrix} V_0 \\ V_1 \\ V_2 \end{bmatrix} + \frac{1}{3}\begin{bmatrix} 1 & 1 & 1 \\ 1 & a & a^2 \\ 1 & a^2 & a \end{bmatrix} \begin{bmatrix} V_m \\ V_m \\ V_m \end{bmatrix} = \begin{bmatrix} E_0 \\ E_1 \\ E_2 \end{bmatrix}$$

から，

$$\begin{bmatrix} V_0 \\ V_1 \\ V_2 \end{bmatrix} + \begin{bmatrix} V_m \\ 0 \\ 0 \end{bmatrix} = \begin{bmatrix} E_0 \\ E_1 \\ E_2 \end{bmatrix} \qquad (8.4.18)$$

が得られる．式 (8.4.16) において，

$$Z=R+j\omega L, \quad Z_m=j\omega M \qquad (8.4.19)$$

とおけば，I_a, I_b, I_c の対称分 I_0, I_1, I_2 と V_c, V_1, V_2 の間の関係式が得られる．

$$\left.\begin{array}{l}V_0=(R+j\omega L+2j\omega M)I_0\\V_1=(R+j\omega L-j\omega M)I_1\\V_2=(R+j\omega L-j\omega M)I_2\end{array}\right\} \quad (8.4.20)$$

一方，負荷側の中性点 m に対する KCL から

$$I_0=\frac{1}{3}(I_a+I_b+I_c)=0 \quad (8.4.21)$$

である．式 (8.4.20), (8.4.21) を式 (8.4.18) に代入すると，

$$V_0=0, \quad V_m=E_0 \quad (8.4.22)$$

$$I_1=\frac{E_1}{R+j\omega L-j\omega M}, \quad I_2=\frac{E_2}{R+j\omega L-j\omega M} \quad (8.4.23)$$

が得られる．式 (8.4.21), (8.4.23) から

$$I_a=I_0+I_1+I_2=\frac{E_1+E_2}{R+j\omega L-j\omega M}=\frac{2E_a-E_b-E_c}{3(R+j\omega L-j\omega M)} \quad (8.4.24)$$

同様にして，

$$I_b=\frac{2E_b-E_c-E_a}{3(R+j\omega L-j\omega M)} \quad (8.4.25)$$

$$I_c=\frac{2E_c-E_a-E_b}{3(R+j\omega L-j\omega M)} \quad (8.4.26)$$

が求まる．

8.5 対称3相交流発電機の基本式

発電機の動作を記述する式は，固定子と回転子のコイルの間の相互インダクタンスが時間的に変化するため，係数が時間的に変化する微分方程式となる．この変係数微分方程式は，対称座標法による変数変換を行なえば，定係数の微分方程式に変えることができる．詳しい式の誘導は省略するが[1]，図 8.5.1 に示すような対称3相交流発電機に

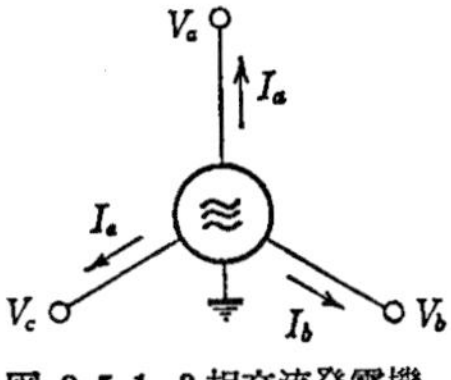

図 8.5.1 3相交流発電機

---

1) たとえば，林重憲著「交流理論と過渡現象」オーム社参照．

対しては，次のような式が成立し，3相交流発電機の基本式とよばれる．

〔3相交流発電機の基本式〕

$$V_0 = -Z_{g0}I_0, \quad V_1 = E_1 - Z_{g1}I_1, \quad V_2 = -Z_{g2}I_2 \qquad (8.5.1)$$

ただし

$$\begin{bmatrix} V_0 \\ V_1 \\ V_2 \end{bmatrix} = \frac{1}{3}\begin{bmatrix} 1 & 1 & 1 \\ 1 & a & a^2 \\ 1 & a^2 & a \end{bmatrix}\begin{bmatrix} V_a \\ V_b \\ V_c \end{bmatrix} \qquad (8.5.2)$$

$$\begin{bmatrix} I_0 \\ I_1 \\ I_2 \end{bmatrix} = \frac{1}{3}\begin{bmatrix} 1 & 1 & 1 \\ 1 & a & a^2 \\ 1 & a^2 & a \end{bmatrix}\begin{bmatrix} I_a \\ I_b \\ I_c \end{bmatrix} \qquad (8.5.3)$$

である．E_1 は正相起電力であり，Z_{g0}, Z_{g1}, Z_{g2} は，対称3相交流発電機のインピーダンスの対称分であり，それぞれ**零相インピーダンス** (zero-phase sequence impedance)，**正相インピーダンス** (positive-phase sequence impedance)，**逆相インピーダンス** (negative-phase sequence impedance) とよばれる．

式 (8.5.1) には，対称分が分離した形で現われている．これに反し，相電圧と相電流の関係は，式 (8.5.1) に逆変換を施せばわかるように，相互結合を含む複雑な式になる．すなわち，式 (8.5.1) を行列で書けば，

$$\begin{bmatrix} V_0 \\ V_1 \\ V_2 \end{bmatrix} = \begin{bmatrix} 0 \\ E_1 \\ 0 \end{bmatrix} - \begin{bmatrix} Z_{g0} & 0 & 0 \\ 0 & Z_{g1} & 0 \\ 0 & 0 & Z_{g2} \end{bmatrix}\begin{bmatrix} I_0 \\ I_1 \\ I_2 \end{bmatrix} \qquad (8.5.4)$$

となるが，この式の両辺に左側から逆変換行列 S を掛け，式 (8.5.2)，(8.5.3) を用いると，

$$\begin{bmatrix} V_a \\ V_b \\ V_c \end{bmatrix} = \begin{bmatrix} E_a \\ E_b \\ E_c \end{bmatrix} - \begin{bmatrix} 1 & 1 & 1 \\ 1 & a^2 & a \\ 1 & a & a^2 \end{bmatrix}\begin{bmatrix} Z_{g0} & 0 & 0 \\ 0 & Z_{g1} & 0 \\ 0 & 0 & Z_{g2} \end{bmatrix}\frac{1}{3}\begin{bmatrix} 1 & 1 & 1 \\ 1 & a & a^2 \\ 1 & a^2 & a \end{bmatrix}\begin{bmatrix} I_a \\ I_b \\ I_c \end{bmatrix}$$

$$(8.5.5)$$

となる．$E_a = E_1, E_b = a^2 E_1, E_c = aE_1$ であり，E_a, E_b, E_c は対称3相起電力となる．この式の右辺第2項の行列の掛算を求めると，

8.5 対称3相交流発電機の基本式

$$\frac{1}{3}\begin{bmatrix} Z_{g0}+Z_{g1}+Z_{g2} & Z_{g0}+aZ_{g1}+a^2Z_{g2} & Z_{g0}+a^2Z_{g1}+aZ_{g2} \\ Z_{g0}+a^2Z_{g1}+aZ_{g2} & Z_{g0}+Z_{g1}+Z_{g2} & Z_{g0}+aZ_{g1}+a^2Z_{g2} \\ Z_{g0}+aZ_{g1}+a^2Z_{g2} & Z_{g0}+a^2Z_{g1}+aZ_{g2} & Z_{g0}+Z_{g1}+Z_{g2} \end{bmatrix}$$

である．したがって，

$$\begin{bmatrix} Z \\ Z_m \\ Z_n \end{bmatrix} = \frac{1}{3}\begin{bmatrix} 1 & 1 & 1 \\ 1 & a^2 & a \\ 1 & a & a^2 \end{bmatrix}\begin{bmatrix} Z_{g0} \\ Z_{g1} \\ Z_{g2} \end{bmatrix} \tag{8.5.6}$$

とおくと，式 (8.5.5) から

$$\begin{bmatrix} V_a \\ V_b \\ V_c \end{bmatrix} = \begin{bmatrix} E_a \\ E_b \\ E_c \end{bmatrix} - \begin{bmatrix} Z & Z_n & Z_m \\ Z_m & Z & Z_n \\ Z_n & Z_m & Z \end{bmatrix}\begin{bmatrix} I_a \\ I_b \\ I_c \end{bmatrix} \tag{8.5.7}$$

が得られる．

式 (8.5.7) から図 8.5.2 のような発電機の等価回路が得られる．この回路では，これまでの静止回路と異なり，二つの相の間の相互インピーダンスが対称となっていない．

式 (8.5.1) を用いると，交流発電機を含む3相回路を解析することができる．

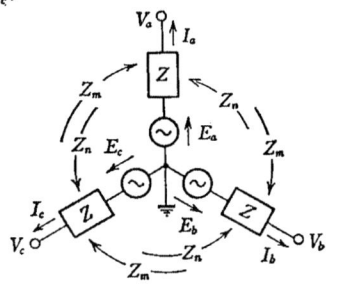

図 8.5.2 交流発電機の等価回路

【例題 8.5】 図 8.5.3 のように，発電機の1端が接地，他の2端が開放された場合，接地端に流れる電流 I_a を求めよ．

図 8.5.3

〔解〕 この場合

$$V_a = 0 \tag{8.5.8}$$

$$I_b = I_c = 0 \tag{8.5.9}$$

である．式 (8.5.9) を式 (8.5.3) に代入すると，

が得られる。また、式 (8.5.8) を対称分で表すと、
$$V_0 + V_1 + V_2 = 0 \tag{8.5.11}$$
となるが、これに基本式と式 (8.5.10) を代入すると、
$$E_1 - (Z_{g0} + Z_{g1} + Z_{g2})I_0 = 0 \tag{8.5.12}$$
が得られる。したがって
$$I_a = 3I_0 = \frac{3E_1}{Z_{g0} + Z_{g1} + Z_{g2}} \tag{8.5.13}$$
である。

【例題 8.6】 図 8.5.4 のように、発電機の 2 端が短絡され、残る 1 端が開放されているとき、短絡電流 I_b を求めよ。

図 8.5.4

〔解〕 この場合
$$I_a = 0, \quad I_b + I_c = 0 \tag{8.5.14}$$
$$V_b = V_c \tag{8.5.15}$$
である。式 (8.5.14) を式 (8.5.3) に代入すると、
$$I_0 = 0, \quad I_1 = -I_2 = \frac{1}{3}(a - a^2)I_b \tag{8.5.16}$$
が得られる。また、式 (8.5.15) を対称分で書くと、
$$V_0 + a^2 V_1 + a V_2 = V_0 + a V_1 + a^2 V_2 \tag{8.5.17}$$
となるから、
$$V_1 = V_2 \tag{8.5.18}$$
である。式 (8.5.18) に基本式を代入し、式 (8.5.16) を用いると、
$$E_1 - Z_{g1} I_1 = Z_{g2} I_1 \tag{8.5.19}$$
となり、
$$I_1 = \frac{E_1}{Z_{g1} + Z_{g2}} \tag{8.5.20}$$
が求まる。したがって、式 (8.5.16) から

8.5 対称3相交流発電機の基本式

$$I_b = \frac{3E_1}{(a-a^2)(Z_{g1}+Z_{g2})} = -\frac{j\sqrt{3}E_1}{Z_{g1}+Z_{g2}} \quad (8.5.21)$$

である．

【例題 8.7】 図8.5.5のように，送電線の1端が地絡したときに流れる地絡電流 I_a を求めよ．

〔解〕 この場合は，

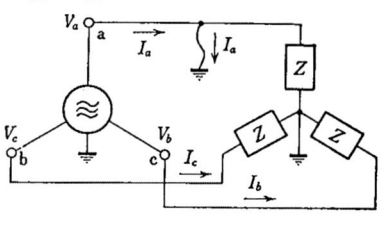

図 8.5.5

$$\begin{bmatrix} V_a \\ V_b \\ V_c \end{bmatrix} = \begin{bmatrix} 0 & 0 & 0 \\ 0 & Z & 0 \\ 0 & 0 & Z \end{bmatrix} \begin{bmatrix} I_a \\ I_b \\ I_c \end{bmatrix} \quad (8.5.22)$$

が成立する．式 (8.5.22) を対称座標法によって変換すると，

$$\begin{bmatrix} V_0 \\ V_1 \\ V_2 \end{bmatrix} = \begin{bmatrix} 1 & 1 & 1 \\ 1 & a^2 & a \\ 1 & a & a^2 \end{bmatrix} \begin{bmatrix} 0 & 0 & 0 \\ 0 & Z & 0 \\ 0 & 0 & Z \end{bmatrix} \frac{1}{3} \begin{bmatrix} 1 & 1 & 1 \\ 1 & a & a^2 \\ 1 & a^2 & a \end{bmatrix} \begin{bmatrix} I_0 \\ I_1 \\ I_2 \end{bmatrix}$$

$$= \begin{bmatrix} 1 & 1 & 1 \\ 1 & a^2 & a \\ 1 & a & a^2 \end{bmatrix} \frac{1}{3} \begin{bmatrix} 0 & 0 & 0 \\ Z & aZ & a^2Z \\ Z & a^2Z & aZ \end{bmatrix} \begin{bmatrix} I_0 \\ I_1 \\ I_2 \end{bmatrix}$$

$$= \frac{1}{3} \begin{bmatrix} 2Z & -Z & -Z \\ -Z & 2Z & -Z \\ -Z & -Z & 2Z \end{bmatrix} \begin{bmatrix} I_0 \\ I_1 \\ I_2 \end{bmatrix} \quad (8.5.23)$$

となる．この式と基本式 (8.5.4) とから

$$\frac{1}{3} \begin{bmatrix} 2Z & -Z & -Z \\ -Z & 2Z & -Z \\ -Z & -Z & 2Z \end{bmatrix} \begin{bmatrix} I_0 \\ I_1 \\ I_2 \end{bmatrix} = \begin{bmatrix} 0 \\ E_1 \\ 0 \end{bmatrix} - \begin{bmatrix} Z_{g0} & 0 & 0 \\ 0 & Z_{g1} & 0 \\ 0 & 0 & Z_{g2} \end{bmatrix} \begin{bmatrix} I_0 \\ I_1 \\ I_2 \end{bmatrix} \quad (8.5.24)$$

を得る．したがって

である.

$$\frac{1}{3}\begin{bmatrix} 2Z+3Z_{g0} & -Z & -Z \\ -Z & 2Z+3Z_{g1} & -Z \\ -Z & -Z & 2Z+3Z_{g2} \end{bmatrix}\begin{bmatrix} I_0 \\ I_1 \\ I_2 \end{bmatrix} = \begin{bmatrix} 0 \\ E_1 \\ 0 \end{bmatrix} \quad (8.5.25)$$

である.この式を解いて I_0, I_1, I_2 を求めると,

$$\left.\begin{array}{l} I_0 = \{Z(Z+Z_{g2})\}E_1/\varDelta \\ I_1 = \{Z^2+2Z(Z_{g0}+Z_{g2})+3Z_{g0}Z_{g2}\}E_1/\varDelta \\ I_2 = \{Z(Z+Z_{g0})\}E_1/\varDelta \end{array}\right\} \quad (8.5.26)$$

となる.ただし

$$\varDelta = Z^2(Z_{g0}+Z_{g1}+Z_{g2}) + 2Z(Z_{g0}Z_{g1}+Z_{g1}Z_{g2}+Z_{g2}Z_{g0}) + 3Z_{g0}Z_{g1}Z_{g2} \quad (8.5.27)$$

である.式 (8.5.26) から

$$I_a = I_0+I_1+I_2 = \frac{3}{\varDelta}\{Z^2+Z(Z_{g0}+Z_{g2})+Z_{g0}Z_{g2}\}E_1 \quad (8.5.28)$$

を得る.

8.6　3相回路の電力

図8.6.1のように,3相負荷の相電圧 V_a, V_b, V_c と相電流 I_a, I_b, I_c が与えられているとき,3相負荷における複素電力 P は

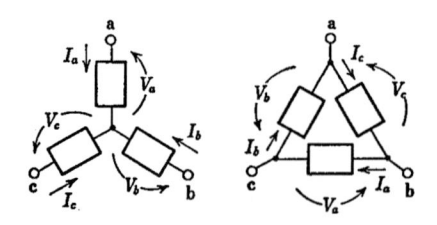

図 8.6.1　相電圧・相電流による3相電力

$$P = \bar{V}_a I_a + \bar{V}_b I_b + \bar{V}_c I_c \quad (8.6.1)$$

である.また,図8.6.2のように線電圧と線電流が与えられているときは,線

8.6 3相回路の電力

電圧 V_{ab}, V_{bc}, V_{ca} を Δ 形に結線された起電力と考えて（図 8.2.3 参照），複素電力 P は

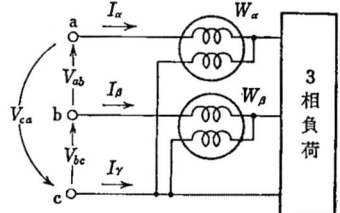

図 8.6.2 線電圧・線電流による3相電力

$$P = \bar{V}_{ab}I_c + \bar{V}_{bc}I_a + \bar{V}_{ca}I_b \tag{8.6.2}$$

となる．ただし，I_a, I_b, I_c は Δ 形に結線された起電力が供給する電流であり，I_a, I_b, I_c と線電流 I_α, I_β, I_γ との間には式 (8.1.8) の関係がある．線電圧 V_{ab}, V_{bc}, V_{ca} の間には

$$V_{ab} + V_{bc} + V_{ca} = 0 \tag{8.6.3}$$

という関係式がある．この式と式 (8.1.8) を用いると，

$$\begin{aligned} P &= \bar{V}_{ab}I_c + \bar{V}_{bc}(I_\beta + I_c) + \bar{V}_{ca}(I_c - I_\alpha) \\ &= \bar{V}_{bc}I_\beta - \bar{V}_{ca}I_\alpha + (\bar{V}_{ab} + \bar{V}_{bc} + \bar{V}_{ca})I_c \\ &= \bar{V}_{bc}I_\beta - \bar{V}_{ca}I_\alpha = \bar{V}_{bc}I_\beta + \bar{V}_{ac}I_\alpha \end{aligned} \tag{8.6.4}$$

となる．ただし，$V_{ac} = -V_{ca}$ である．

式 (8.6.4) を見れば，3相負荷の消費電力 P_e は，図 8.6.2 のように2個の電力計 W_α, W_β を用いて計れることがわかる．すなわち，式 (8.6.4) から

$$P_e = \mathcal{R}e\,\bar{V}_{bc}I_\beta + \mathcal{R}e\,\bar{V}_{ac}I_\alpha \tag{8.6.5}$$

であるが，W_α, W_β の指示 $P_{\alpha e}$, $P_{\beta e}$ は，それぞれ $|\mathcal{R}e\,\bar{V}_{ac}I_\alpha|$, $|\mathcal{R}e\,\bar{V}_{bc}I_\beta|$ を示すから，

$$P_e = |P_{\alpha e} \pm P_{\beta e}| \tag{8.6.6}$$

となる．式 (8.6.6) の複号のうちの＋をとるかーをとるかは，線電圧と線電流の位相関係による．このようにして，2個の電力計によって3相負荷の電力を測定する方法を**2電力計法**という．

【**例題 8.8**】 図 8.6.2 の3相負荷が，Y形に結線された対称回路であり，そ

の相電流が相電圧より角 φ $\left(0<\varphi<\dfrac{\pi}{2}\right)$ だけ遅れているとき，3相負荷で消費される電力を，電力計の読み $P_{\alpha e}$, $P_{\beta e}$ から求めよ．

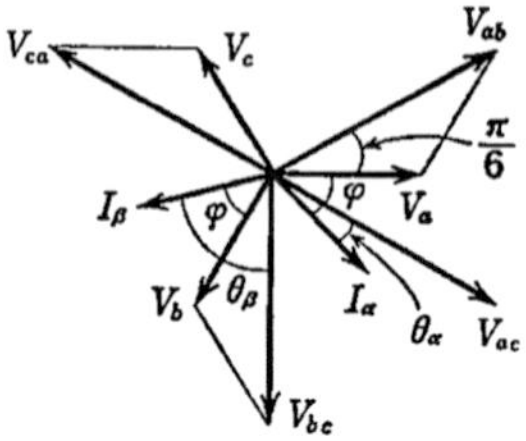

〔解〕 相電圧を V_a, V_b, V_c とすると，これらと線電圧の関係は，式 (8.1.5) で与えられ，図 8.6.3 に示すようになる．図 8.6.3 には，線電流（＝相電流） I_α, I_β, I_γ も示した．V_{ac} と I_α の間の角を θ_α, V_{bc} と I_β の間の角を θ_β とすると，図からわかるように，

図 8.6.3

$$\theta_\alpha = \varphi - \dfrac{\pi}{6} \tag{8.6.7}$$

$$\theta_\beta = \varphi + \dfrac{\pi}{6} \tag{8.6.8}$$

である．ところが，$0<\varphi<\pi/2$ であるから，$\cos\theta_\alpha > 0$ であるが，$\cos\theta_\beta$ は，$0<\varphi<\pi/3$ のとき正，$\pi/3<\varphi<\pi/2$ のとき負となる．それゆえ，電力計の読みは，$0<\varphi<\pi/3$ のとき，$P_{\alpha e} = \mathscr{R}e\,\bar{V}_{ac}I_\alpha$, $P_{\beta e} = \mathscr{R}e\,\bar{V}_{bc}I_\beta$ となり，

$$P_e = P_{\alpha e} + P_{\beta e} \tag{8.6.9}$$

で与えられる．しかし，$\pi/3<\varphi<\pi/2$ のときは，$P_{\alpha e} = \mathscr{R}e\,\bar{V}_{ac}I_\alpha$, $P_{\beta e} = -\mathscr{R}e\,\bar{V}_{bc}I_\beta$ となり，

$$P_e = P_{\alpha e} - P_{\beta e} \tag{8.6.10}$$

である．

相電圧 V_a, V_b, V_c と相電流 I_a, I_b, I_c による3相複素電力を対称成分で表すと，

$$\begin{aligned}
P &= \overline{(V_0+V_1+V_2)}(I_0+I_1+I_2) \\
&\quad + \overline{(V_0+a^2V_1+aV_2)}(I_0+a^2I_1+aI_2) \\
&\quad + \overline{(V_0+aV_1+a^2V_2)}(I_0+aI_1+a^2I_2) \\
&= (\bar{V}_0+\bar{V}_1+\bar{V}_2)(I_0+I_1+I_2) \\
&\quad + (\bar{V}_0+a\bar{V}_1+a^2\bar{V}_2)(I_0+a^2I_1+aI_2) \\
&\quad + (\bar{V}_0+a^2\bar{V}_1+a\bar{V}_2)(I_0+aI_1+a^2I_2) \\
&= 3(\bar{V}_0I_0+\bar{V}_1I_1+\bar{V}_2I_2) \tag{8.6.11}
\end{aligned}$$

となる ($\overline{a}=a^2$, $\overline{a^2}=a$ に注意).

式 (8.6.11) を見れば，同じ対称分の電圧と電流のみが電力を形成し，異なった対称分の電圧と電流は電力を形成しないことがわかる.

非対称負荷の場合には，式 (8.4.8) が成立するから，この式の V_0, V_1, V_2 を式 (8.6.11) に代入すると，

$$P=3\{(\bar{Z}_0\bar{I}_0+\bar{Z}_2\bar{I}_1+\bar{Z}_1\bar{I}_2)I_0+(\bar{Z}_1\bar{I}_0+\bar{Z}_0\bar{I}_1+\bar{Z}_2\bar{I}_2)I_1$$
$$+(\bar{Z}_2\bar{I}_0+\bar{Z}_1\bar{I}_1+\bar{Z}_0\bar{I}_2)I_2\}$$
$$=3\{\bar{Z}_0(\bar{I}_0I_0+\bar{I}_1I_1+\bar{I}_2I_2)+\bar{Z}_1(\bar{I}_2I_0+\bar{I}_0I_1+\bar{I}_1I_2)$$
$$+\bar{Z}_2(\bar{I}_1I_0+\bar{I}_2I_1+\bar{I}_0I_2)\} \qquad (8.6.12)$$

が得られる．また，図 8.4.1 のような相互結合をもつ対称負荷の場合には，式 (8.4.16) が成立する．この式の V_0, V_1, V_2 を式 (8.6.11) に代入すると，

$$P=3\{\overline{(Z+2Z_m)}\bar{I}_0I_0+\overline{(Z-Z_m)}\bar{I}_1I_1+\overline{(Z-Z_m)}\bar{I}_2I_2\} \quad (8.6.13)$$

となる．

8.7 回 転 磁 界

空間的に回転する磁界を**回転磁界** (revolving magnetic field) という．誘導電動機などの運転は回転磁界によっている．図 8.7.1 のように，3 個のコイルを互いに $2\pi/3$ の角をなすように配置し，これに対称 3 相交流を流す．このとき，中心 O に生じる磁界を求めてみよう．コイル I，II，III の電流を，それぞれ

$$\left.\begin{array}{l}i_a=I_m\sin\omega t\\ i_b=I_m\sin\left(\omega t-\dfrac{2\pi}{3}\right)\\ i_c=I_m\sin\left(\omega t-\dfrac{4\pi}{3}\right)\end{array}\right\} \qquad (8.7.1)$$

とすると，それぞれのコイルが中心に作る磁界は，これらの電流に比例し，

$$h_1 = H_m \sin \omega t \\
h_2 = H_m \sin \left(\omega t - \frac{2\pi}{3}\right) \\
h_3 = H_m \sin \left(\omega t - \frac{4\pi}{3}\right) \Bigg\} \quad (8.7.2)$$

となる．磁界の方向は，それぞれのコイルの面に垂直であり，図 8.7.1 に示したようになる．

いま，同図のように直角座標を定め，式 (8.7.2) で表される磁界の x 軸および y 軸方向の成分を求めると，

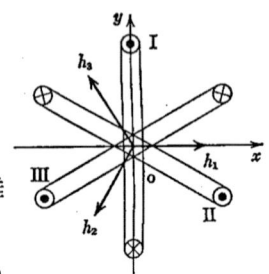

図 8.7.1　対称 3 相交流による磁界

$$h_{1x} = h_1, \ h_{1y} = 0 \\
h_{2x} = h_2 \cos\left(-\frac{2\pi}{3}\right), \ h_{2y} = h_2 \sin\left(-\frac{2\pi}{3}\right) \\
h_{3x} = h_3 \cos\left(-\frac{4\pi}{3}\right), \ h_{3y} = h_3 \sin\left(-\frac{4\pi}{3}\right) \Bigg\} \quad (8.7.3)$$

となる．コイルの中心に生じる磁界は，各コイルが作る磁界のベクトル和である．中心の磁界を h とし，その x 軸および y 軸方向の成分を h_x, h_y とすると，

$$\begin{aligned}
h_x &= h_{1x} + h_{2x} + h_{3x} = h_1 + h_2 \cos\left(-\frac{2\pi}{3}\right) + h_3 \cos\left(-\frac{4\pi}{3}\right) \\
&= H_m \sin \omega t + H_m \sin\left(\omega t - \frac{2\pi}{3}\right)\cos\left(-\frac{2\pi}{3}\right) \\
&\quad + H_m \sin\left(\omega t - \frac{4\pi}{3}\right)\cos\left(-\frac{4\pi}{3}\right) \\
&= H_m \sin \omega t + \frac{H_m}{2}\sin \omega t + \frac{H_m}{2}\sin\left(\omega t - \frac{4\pi}{3}\right) \\
&\quad + \frac{H_m}{2}\sin \omega t + \frac{H_m}{2}\sin\left(\omega t - \frac{2\pi}{3}\right) \\
&= \frac{3H_m}{2}\sin \omega t = \frac{3H_m}{2}\cos\left(\frac{\pi}{2} - \omega t\right) \quad (8.7.4)
\end{aligned}$$

$$h_y = H_m \sin\left(\omega t - \frac{2\pi}{3}\right)\sin\left(-\frac{2\pi}{3}\right)$$

$$+H_m \sin\left(\omega t - \frac{4\pi}{3}\right)\sin\left(-\frac{4\pi}{3}\right)$$

$$=\frac{H_m}{2}\cos\omega t - \frac{H_m}{2}\cos\left(\omega t - \frac{4\pi}{3}\right)$$

$$+\frac{H_m}{2}\cos\omega t - \frac{H_m}{2}\cos\left(\omega t - \frac{2\pi}{3}\right)$$

$$=\frac{3H_m}{2}\cos\omega t = \frac{3H_m}{2}\sin\left(\frac{\pi}{2} - \omega t\right) \tag{8.7.5}$$

となる。h の大きさを H とすると，

$$H=\sqrt{H_x{}^2 + H_y{}^2} = \frac{3H_m}{2} \tag{8.7.6}$$

となり，時間に関して一定である．式 (8.7.4), (8.7.5), (8.7.6) から中心の磁界 h は，図 8.7.2 に示すような角速度 ω で空間的に右廻りに回転する磁界となっている．

コイル I，II，III に流す電流の相順を変えて，コイル I，II，III に，それぞれ電流 i_a, i_c, i_b を流すときは，左廻りに回転する磁界が得られる．このことは，上と同様の計算によって容易に確かめられよう．このときは，

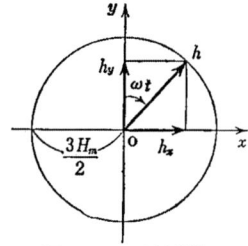

図 8.7.2 回転磁界

$$\left.\begin{array}{l} h_x = \dfrac{3H_m}{2}\sin\omega t = \dfrac{3H_m}{2}\cos\left(\omega t - \dfrac{\pi}{2}\right) \\[6pt] h_y = -\dfrac{3H_m}{2}\cos\omega t = \dfrac{3H_m}{2}\sin\left(\omega t - \dfrac{\pi}{2}\right) \end{array}\right\} \tag{8.7.7}$$

となる．

8.8 例　題

【例題 8.9】 図 8.8.1 の 3 相回路において，端子 a, b, c に対称 3 相起電力（角周波数 ω）を加えるとき，インピーダンス Z に流れる電流が，Z の値と無関係に一定となる条件を求めよ．

〔解〕 図 8.8.1 の 3 相回路において Δ 形に結線されたキャパシタを Y 形結線に変換し，得られた対称 3 相回路を単相回路に分解すると図 8.8.2 のように

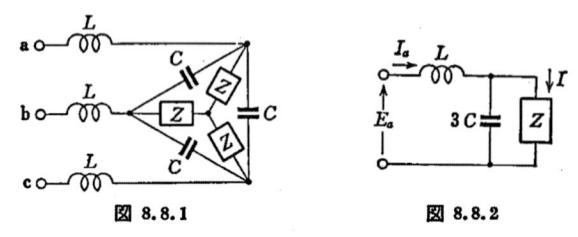

図 8.8.1

図 8.8.2

なる．この回路で Z に流れる電流 I を求めると，網目方程式

$$\begin{bmatrix} j\omega L + \dfrac{1}{j3\omega C} & -\dfrac{1}{j3\omega C} \\ -\dfrac{1}{j3\omega C} & \dfrac{1}{j3\omega C}+Z \end{bmatrix} \begin{bmatrix} I_a \\ I \end{bmatrix} = \begin{bmatrix} E_a \\ 0 \end{bmatrix} \qquad (8.8.1)$$

から

$$I = \dfrac{1}{(1-3\omega^2 LC)Z + j\omega L} E_a \qquad (8.8.2)$$

を得る．Z の係数が 0 であれば，I は Z に無関係となるから，

$$1 - 3\omega^2 LC = 0 \qquad (8.8.3)$$

が求める条件式である．

【例題 8.10】 3 相回路の線電流 I_a, I_b, I_c の実効値が I_{ae}, I_{be}, I_{ce} であるとき，I_a と I_b の間の位相角を求めよ．

〔解〕 線電流 I_a, I_b, I_c の総和は 0 であり，図 8.8.3 のように 3 角形を作る．3 角形の公式から，

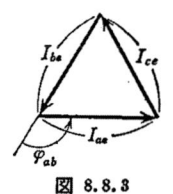

図 8.8.3

$$\cos(\pi - \varphi_{ab}) = \dfrac{I_{be}^2 + I_{ae}^2 - I_{ce}^2}{2 I_{be} I_{ae}} \qquad (8.8.4)$$

である．

【例題 8.11】 図 8.8.4 のように，非対称 3 相負荷に 3 相起電力を加えたときに流れる相電流を求めよ．

〔解〕 中性点 m の中性点 n に対する電圧を V_m とすると，

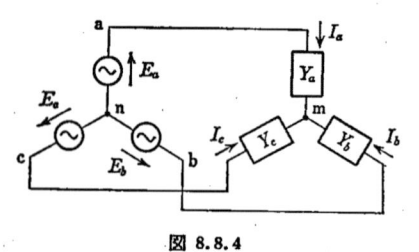

図 8.8.4

$$I_a = Y_a(E_a - V_m) \tag{8.8.5}$$

$$I_b = Y_b(E_b - V_m) \tag{8.8.6}$$

$$I_c = Y_c(E_c - V_m) \tag{8.8.7}$$

である.ところが,中性点 m に対する KCL から,

$$I_a + I_b + I_c = 0 \tag{8.8.8}$$

である.これに式 (8.8.5),(8.8.6),(8.8.7) を代入し,V_m を求めると

$$V_m = \frac{Y_a E_a + Y_b E_b + Y_c E_c}{Y_a + Y_b + Y_c} \tag{8.8.9}$$

となる.これを,式 (8.8.5),(8.8.6),(8.8.7) に代入すると,それぞれ

$$I_a = \frac{Y_a\{Y_b(E_a - E_b) + Y_c(E_a - E_c)\}}{Y_a + Y_b + Y_c} = \frac{Z_c(E_a - E_b) + Z_b(E_a - E_c)}{Z_a Z_b + Z_b Z_c + Z_c Z_a} \tag{8.8.10}$$

$$I_b = \frac{Y_b\{Y_c(E_b - E_c) + Y_a(E_b - E_a)\}}{Y_a + Y_b + Y_c} = \frac{Z_a(E_b - E_c) + Z_c(E_b - E_a)}{Z_a Z_b + Z_b Z_c + Z_c Z_a} \tag{8.8.11}$$

$$I_c = \frac{Y_c\{Y_a(E_c - E_a) + Y_b(E_c - E_b)\}}{Y_a + Y_b + Y_c} = \frac{Z_b(E_c - E_a) + Z_a(E_c - E_b)}{Z_a Z_b + Z_b Z_c + Z_c Z_a} \tag{8.8.12}$$

となる.ただし,$Z_a = 1/Y_a$,$Z_b = 1/Y_b$,$Z_c = 1/Y_c$ である.

【例題 8.12】 図 8.8.5 の回路において,R_a,R_b は同一定格の電球である.また,$X > 0$ である.この回路に対称 3 相起電力を加えたとき,電球の明るさによって相回転方向を検出できることを示せ.

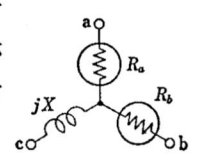

図 8.8.5

〔解〕 式 (8.8.10),(8.8.11),(8.8.12) において,

$$Y_a = 1/R_a = Y_b = 1/R_b \equiv G,\quad Y_c = 1/jX \equiv -jS$$

とおき,$E_b = E_a e^{-j\frac{2\pi}{3}}$,$E_c = E_a e^{-j\frac{4\pi}{3}}$ とすると,式 (8.8.10),(8.8.11) から

$$I_a = \frac{G\{3G - \sqrt{3}S + j(\sqrt{3}G - 3S)\}E_a}{2(2G - jS)} \tag{8.8.13}$$

$$I_b = \frac{-G(3G+2\sqrt{3}S+j\sqrt{3}G)E_a}{2(2G-jS)} \tag{8.8.14}$$

となる．それゆえ，R_a, R_b における消費電力は

$$P_{ae} = \frac{|I_a|^2}{G} = \frac{3G(G^2+S^2-\sqrt{3}GS)|E_a|^2}{4G^2+S^2} \tag{8.8.15}$$

$$P_{be} = \frac{|I_b|^2}{G} = \frac{3G(G^2+S^2+\sqrt{3}GS)|E_a|^2}{4G^2+S^2} \tag{8.8.16}$$

となり，$P_{ae} < P_{be}$ だから，電球 R_b の方が明るい．

次に，$E_b = E_a e^{-j\frac{4\pi}{3}}$, $E_c = E_a e^{-j\frac{2\pi}{3}}$ とすると，

$$I_a = \frac{G\{3G+\sqrt{3}S-j(\sqrt{3}G+3S)\}E_a}{2(2G-jS)} \tag{8.8.17}$$

$$I_b = \frac{G(-3G+2\sqrt{3}S+j\sqrt{3}G)E_a}{2(2G-jS)} \tag{8.8.18}$$

となる．したがって，このときは，

$$P_{ae} = \frac{|I_a|^2}{G} = \frac{3G(G^2+S^2+\sqrt{3}GS)|E_a|^2}{4G^2+S^2} \tag{8.8.19}$$

$$P_{be} = \frac{|I_b|^2}{G} = \frac{3G(G^2+S^2-\sqrt{3}GS)|E_a|^2}{4G^2+S^2} \tag{8.8.20}$$

となり，$P_{ae} > P_{be}$ だから，電球 R_a の方が明るい．

【例題 8.13】 図 8.8.6 に示す回路に対称 3 相起電力を加え，C の値を変えるとき，a 点の電圧を基準ベクトルとして，中性点 m の電圧の変化を図示せよ．

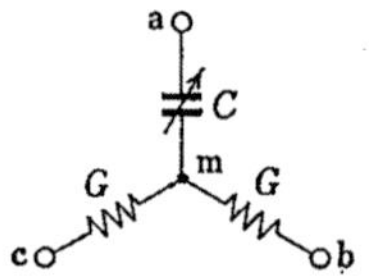

〔解〕 式 (8.8.9) に $Y_b = Y_c = G$, $Y_a = j\omega C$ を代入し，$E_a + E_b + E_c = 0$ を用いると，

図 8.8.6

$$V_m = \frac{j\omega C E_a + GE_b + GE_c}{2G+j\omega C} = \frac{(-G+j\omega C)E_a}{2G+j\omega C} = \left(1 - \frac{3G}{2G+j\omega C}\right)E_a \tag{8.8.21}$$

となる．V_m の実部および虚部を，それぞれ V_{mr}, V_{mi} とすると，式 (8.8.21) から

$$V_{mr} = \left(1 - \frac{3G \cdot 2G}{4G^2+\omega^2 C^2}\right)E_a \tag{8.8.22}$$

$$V_{mi} = \frac{3G \cdot \omega C}{4G^2 + \omega^2 C^2} E_a \tag{8.8.23}$$

式 (8.8.22), (8.8.23) から ωC を消去する.

$$\omega C = \frac{-2GV_{mi}}{V_{mr} - E_a} \tag{8.8.24}$$

だから, これを式 (8.8.22) に代入して整理すると,

$$\left(V_{mr} - \frac{E_a}{4}\right)^2 + V_{mi}{}^2 = \frac{3^2 E_a{}^2}{4^2} \tag{8.8.25}$$

を得る. この式は, 中心が $(E_a/4, 0)$, 半径が $3E_a/4$ の円を表すが, 式 (8.8.23) から $V_{mi} > 0$ であり, 図 8.8.7 のように円の上半分が V_m のベクトル図となる.

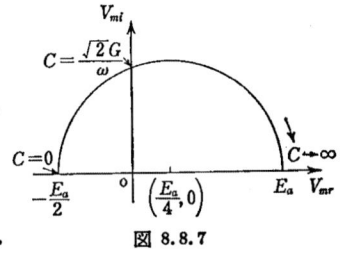

【例題 8.14】 図 8.8.8 に示す回路に対する対称分電圧と対称分電流の関係式を求めよ.

図 8.8.7

〔解〕 Δ 形に結線された 3 個のアドミタンスを Δ-Y 変換すると, 図 8.8.9 の回路を得る. 同図のように, 電流を

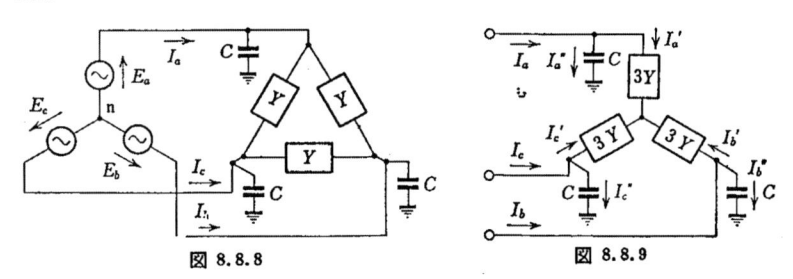

図 8.8.8   図 8.8.9

$$I_a = I_a' + I_a'', \quad I_b = I_b' + I_b'', \quad I_c = I_c' + I_c'' \tag{8.8.26}$$

と分け, これを対称分に変換すると, 対称座標法による変換は線形変換であるから,

$$I_0 = I_0' + I_0'', \quad I_1 = I_1' + I_1'', \quad I_2 = I_2' + I_2'' \tag{8.8.27}$$

となる. ただし, I_0', I_1', I_2' は I_a', I_b', I_c' の対称分, I_0'', I_1'', I_2'' は I_a'', I_b'', I_c'' の対称分である. 電圧の対称分を E_0, E_1, E_2 とすると (例題 8.3 参照),

$$I_0'=0, \qquad I_0''=j\omega CE_0 \tag{8.8.28}$$

$$I_1'=3YE_1, \qquad I_1''=j\omega CE_1 \tag{8.8.29}$$

$$I_2'=3YE_2, \qquad I_2''=j\omega CE_2 \tag{8.8.30}$$

であるから

$$I_0=j\omega CE_0, \quad I_1=(3Y+j\omega C)E_1, \quad I_2=(3Y+j\omega C)E_2 \tag{8.8.31}$$

が求める関係式である。

【例題 8.15】 図8.8.10のような接続によって非対称3相回路の電流を測定しようとするとき、インピーダンス Z の値が

$$Z=\frac{R}{2}(1+j\sqrt{3}) \tag{8.8.32}$$

であれば、電流計 A_x, A_y の読み（実効値）がそれぞれ正相電流、逆相電流に比例することを示せ。ただし、電流計の内部抵抗は、極めて小さいものとする。

図 8.8.10

〔解〕 図8.8.10の測定回路は、図8.8.11のように書き直せる。ただし、K は常数である。この回路から I_x を求めると、

図 8.8.11

$$V=\frac{RZ}{R+Z}\cdot K(I_a-I_b) \tag{8.8.33}$$

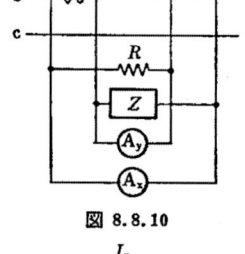

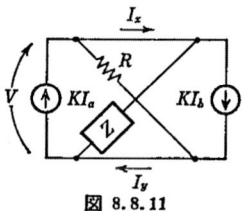

だから，

$$I_x=KI_a-\frac{V}{R}=\frac{KR}{R+Z}\left(I_a+\frac{Z}{R}I_b\right) \tag{8.8.34}$$

となる。

一方、$I_a+I_b+I_c=0$ であるから、正相電流 I_1 は、

$$I_1=\frac{1}{3}(I_a+aI_b+a^2I_c)=\frac{1-a^2}{3}\left(I_a+\frac{a-a^2}{1-a^2}I_b\right)$$

$$=\frac{1-a^2}{3}\left(I_a+\frac{a}{1+a}I_b\right) \tag{8.8.35}$$

となる.式 (8.8.34) と式 (8.8.35) を比較して,

$$Z=\frac{aR}{1+a}=-\frac{R}{a}=\frac{R}{2}(1+j\sqrt{3}) \qquad (8.8.36)$$

であれば,

$$I_x=\frac{3KRI_1}{(1-a^2)(Z+R)}=\frac{(1-j\sqrt{3})KI_1}{2} \qquad (8.8.37)$$

である.同様に

$$I_y=KI_a-\frac{V}{Z}=\frac{KR}{R+Z}\left(\frac{Z}{R}I_a+I_b\right) \qquad (8.8.38)$$

であり,逆相電流 I_2 は

$$I_2=\frac{1}{3}(I_a+a^2I_b+aI_c)=\frac{a^2-a}{3}\left(\frac{1-a}{a^2-a}\cdot I_a+I_b\right)$$

$$=\frac{a^2-a}{3}\left(-\frac{1}{a}I_a+I_b\right) \qquad (8.8.39)$$

であるから,Z が式 (8.8.32) で与えられれば,

$$I_y=\frac{3KRI_2}{(a^2-a)(Z+R)}=\frac{(1+j\sqrt{3})KI_2}{2} \qquad (8.8.40)$$

である.式 (8.8.38),(8.8.40) から電流計 A_x,A_y の読みが I_1,I_2 の実効値に比例することがわかる.

【例題 8.16】 図8.8.12に示すように,3相交流発電機の端子 a が開放,端子 b, c がインピーダンス Z を通じて接地されるとき,b 相,c 相に流れる電流を求めよ.

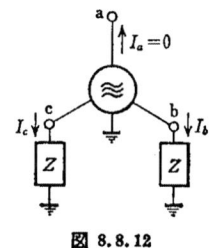

〔解〕 与えられた条件から,直ちに

$$I_a=0 \qquad (8.8.41)$$
$$V_b=ZI_b \qquad (8.8.42)$$
$$V_c=ZI_c \qquad (8.8.43)$$

図 8.8.12

である.これらを発電機の基本式に代入すると,

$$\frac{1}{3}\begin{bmatrix}1 & 1 & 1\\1 & a & a^2\\1 & a^2 & a\end{bmatrix}\begin{bmatrix}V_a\\ZI_b\\ZI_c\end{bmatrix}=\begin{bmatrix}0\\E_1\\0\end{bmatrix}-\frac{1}{3}\begin{bmatrix}Z_{g0} & 0 & 0\\0 & Z_{g1} & 0\\0 & 0 & Z_{g2}\end{bmatrix}\begin{bmatrix}1 & 1 & 1\\1 & a & a^2\\1 & a^2 & a\end{bmatrix}\begin{bmatrix}0\\I_b\\I_c\end{bmatrix}$$

を得る．これを整理すると

$$\begin{bmatrix} 1 & Z+Z_{g0} & Z+Z_{g0} \\ 1 & a(Z+Z_{g1}) & a^2(Z+Z_{g1}) \\ 1 & a^2(Z+Z_{g2}) & a(Z+Z_{g2}) \end{bmatrix} \begin{bmatrix} V_a \\ I_b \\ I_c \end{bmatrix} = \begin{bmatrix} 0 \\ 3E_1 \\ 0 \end{bmatrix} \quad (8.8.45)$$

となる．これを解いて，I_b，I_c を求めると，

$$I_b = \frac{E_1}{\Delta} \{3a^2Z + (a^2-a)Z_{g0} + (a^2-1)Z_{g2}\} \quad (8.8.46)$$

$$I_c = \frac{E_1}{\Delta} \{3aZ + (a-a^2)Z_{g0} + (a-1)Z_{g1}\} \quad (8.8.47)$$

を得る．ただし，

$$\Delta = (Z+Z_{g0})(Z+Z_{g1}) + (Z+Z_{g1})(Z+Z_{g2}) + (Z+Z_{g2})(Z+Z_{g0}) \quad (8.8.48)$$

である．

【例題 8.17】 図 8.8.13 (a) のような接続によって発電機の零相インピーダンス Z_{g0} が V と I から求まり，図 8.8.13 (b) のような接続によって正相インピーダンス Z_{g1} が E_1 と I_a から求まることを示せ．

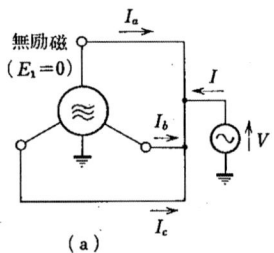

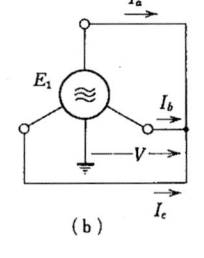

図 8.8.13

〔解〕図 8.8.13 (a)，(b) の回路に対しては，共に

$$V_a = V_b = V_c = V \quad (8.8.49)$$

が成立するので，式 (8.5.2) から

$$V_0 = V, \quad V_1 = V_2 = 0 \quad (8.8.50)$$

となる．これらを発電機の基本式 (8.5.1) に代入すると，図 8.8.13 (a) の回路の場合は，発電機が無励磁 ($E_1=0$) であるから，

8.8 例題

$$Z_{g0} = -\frac{V}{I_0} = \frac{V}{I}, \quad I_1 = I_2 = 0 \tag{8.8.51}$$

を得る.

また，図 8.8.13 (b) の回路においては，$I_a + I_b + I_c = 0$ だから，

$$I_0 = 0 \quad \text{したがって} \quad V_0 = V = 0 \tag{8.8.52}$$

$$I_2 = 0 \quad \text{したがって} \quad I_a = I_1 \tag{8.8.53}$$

である．それゆえ，

$$Z_{g1} = \frac{E_1}{I_1} = \frac{E_1}{I_a} \tag{8.8.54}$$

となる.

【例題 8.18】 抵抗 R，リアクタンス X からなる非対称負荷を，図 8.8.14 のように電圧 E_e (実効値) の対称 3 相起電力に接続する．負荷の中性点 m を接地した場合と，しない場合における負荷の消費電力を求めよ．

〔解〕 中性点を接地したときは，相電圧が $E_e/\sqrt{3}$ であるから

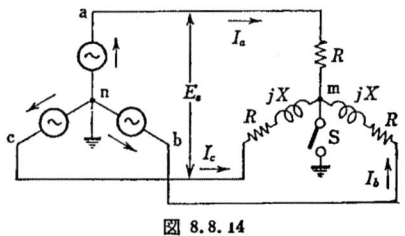

図 8.8.14

$$|I_a| = \frac{E_e}{\sqrt{3}\,R}, \quad |I_b| = |I_c| = \frac{E_e}{\sqrt{3}\,\sqrt{R^2 + X^2}} \tag{8.8.55}$$

となる．したがって，消費電力 P_e は，

$$P_e = R(|I_a|^2 + |I_b|^2 + |I_c|^2) = \frac{E_e^2}{3}\left(\frac{1}{R} + \frac{2R}{R^2 + X^2}\right) \tag{8.8.56}$$

である．中性点を接地しないときは，式 (8.8.10), (8.8.11), (8.8.12) において，$Y_a = 1/R$, $Y_b = Y_c = 1/(R+jX)$, $E_a = E_e/\sqrt{3}$, $E_b = a^2 E_e/\sqrt{3}$, $E_c = aE_e/\sqrt{3}$ とすると，

$$I_a = \frac{\dfrac{1}{R} \cdot \dfrac{(1-a^2+1-a)E_e}{(R+jX)\sqrt{3}}}{\dfrac{1}{R} + \dfrac{2}{R+jX}} = \frac{\sqrt{3}\,E_e}{3R+jX} \tag{8.8.57}$$

$$I_b = \cfrac{\cfrac{1}{R+jX}\left(\cfrac{a^2-a}{R+jX}+\cfrac{a^2-1}{R}\right)\cfrac{E_e}{\sqrt{3}}}{\cfrac{1}{R}+\cfrac{2}{R+jX}} = \frac{\{3a^2R+j(a^2-1)X\}E_e}{(R+jX)(3R+jX)\sqrt{3}}$$

$$= \frac{\{-(3R+\sqrt{3}X)-j(3\sqrt{3}R+3X)\}E_e}{(R+jX)(3R+jX)2\sqrt{3}} \qquad (8.8.58)$$

$$I_c = \cfrac{\cfrac{1}{R+jX}\left(\cfrac{a-1}{R}+\cfrac{a-a^2}{R+jX}\right)\cfrac{E_e}{\sqrt{3}}}{\cfrac{1}{R}+\cfrac{2}{R+jX}} = \frac{\{3aR+j(a-1)X\}E_e}{(R+jX)(3R+jX)\sqrt{3}}$$

$$= \frac{\{-(3R+\sqrt{3}X)+j(3\sqrt{3}R-3X)\}E_e}{(R+jX)(3R+jX)2\sqrt{3}} \qquad (8.8.59)$$

が得られる．したがって，消費電力

$$P_e = R(|I_a|^2+|I_b|^2+|I_c|^2)$$

$$= \left\{\frac{3}{9R^2+X^2}+\frac{3R^2+X^2+\sqrt{3}RX}{(R^2+X^2)(9R^2+X^2)}+\frac{3R^2+X^2-\sqrt{3}RX}{(R^2+X^2)(9R^2+X^2)}\right\}RE_e^2$$

$$= \frac{(9R^2+5X^2)RE_e^2}{(R^2+X^2)(9R^2+X^2)} \qquad (8.8.60)$$

である．

【例題 8.19】 2電力計法によって測定した電力から対称3相負荷の力率を求める式を導け．ただし，負荷の相電圧と相電流の位相差 φ は $-\pi/3$ と $\pi/2$ の間とする．

〔解〕 例題 8.8 の解において示された図 8.6.3 を用いると，式 (8.6.7), (8.6.8) から，$-\pi/3 < \varphi < \pi/3$ のときは，電力計の読み $P_{\alpha e}$, $P_{\beta e}$ は

$$\left.\begin{array}{l} P_{\alpha e} = |V_{ac}||I_\alpha|\cos\theta_\alpha = V_e I_e \cos\left(\varphi-\dfrac{\pi}{6}\right) \\ P_{\beta e} = |V_{bc}||I_\beta|\cos\theta_\beta = V_e I_e \cos\left(\varphi+\dfrac{\pi}{6}\right) \end{array}\right\} \qquad (8.8.61)$$

である．ただし，対称3相負荷であるから，$|V_{ac}|=|V_{bc}|=V_e$, $|I_\alpha|=|I_\beta|=I_e$ とおいている．式 (8.8.61) から

$$\frac{P_{\alpha e}}{P_{\beta e}} = \frac{\cos\varphi \cos\frac{\pi}{6} + \sin\varphi \sin\frac{\pi}{6}}{\cos\varphi \cos\frac{\pi}{6} - \sin\varphi \sin\frac{\pi}{6}} = \frac{\sqrt{3}+\tan\varphi}{\sqrt{3}-\tan\varphi} \quad (8.8.62)$$

となるが，この式から

$$\tan\varphi = \frac{\sqrt{3}(P_{\alpha e}-P_{\beta e})}{P_{\alpha e}+P_{\beta e}} \quad (8.8.63)$$

を得る．上式から力率は

$$\cos\varphi = \frac{1}{\sqrt{1+\tan^2\varphi}} = \frac{P_{\alpha e}+P_{\beta e}}{2\sqrt{P_{\alpha e}{}^2 - P_{\alpha e}P_{\beta e} + P_{\beta e}{}^2}} \quad (8.8.64)$$

となる．

次に，$\pi/3 < \varphi < \pi/2$ のときは，$\cos\theta_\beta$ は負となり，

$$\left.\begin{array}{l} P_{\alpha e} = V_e I_e \cos\left(\varphi - \dfrac{\pi}{6}\right) \\ P_{\beta e} = -V_e I_e \cos\left(\varphi + \dfrac{\pi}{6}\right) \end{array}\right\} \quad (8.8.65)$$

である．したがって，式 (8.8.64) において，$P_{\beta e}$ を $-P_{\beta e}$ にかえ，

$$\cos\varphi = \frac{P_{\alpha e}-P_{\beta e}}{2\sqrt{P_{\alpha e}{}^2+P_{\alpha e}P_{\beta e}+P_{\beta e}{}^2}} \quad (8.8.66)$$

を得る．

演 習 問 題

8.1 抵抗値が R である抵抗を線電圧 E_e の対称3相起電力に接続する．抵抗をY形に結線した場合と Δ 形に結線した場合のそれぞれについて，線電流を求めよ．

8.2 問図 8.2 の対称3相回路に流れる線電流を求めよ．

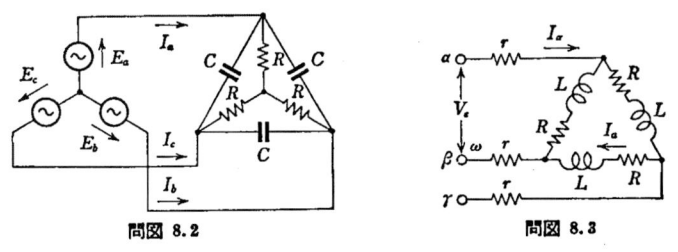

問図 8.2　　　　問図 8.3

8.3 問図 8.3 に示す対称3相回路に，電圧 E_e の対称3相起電力を加えたときに流れる

線電流 I_a，および相電流 I_a の実効値を求めよ．

8.4 問図 8.4 のように非対称 3 相負荷に電圧 E_e の対称 3 相起電力を加えたとき，中性点を結ぶ線に流れる電流 I_n の実効値を求めよ．

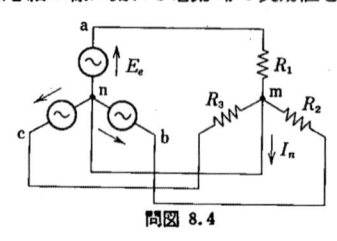

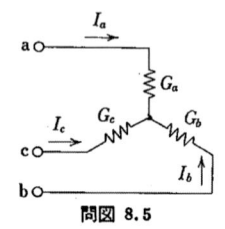

問図 8.4

問図 8.5

8.5 問図 8.5 のような非対称 3 相負荷に実効値 E_r の Y 形結線対称 3 相起電力を加える．相電流 I_a，I_b，I_c の実効値を求めよ．

8.6 問図 8.6 のように，交流発電機の端子 a を開放し，端子 b，c を接地したとき，端子 a の電圧および接地電流 I_b，I_c を求めよ．

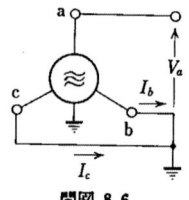

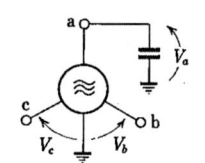

問図 8.6

問図 8.8

8.7 〔例題 8.6〕図 8.5.4 の回路において，発電機の端子 a および b の接地点に対する電圧 V_a および V_b を求めよ．

8.8 問図 8.8 のように，3 相交流発電機の端子 a がキャパシタ C を通して地絡し，端子 b，c が開放されているとき，端子 a，b，c の電圧 V_a，V_b，V_c を求めよ．

8.9 問図 8.9 のように，3 相交流発電機の 2 相をインピーダンス Z を通して短絡した．このとき，短絡電流および各相の電圧を求めよ．ただし，端子 a は開放されている．

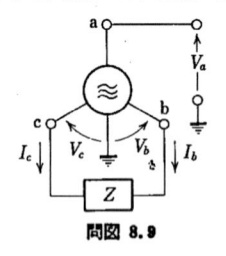

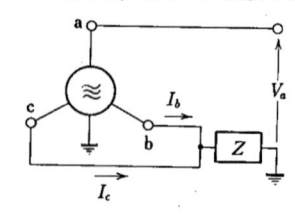

問図 8.9

問図 8.10

演習問題

8.10 問図 8.10 のように，3 相交流発電機の 2 端子 b と c を短絡し，インピーダンス Z を通じて接地したとき，接地電流および各相の端子電圧を求めよ．ただし，端子 a は開放されている．

8.11 Y形に結線された対称 3 相負荷において，線電圧が 200 ボルト，線電流が 36 アンペアのとき，消費電力が 10 キロワットである．負荷の力率を求めよ．

8.12 線電圧 E_e の対称 3 相起電力に，抵抗値 R である 3 個の抵抗を，Y形あるいは Δ 形に結線して接続したときのそれぞれについて，抵抗の総消費電力を求めよ．

8.13 問図 8.13 のような非対称 3 相負荷に電圧 E_e の対称 3 相電力を加えたとき，電力計の読みを求めよ．また，負荷の総消費電力はいくらか．

8.14 2 電力計法によって対称 3 相負荷の電力を測定したところ，電力計の読みが 3 キロワットと 4 キロワットになった．負荷の消費電力と力率を求めよ

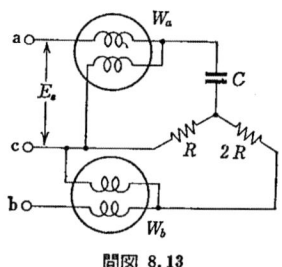

問図 8.13

演習問題略解

第1章

1.1 (i) $i_a=i_1+i_3$, $i_1=i_2$, $i_3=i_4$, $i_2+i_4=i_e$, $i_1+i_4=i_e$, $i_2+i_3=i_e$, $v_1+v_2=E$, $v_3+v_4=E$, $v_1+v_2=v_3+v_4$ など. (ii) $\dfrac{(R_1+R_2)(R_3+R_4)}{R_1+R_2+R_3+R_4}$

(iii) $i_1=i_2=\dfrac{E}{R_1+R_2}$, $i_3=i_4=\dfrac{E}{R_3+R_4}$

1.2 $v=\dfrac{(R_1+R_2)(R_3+R_4)}{R_1+R_2+R_3+R_4}J$

1.3 (a) $\dfrac{5R}{4}$ (b) $\dfrac{R_1+R_2}{2}$

1.4 4個の抵抗の直並列回路には,解図1.4の9種類がある.それぞれの合成抵抗を求めればよい.

1.5 13 V, 21 A

1.6 どちらの電流も,$R_2E/(R_1R_2+R_2R_3+R_3R_1)$ となる.

1.7 2:3:6

1.8 (a) $\dfrac{1+\sqrt{1+4R_2/R_1}}{2}R_1$ (b) $\dfrac{\sqrt{5}}{4}R$

1.9 解図1.9

1.10 $v=\dfrac{1}{C}\int_{t_0}^{t}i\,dt+v_0$, $i=\dfrac{1}{L}\int_{t_0}^{t}v\,dt+i_0$

1.11 (a) 400/27 W (b) 1 W

1.12 750 ジュール

1.13 例題1.10を参考にせよ.

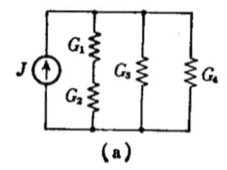

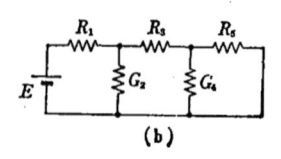

解図 1.4

解図 1.9

演習問題略解

第2章

2.1 (i) $-\dfrac{3\pi}{2}$ (ii) $\dfrac{3\pi}{4}$ (iii) $\dfrac{7\pi}{6}$ (iv) $\dfrac{\pi}{4}$ (v) $-\dfrac{\pi}{4}$

2.2 $\cos\omega t$ に対する位相差=$\sin\omega t$ に対する位相差$-\dfrac{\pi}{2}$

2.3 (i) $200/\sqrt{2}$ (ii) $\sqrt{50}$ (iii) $\sqrt{50}$ (iv) $3/\sqrt{2}$

2.4 (a) 1.86 A (b) 0.422 A (c) 1.25 A

2.5 (i) $4e^{j\frac{\pi}{3}}$ (ii) $5e^{-j\frac{\pi}{4}}$ (iii) $2e^{j\frac{5\pi}{12}}$

2.6 (a) $\dfrac{R_1+R_2-\omega^2 LCR_1+j\omega(CR_1R_2+L)}{-\omega^2 LC+j\omega C(R_1+R_2)}$

  (b) $\dfrac{R_1R_2(1-\omega^2 LC)+j\omega LR_1}{R_1+R_2-\omega^2 LCR_2+j\omega(CR_1R_2+L)}$

2.7 (a) $\dfrac{j\omega CR_1 E}{R_1+R_2-\omega^2 LCR_1+j\omega(CR_1R_2+L)}$ (b) $\dfrac{E}{R_2(1-\omega^2 LC)+j\omega L}$

2.8 (a) $\dfrac{j\omega C(4-10x+6x^2-x^3)}{1-6x+5x^2-x^3}$, $x=\omega^2 LC$ (b) $\dfrac{j\omega C}{2}+\sqrt{\dfrac{C}{L}-\dfrac{\omega^2 C^2}{4}}$

2.9 $X_1 X_2/R_2$

2.10 $\sqrt{L/C(1-\omega^2 LC)}$

2.11 $\omega L/\sqrt{3}$ 2.12 $C_1 R_1/R_2$

2.13 解図 2.13   2.14 解図 2.14

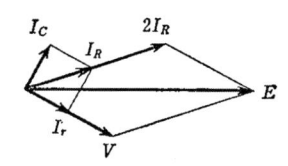

解図 2.13

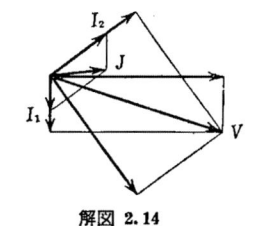

解図 2.14

2.15 解図 2.15   2.16 解図 2.16, $2\omega^2 LC=1$

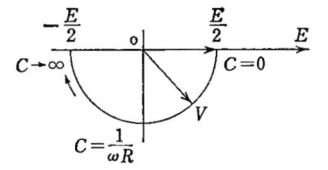

解図 2.15

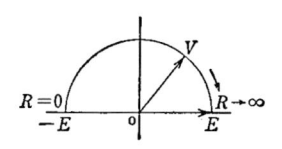

解図 2.16

2.17 (a) $\dfrac{R_2\{1+\omega^2 C^2 R_1(R_1+R_2)\}J^2}{1+\omega^2 C^2(R_1+R_2)^2}$

(b) $\dfrac{\{R_1 R_2{}^2+\omega^2(L_1+L_2)^2 R_1+\omega^2 L_1{}^2 R_2\}E^2}{(R_1 R_2-\omega^2 L_1 L_2)^2+\omega^2(L_1 R_1+L_2 R_1)^2}$

2.18 $\dfrac{\omega^4 L^2 C^2 R E^2}{R^2(1-\omega^2 LC)^2+\omega^2 L^2}$, $\dfrac{\omega C\{R^2(1-\omega^2 LC)+\omega^2 L^2\}E^2}{R^2(1-\omega^2 LC)^2+\omega^2 L^2}$,

$\omega C E^2 \sqrt{\dfrac{R^2+\omega^2 L^2}{R^2(1-\omega^2 LC)^2+\omega^2 L^2}}$, $C=\dfrac{R^2+\omega^2 L^2}{\omega^2 LR^2}$

2.19 $f=1/2\pi\sqrt{LC}$, $I=E/(R_1+R_2)$

2.20 $f_r=15.9\,\text{kHz}$, $Q=100$, $f_b=159\,\text{Hz}$

2.21 (a) $\dfrac{1}{2\pi}\sqrt{\dfrac{C_1+C_2}{LC_1 C_2}}$ (b) $\dfrac{1}{2\pi\sqrt{(L_1+L_2)C}}$

第3章

3.1 (a) $5+\sqrt{20}\sin(10^5 t-26.6°)$ (b) $3+2\sin(10^5 t-36.9°)$

(c) $5+\sqrt{20}\sin(10^5 t+26.6°)$

3.2 (a) $E_0=\dfrac{(R_2+j\omega L)E}{R_1+R_2+j\omega L}$, $Z_0=\dfrac{R_1(R_2+j\omega L)}{R_1+R_2+j\omega L}$, $J_0=\dfrac{E}{R_1}$

(b) $E_0=\dfrac{j\omega CJ}{G_1 G_2+j\omega C(G_1+G_2)}$, $Z_0=\dfrac{G_1+j\omega C}{G_1 G_2+j\omega C(G_1+G_2)}$, $J_0=\dfrac{j\omega CJ}{G_1+j\omega C}$

(このような回路ではJ_0が簡単に求まることに注意)

3.3 テブナンの定理の場合と双対的に,解図3.3のような回路に重ね合わせの理を適用する.

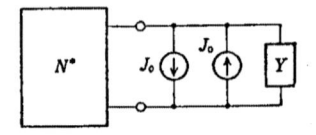

解図 3.3

3.4 解図3.4の回路に対して,

$J_0=\dfrac{Z_1 J_1+Z_2 J_2+\cdots+Z_n J_n}{Z_1+Z_2+\cdots+Z_n}$

である.

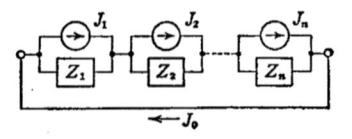

解図 3.4

3.5 $E_0=12\,\text{V}$, $Z_0=188-98j$

3.6 $\sqrt{\dfrac{(R_0+R_1+R_2)^2+\omega^2 L^2}{(R_1+R_2)^2+\omega^2 L^2}}I_e$

演習問題略解

3.7 $\sqrt{\dfrac{(G_1+G_2)^2+\omega^2C^2}{(G_0+G_1+G_2)^2+\omega^2C^2}}$ ただし, $G_0=\dfrac{1}{R_0}$, $G_1=\dfrac{1}{R_1}$, $G_2=\dfrac{1}{R_2}$

3.8 (a) $Z_\alpha=R(3+j\omega CR)$, $Z_\beta=Z_\gamma=\dfrac{(3+j\omega CR)R}{1+j\omega CR}$

(b) $Z_\alpha=\dfrac{3-2\omega^2LC}{j\omega C(1-\omega^2LC)}$, $Z_\beta=Z_\gamma=\dfrac{3-2\omega^2LC}{j\omega C}$

3.9 (a) $Y_a=\dfrac{1+3j\omega CR}{j\omega CR^2}$, $Y_b=Y_c=\dfrac{1+3j\omega CR}{R(1+j\omega CR)}$

(b) $Y_a=\dfrac{j\omega C(2-3\omega^2LC)}{1-\omega^2LC}$, $Y_b=Y_c=\dfrac{2-3\omega^2LC}{j\omega L}$

3.10 $R_4=R_2R_3/R_1$, $L_4=L_2R_3/R_1$

3.11 $R_1=C_4R_2/C_3$, $C_1=C_3R_4/R_2$

3.12 $\dfrac{2\omega L+jR(\omega^2LC-1)}{2\omega CR+j(\omega^2LC-1)}$, $L/C=R^2$

3.13 解図 3.13

解図 3.13

3.14 $L/C=R^2$, $R_2=R^2/(R+R_1)$ (図 3.6.5 参照, $Z_g=0$, $Z_1=R_1+j\omega L$)

3.15 $R_1R_5=R_2(R_3+R_4)$, $LR_5=CR_2R_3(R_4+R_5)$

3.16 (a) $R_L=R_0/(1+\omega^2C^2R_0^2)$, $L=CR_0^2/(1+\omega^2C^2R_0^2)$

(b) $R_L=R_0$, $L=1/\omega^2C$

3.17 (a) $L=\dfrac{1}{\omega}\sqrt{R_0(R_L-R_0)}$, $C=\dfrac{1}{\omega R_L}\sqrt{\dfrac{R_L-R_0}{R_0}}$

(b) $L=\dfrac{R_L}{\omega}\sqrt{\dfrac{R_0}{R_L-R_0}}$, $C=\dfrac{1}{\omega\sqrt{R_0(R_L-R_0)}}$

3.18 $2/\sqrt{5}\fallingdotseq 0.89$

3.19 $\dfrac{E^2}{R}+\dfrac{RV_e^2}{R^2(1-\omega^2LC)^2+\omega^2L^2}$

3.20 約 $60+21+18=99$ W

第 4 章

4.1 解図 4.1 (a) 4, 5 (b) 6, 8

4.2 $\{1,2,3,4,5\}$, $\{6\}$, $\{7\}$, $\{8,9,10\}$, $\{11,12,13\}$

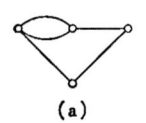

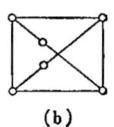

解図 4.1

4.3 $\{1\}$, $\{3,4\}$, $\{6\}$, $\{8,9,11\}$, $\{12\}$

4.4 $\rho=6$, $\mu=6$

4.5 広さ優先探索法による木 $\{1,2,4,7,10,11\}$. 深さ優先探索法による木 $\{1,3,5,8,9,12\}$.

4.6 節点aから始めた木 $\{1,4,5,7,10,11,12,8\}$. 節点bから始めた木 $\{7,2,1,4,6,14,11,12\}$.

4.7 木は $\{1,2,4,6\}$, カットセットの基本系は $\{1,5,8,9\}$, $\{2,3,7,9\}$, $\{4,5,8,7\}$, $\{6,8,9\}$. タイセットの基本系は $\{2,3\}$, $\{1,4,5\}$, $\{2,4,7\}$, $\{1,4,6,8\}$, $\{1,2,6,9\}$.

4.8 (a) $\{1,2,3\}$, $\{1,2,4\}$, $\{1,3,4\}$, $\{2,3,4\}$ (b) $\{1,3,5\}$, $\{1,3,6\}$, $\{1,4,5\}$, $\{1,4,6\}$, $\{1,5,6\}$, $\{2,3,5\}$, $\{2,3,6\}$, $\{2,4,5\}$, $\{2,4,6\}$, $\{2,5,6\}$, $\{3,5,6\}$, $\{4,5,6\}$.

4.9 その行に対応する節点に接続される枝の総数，すなわち節点次数を表す．

4.10 第k成分の節点数を n_k とすると，この成分における木の枝数は n_k-1, したがって，グラフの木の枝数は $n-s$ となる．

4.11 $Q_f=A_t^{-1}A=A_t^{-1}[A_t\ A_l]$, $Q_l=A_t^{-1}A_l$

4.12 (a)

$A=\begin{array}{c}\ \\a\\b\\c\end{array}\begin{array}{ccccc}1&2&3&4&5\\1&1&0&0&0\\-1&0&1&1&0\\0&0&0&-1&-1\end{array}$, $Q_f=\begin{array}{ccccc}1&2&4&3&5\\1&0&0&-1&1\\0&1&0&1&-1\\0&0&1&0&1\end{array}$,

$B_f=\begin{array}{cccccc}&1&2&4&3&5\\&1&-1&0&1&0\\&-1&1&-1&0&1\end{array}$

(b)

$A=\begin{array}{c}\ \\a\\b\\c\\d\end{array}\begin{array}{ccccccc}1&2&3&4&5&6&7\\1&1&1&0&0&0&0\\-1&0&0&0&0&0&1\\0&0&-1&-1&0&1&0\\0&0&0&0&-1&-1&-1\end{array}$

$Q_f=\begin{array}{ccccccc}1&2&3&5&4&6&7\\1&0&0&0&0&0&-1\\0&1&0&0&-1&1&1\\0&0&1&0&1&-1&0\\0&0&0&1&0&1&1\end{array}$, $B_f=\begin{array}{ccccccc}1&2&3&5&4&6&7\\0&1&-1&0&1&0&0\\0&-1&1&-1&0&1&0\\1&-1&0&-1&0&0&1\end{array}$

4.13 Q_f のρ行ρ列の主行列を Q_m, その列に対応する列をもつインシデンス行列の主行列を A_m とすると，問題4.11の解から，$Q_m=A_t^{-1}A_m$, したがって，$|Q_m|=|A_t^{-1}||A_m|$ である．ところが $|A_t|=\pm 1$, したがって，$|A_t^{-1}|=\pm 1$, また，A_m の列が木に対応するとき $|A_m|=\pm 1$, 対応しないとき $|A_m|=0$ である．後半は例題4.19と同様．

4.14 解図4.14 (a), (b) のようになる．問図4.14のグラフのように，双対なグラフが元のグラフと同型になるようなグラフを**自己双対グラフ**という．

解図 4.14 / 解図 4.15

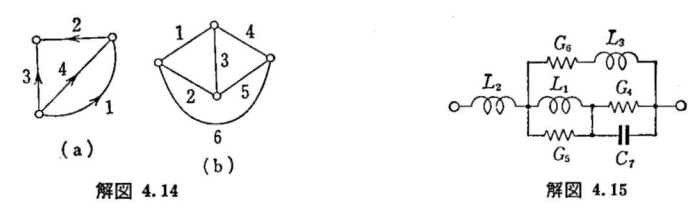

4.15 解図 4.15 に示す回路となる．ただし $L_1=C_1R^2$, $L_2=C_2R^2$, $L_3=C_3R^2$, $G_4=R_4/R^2$, $G_5=R_5/R^2$, $G_6=R_6/R^2$, $C_7=L_7/R^2$.

4.16 解図 4.16 に例を示す．節点対 ac, ad, ae, ce, cf, df についてグラフの切断と反転が行なえる．

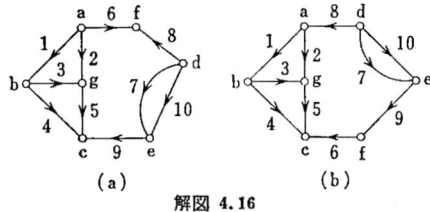

解図 4.16

4.17 基本カットセット行列の第 i 行と第 j 行以外の行および第 k 列と第 m 列以外の列を取り除くと，

	i	j	k	m
i	1	0	q_{ik}	q_{im}
j	0	1	q_{jk}	q_{jm}

となる．これは，枝 i と j 以外の木の枝を短絡除去し，枝 k と m 以外の補木の枝を開放除去して得られるグラフの基本カットセット行列である．このグラフは，解図 4.17 に示すようなものであるから，このグラフの枝の方向によって取りうる q_{ik}, q_{im}, q_{jk}, q_{jm} の値を検討すればよい．

解図 4.17

第 5 章

5.1
$$\begin{pmatrix} V_1 \\ V_2 \\ V_3 \\ V_4 \\ V_5 \\ V_6 \end{pmatrix} = \begin{pmatrix} 0 & 1 \\ 1 & -1 \\ 1 & 0 \\ 0 & 1 \\ 1 & 0 \\ 0 & 1 \end{pmatrix} \begin{bmatrix} V_a \\ V_b \end{bmatrix}, \quad \begin{bmatrix} G_2+G_3 & -G_2 \\ -G_2 & G_2+G_4+j\omega C_1 \end{bmatrix} \begin{bmatrix} V_a \\ V_b \end{bmatrix} = \begin{bmatrix} J_5 \\ -J_6 \end{bmatrix}$$

308　演習問題略解

5.2 $\begin{bmatrix} G_1+j\omega(C_1+C_3) & -j\omega C_1 & -j\omega C_3 \\ -j\omega C_1 & G_2+j\omega(C_1+C_2) & -j\omega C_2 \\ -j\omega C_3 & -j\omega C_2 & G_3+j\omega(C_2+C_3+C_4) \end{bmatrix} \begin{bmatrix} V_a \\ V_b \\ V_c \end{bmatrix} = \begin{bmatrix} J \\ 0 \\ 0 \end{bmatrix}$

5.3 (a) $\begin{bmatrix} R_1+R_2+j\omega L_1 & -R_2 \\ -R_2 & R_2+R_3+j\omega L_2 \end{bmatrix} \begin{bmatrix} I_\alpha \\ I_\beta \end{bmatrix} = \begin{bmatrix} E \\ 0 \end{bmatrix}$

　(b) $\begin{bmatrix} R_1+j\omega L_1 & 0 & -j\omega L_1 \\ 0 & R_2+R_3 & -R_3 \\ -j\omega L_1 & -R_3 & R_3+j\omega(L_1+L_2) \end{bmatrix} \begin{bmatrix} I_\alpha \\ I_\beta \\ I_\gamma \end{bmatrix} = \begin{bmatrix} E_1 \\ -E_2 \\ 0 \end{bmatrix}$

5.4 木の枝の電圧が節点電圧と等しくなるよう，あるいは，補木の枝の電流が網目電流と等しくなるように木を選ぶ．

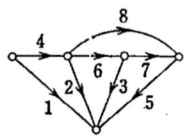

5.5 グラフ：解図5.5，基準木；{1, 2, 3, 5}，

カットセット変換　　　　タイセット変換　　　　解図5.5

$\begin{pmatrix} I_1 \\ I_2 \\ I_3 \\ I_5 \end{pmatrix} = \begin{pmatrix} -1 & 0 & 0 & 0 \\ 1 & -1 & 0 & -1 \\ 0 & 1 & -1 & 0 \\ 0 & 0 & 1 & 1 \end{pmatrix} \begin{pmatrix} I_4 \\ I_6 \\ I_7 \\ I_8 \end{pmatrix}, \quad \begin{pmatrix} V_4 \\ V_6 \\ V_7 \\ V_8 \end{pmatrix} = \begin{pmatrix} 1 & -1 & 0 & 0 \\ 0 & 1 & -1 & 0 \\ 0 & 0 & 1 & -1 \\ 0 & 1 & 0 & -1 \end{pmatrix} \begin{pmatrix} V_1 \\ V_2 \\ V_3 \\ V_5 \end{pmatrix}$

カットセット方程式

$\begin{pmatrix} \dfrac{1}{R_4}+j\omega C_2+\dfrac{1}{j\omega L_6} & -\dfrac{1}{j\omega L_6} & 0 \\ -\dfrac{1}{j\omega L_6} & j\omega C_3+\dfrac{1}{j\omega L_6}+\dfrac{1}{j\omega L_7} & -\dfrac{1}{j\omega L_7} \\ 0 & -\dfrac{1}{j\omega L_7} & \dfrac{1}{R_5}+\dfrac{1}{j\omega L_7} \end{pmatrix} \begin{bmatrix} V_2 \\ V_3 \\ V_5 \end{bmatrix}$

$= \begin{bmatrix} -1 \\ 0 \\ 1 \end{bmatrix} J + \begin{bmatrix} \dfrac{1}{R_4} \\ 0 \\ 0 \end{bmatrix} E$

タイセット方程式

$\begin{pmatrix} R_4+\dfrac{1}{j\omega C_2} & -\dfrac{1}{j\omega C_2} & 0 \\ -\dfrac{1}{j\omega C_2} & j\omega L_6+\dfrac{1}{j\omega C_2}+\dfrac{1}{j\omega C_3} & -\dfrac{1}{j\omega C_3} \\ 0 & -\dfrac{1}{j\omega C_3} & R_5+j\omega L_7+\dfrac{1}{j\omega C_3} \end{pmatrix} \begin{bmatrix} I_4 \\ I_6 \\ I_7 \end{bmatrix}$

$$= \begin{bmatrix} 1 \\ 0 \\ 0 \end{bmatrix} E + \begin{pmatrix} \dfrac{1}{j\omega C_2} \\ -\dfrac{1}{j\omega C_2} \\ -R_5 \end{pmatrix} J$$

5.6 $\begin{bmatrix} G_1+G_2+j\omega C_2 & -(G_2+j\omega C_2) \\ -(G_2+j\omega C_2) & G_2+G_3+j\omega(C_1+C_2) \end{bmatrix} \begin{bmatrix} V_a \\ V_b \end{bmatrix} = \begin{bmatrix} G_1 E \\ j\omega C_1 E \end{bmatrix}$

5.7 $(1/R_2+j\omega C)V_a - I_a = J, \quad V_a + (R_1+j\omega L)I_a = E$

5.8 $\begin{bmatrix} G_3+j\omega(C_1+C_3) & -G_3-j\omega C_3 \\ -G_3-j\omega C_3 & G_3+j\omega(C_2+C_3) \end{bmatrix} \begin{bmatrix} V_a \\ V_b \end{bmatrix} = \begin{bmatrix} I_\alpha \\ J-I_\beta \end{bmatrix}$

$R_1 I_\alpha = E - V_a, \quad (R_2+j\omega L)I_\beta = V_b, \quad G_3 = 1/R_3$

5.9 例を解図 5.9 に示す．

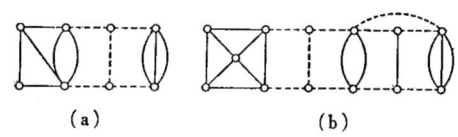

解図 5.9

5.10 基本カットセットを作る枝集合と二つの基本カットセットに共通な枝の集合に注目せよ．前者に対応する素子のアドミタンスが係数行列の対角要素に，後者に対応する素子のアドミタンスが非対角要素に現れる．非対角要素の符号は，二つの基本カットセットの方向が一致するとき＋，一致しないとき－となる．タイセット方程式の係数行列についても同様である．

第6章

6.1 $\dfrac{-\omega^2(LL_2+L_1L_2-M^2)+j\omega L_2 R}{R+j\omega(L+L_1+L_2-2M)}$

6.2 $M = \pm\sqrt{L_1 L_2}$

6.3 $L_1 L_2 - M^2 = (L_2+M)/\omega^2 C$

6.4 $L = \sqrt{(R_2 R_3 - R_1 R_4)(R_1+R_2+R_3+R_4)/R_1\omega^2}$

6.5 $M = C_1 R_1 R_2, \quad L = R_1 R_2(C_1+C_2)$

6.6 $(1-n)^2 j\omega C + n^2/R$

6.7 $R_1/n_1 = R_2/n_2, \quad X_1/n_1 = X_2/n_2, \quad Z = (R_1+jX_1)/n_1(n_1+n_2)$

6.8 $j\omega C(n_1+n_2-1)^2 + n_1^2/j\omega L + n_2^2/R$

6.9 (a) $j\omega L_1 + \dfrac{\omega^2(L_1+M)^2}{R+j\omega(L_1+L_2+2M)}$ (b) $j\omega(L_1+L_2+2M) + \dfrac{\omega^2(L_1+M)^2}{R+j\omega L_1}$

6.10 (a) $\dfrac{R+j\omega Cr^2}{1+j\omega CR}$ (b) $\dfrac{r^2(1+j\omega CR)}{R+j\omega Cr^2}$

6.11 (a) $\begin{bmatrix} G_1+G_2 & -G_2 \\ -G_2-g & G_2+j\omega C \end{bmatrix} \begin{bmatrix} V_a \\ V_b \end{bmatrix} = \begin{bmatrix} J \\ 0 \end{bmatrix}$

(b) $\begin{bmatrix} G_1+j\omega C & -j\omega C & 0 \\ -j\omega C(1+K) & G_2+G_3+j\omega C(1+K) & -G_3 \\ j\omega CK & -G_3-j\omega CK & G_3+G_4 \end{bmatrix} \begin{bmatrix} V_a \\ V_b \\ V_c \end{bmatrix} = \begin{bmatrix} J \\ 0 \\ 0 \end{bmatrix}$

6.12 (a) $\dfrac{R_2 K}{R_1+(K+1)/j\omega C}$ (b) $\dfrac{R_3(R_2+r)}{R_1(r+R_2)+(R_1+R_2)(R_3+1/j\omega C)}$

6.13 $\dfrac{k^2 R}{r_b+r_e+kr_e}$, $\dfrac{kR(2r_b+2r_e+kr_e)}{(r_b+r_e+kr_e)^2}$

6.14 $R=r(k-1)$

第7章

7.1 (a) $Y_{11}=1/j\omega L$, $Y_{12}=Y_{21}=-1/j\omega L$, $Y_{22}=G+j(\omega C-1/\omega L)$;
$Z_{11}=j\omega L+1/(G+j\omega C)$, $Z_{12}=Z_{21}=Z_{22}=1/(G+j\omega C)$

(b) $Y_{11}=\dfrac{1}{j\omega L_1}+\dfrac{j(\omega C_1-\omega^3 L_2 C_1 C_2)}{1-\omega^2 L_2(C_1+C_2)}$, $Y_{12}=Y_{21}=-\dfrac{j\omega^3 L_2 C_1 C_2}{1-\omega^2 L_2(C_1+C_2)}$,

$Y_{22}=\dfrac{j(\omega C_2-\omega^3 L_2 C_1 C_2)}{1-\omega^2 L_2(C_1+C_2)}$, $Z_{11}=\dfrac{j\omega L_1(1-\omega^2 L_2 C_1)}{1-\omega^2(L_1+L_2)C_1}$,

$Z_{12}=Z_{21}=-\dfrac{j\omega^3 L_1 L_2 C_1}{1-\omega^2(L_1+L_2)C_1}$, $Z_{22}=\dfrac{1}{j\omega C_2}+\dfrac{(1-\omega^2 L_1 C_1)j\omega L_2}{1-\omega^2(L_1+L_2)C_1}$

7.2 (a) $H_{11}=1/j\omega C$, $H_{12}=1$, $H_{21}=-1$, $H_{22}=1/R$; $G_{11}=j\omega C/(1+j\omega CR)$,
$G_{12}=-j\omega CR/(1+j\omega CR)=-G_{21}$, $G_{22}=R/(1+j\omega CR)$

(b) $G_{11}=j\omega C$, $G_{12}=-1$, $G_{21}=1$, $G_{22}=R$; $H_{11}=R/(1+j\omega CR)$,
$H_{12}=1/(1+j\omega CR)=-H_{21}$, $H_{22}=j\omega C/(1+j\omega CR)$

7.3 (a) $F=\begin{bmatrix} 1+\dfrac{1}{j\omega CR} & \dfrac{1}{j\omega C}\left(2+\dfrac{1}{j\omega CR}\right) \\ \dfrac{2}{R}+\dfrac{1}{j\omega CR^2} & 1+\dfrac{3}{j\omega CR}-\dfrac{1}{\omega^2 C^2 R^2} \end{bmatrix}$

(b) $F=\begin{bmatrix} 1+\dfrac{j\omega CR}{\varDelta} & \dfrac{R(2+j\omega CR)}{\varDelta} \\ \dfrac{j\omega C(1+2j\omega CR)}{\varDelta} & 1+\dfrac{j\omega CR}{\varDelta} \end{bmatrix}$

ただし, $\varDelta=1+2j\omega CR-\omega^2 C^2 R^2$

7.5 (a) $E_0=-\dfrac{Y_{21}}{Y_{22}}E$, $Z_0=\dfrac{1}{Y_{22}}$ (b) $E_0=Z_{21}J$, $Z_0=Z_{22}$

(c) $E_0=J/C$, $Z_0=D/C$

7.6 (a) $Z=\begin{bmatrix} j\omega L_1 & j\omega M \\ j\omega M & j\omega L_2 \end{bmatrix}$ (b) $Z=\begin{bmatrix} j\omega L_1+R & j\omega M+R \\ j\omega M+R & j\omega L_2+R \end{bmatrix}$

7.7 $Y=\begin{bmatrix} G_1+G_2 & G_1-G_2 \\ G_1-G_2 & G_1+G_2 \end{bmatrix}$, F行列は存在しない.

7.8 (a) $Z=\begin{bmatrix} R_1+r_1 & 0 \\ r_1+r_3 & R_2+r_3 \end{bmatrix}$, $F=\dfrac{1}{r_1+r_3}\begin{bmatrix} R_1+r_1 & (R_1+r_1)(R_2+r_3) \\ 1 & R_2+r_3 \end{bmatrix}$

(b) $Y=\begin{bmatrix} G_1+g_1 & 0 \\ -g_1-g_3 & G_2+g_3 \end{bmatrix}$, $F=\dfrac{1}{g_1+g_3}\begin{bmatrix} G_2+g_3 & 1 \\ (G_1+g_1)(G_2+g_3) & G_1+g_1 \end{bmatrix}$

7.9 元の回路のパラメータに′および″を付けて示す.

$$Z=\begin{bmatrix} Z_{11}' & 0 \\ \dfrac{Z_{21}'Z_{21}''}{Z_{22}'+Z_{11}''} & Z_{22}'' \end{bmatrix}, \quad Y=\begin{bmatrix} Y_{11}' & 0 \\ -\dfrac{Y_{21}'Y_{21}''}{Y_{22}'+Y_{11}''} & Y_{22}'' \end{bmatrix}$$

7.10 解図7.10に示す.

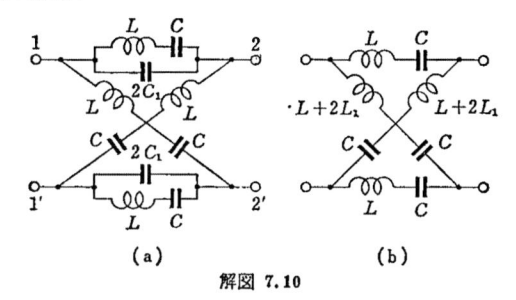

解図 7.10

第8章

8.1 Y形: $E_e/\sqrt{3}R$, Δ形: $\sqrt{3}E_e/R$

8.2 $I_a=\left(\dfrac{1}{R}+3j\omega C\right)E_a$

8.3 $I_{ae}=\sqrt{3}V_e/\sqrt{(3r+R)^2+\omega^2 L^2}$, $I_{ae}=V_e/\sqrt{(3r+R)^2+\omega^2 L^2}$

8.4 $E_e\sqrt{\dfrac{1}{R_1^2}+\dfrac{1}{R_2^2}+\dfrac{1}{R_3^2}-\dfrac{1}{R_1R_2}-\dfrac{1}{R_2R_3}-\dfrac{1}{R_3R_1}}$

8.5 $K=\dfrac{E_e}{G_a+G_b+G_c}$ とおくと $I_{ae}=KG_a\sqrt{3(G_b^2+G_c^2+G_bG_c)}$,

$I_{be}=KG_b\sqrt{3(G_c^2+G_a^2+G_cG_a)}$, $I_{ce}=KG_c\sqrt{3(G_a^2+G_b^2+G_aG_b)}$

8.6 $V_a=3Z_{g0}Z_{g2}E_1/\varDelta$, $I_b=\{(a^2-a)Z_{g0}+(a^2-1)Z_{g2}\}E_1/\varDelta$,

$I_c=\{(a-a^2)Z_{g0}+(a-1)Z_{g2}\}E_1/\varDelta$, ただし, $\varDelta=Z_{g0}Z_{g1}+Z_{g1}Z_{g2}+Z_{g2}Z_{g0}$

8.7 $V_a=2Z_{g2}E_1/(Z_{g1}+Z_{g2})$, $V_b=-Z_{g2}E_1/(Z_{g1}+Z_{g2})$

8.8 $\begin{bmatrix} 1+j\omega CZ_{g0} & 1 & 1 \\ 1+j\omega CZ_{g1} & a & a^2 \\ 1+j\omega CZ_{g2} & a^2 & a \end{bmatrix} \begin{bmatrix} V_a \\ V_b \\ V_c \end{bmatrix} = \begin{bmatrix} 0 \\ 3E_1 \\ 0 \end{bmatrix}$ を解いて,

$V_a = 3E_1/\varDelta$, $V_b = a^2 E_1 - j\omega C(Z_{g0} + a^2 Z_{g1} + a Z_{g2}) E_1/\varDelta$

$V_c = a E_1 - j\omega C(Z_{g0} + a Z_{g1} + a^2 Z_{g2}) E_1/\varDelta$,

ただし, $\varDelta = 3 + j\omega C(Z_{g0} + Z_{g1} + Z_{g2})$

8.9 $\begin{bmatrix} 1 & 2 & -Z \\ 1 & -1 & -a^2 Z + a(1-a) Z_{g1} \\ 1 & -1 & -a Z + a(a-1) Z_{g2} \end{bmatrix} \begin{bmatrix} V_a \\ V_b \\ I_b \end{bmatrix} = \begin{bmatrix} 0 \\ 3E_1 \\ 0 \end{bmatrix}$ を解いて,

$V_a = (Z + 2 Z_{g2}) E_1/\varDelta$, $V_b = (a^2 Z - Z_{g2}) E_1/\varDelta$

$I_b = a(a-1) E_1/\varDelta$, $V_c = (a Z - Z_{g2}) E_1/\varDelta$, ただし, $\varDelta = Z + Z_{g1} + Z_{g2}$

8.10 $\begin{bmatrix} 1 & 2Z + Z_{g0} & 2Z + Z_{g0} \\ 1 & -Z + a Z_{g1} & -Z + a^2 Z_{g1} \\ 1 & -Z + a^2 Z_{g2} & -Z + a Z_{g2} \end{bmatrix} \begin{bmatrix} V_a \\ I_b \\ I_c \end{bmatrix} = \begin{bmatrix} 0 \\ 3E_1 \\ 0 \end{bmatrix}$ を解いて

$V_a = 3(2Z + Z_{g0}) Z_{g2} E_1/\varDelta$

$I_b = \{3(a^2 - a) Z + (a^2 - a) Z_{g0} + (a^2 - 1) Z_{g2}\} E_1/\varDelta$

$I_c = \{3(a - a^2) Z + (a - a^2) Z_{g0} + (a - 1) Z_{g2}\} E_1/\varDelta$

ただし, $\varDelta = 3Z(Z_{g1} + Z_{g2}) + Z_{g0} Z_{g1} + Z_{g1} Z_{g2} + Z_{g2} Z_{g0}$

8.11 0.802

8.12 Y形: E_e^2/R, Δ形: $3E_e^2/R$

8.13 $P_{ae} = \dfrac{|\omega C(-3\sqrt{3} + 10\omega CR)| E_e^2}{2(9 + 4\omega^2 C^2 R^2)}$, $P_{be} = \dfrac{(6 + 3\sqrt{3}\,\omega CR + 2\omega^2 C^2 R^2) E_e^2}{2R(9 + 4\omega^2 C^2 R^2)}$

総消費電力 $= \dfrac{3(1 + 2\omega^2 C^2 R^2)}{R(9 + 4\omega^2 C^2 R^2)} E_e^2$

8.14 7 kW, 0.971 あるいは 1 kW, 0.082

参 考 文 献

[1] 林　重憲　"交流理論と過渡現象"　オーム社
[2] 川上正光　"基礎電気回路 I，II"　コロナ社
[3] 熊谷三郎，榊米一郎，大野克郎，尾崎　弘共編　"電気回路 (1)，(2)"オーム社
[4] 喜安善一，斉藤伸自　"回路論""電気回路"　朝倉書店
[5] 平山　博　"電気回路論"　電気学会
[6] 渡辺　和　"線形回路理論"　昭晃堂
[7] 佐藤利三郎　"電気回路学"　丸善
[8] 岸　源也，木田拓郎　"線形回路論"　共立出版

索引
(五十音順)

ア 行

アドミタンス ………………………44
アドミタンス・パラメータ ………231
網目 ………………………………153
網目解析 …………………………180
網目行列 …………………………154
網目変換 …………………………176
網目方程式 ………181, 192, 200, 217
アンダーソン・ブリッジ …………101

位相角 ………………………………26
1端子対回路 ………………………43
1端子対素子 …………………………2
一方向系回路(網) ……………225, 257
イミタンス …………………………43
インシデンス行列 ………………144
インピーダンス ……………………44
インピーダンス・インバータ ……213
インピーダンス・コンバータ ……205
インピーダンス・パラメータ ……232

ウィーン・ブリッジ ………………100
上三角行列 ………………………138

F 行列 ……………………………238
H 行列 ……………………………237
H パラメータ ……………………237
n 端子回路 ………………………43
n 端子対回路 ……………………43
枝 …………………………………126

枝電圧 ……………………………167
枝電流 ……………………………167
枝連結度 …………………………128
円線図 ………………………………52

オイラーの公式 ……………………30
応答 …………………………………81
オートトランス …………………210
オームの法則 ………………………3
置き換え定理 ………………………18

カ 行

階数 ………………………………130
開放駆動点インピーダンス ……235
開放除去 …………………………84, 126
開放伝達インピーダンス ………235
回路網解析 …………………………7
回路網トポロジー …………………1
回路網方程式 …………………7, 172
角周波数 ……………………………26
重ね合わせの理 ……………………82
カットセット ……………………5, 129
カットセット行列 ………………148
カットセット変換 ………………175
カットセット方程式 …182, 197, 202
可分グラフ ………………………128

Q ……………………………………60
木 …………………………………129, 159
記号法 ………………………………35
基準木 ……………………………168

索　引

基準節点 …………………145
木の総数 …………………161, 165
基本カットセット …………………132
基本カットセット行列 …………………149
基本タイセット …………………132
基本タイセット行列 …………………149
基本分割 …………………189
既約インシデンス行列 …………………145
逆回路 …………………102, 118
逆相分 …………………271
共役複素数 …………………31
共振 …………………59
橋絡T形回路 …………………250
行列式 …………………137
極大な …………………128
虚部 …………………29
キルヒホフの電圧法則 …………………6
キルヒホフの電流法則 …………………4

KCL …………………4, 37, 133, 171
KVL …………………6, 37, 133, 172
径路 …………………127
ケーリー・フォスタ・ブリッジ …………………204
結合係数 …………………199

格子形回路 …………………245
合成抵抗 …………………8
交流オームの法則 …………………37
固有電力 …………………104
孤立節点 …………………127
混合解析 …………………189
混合方程式 …………………189, 193
コンダクタンス分 …………………45

サ 行

サセプタンス分 …………………45

G 行列 …………………237
G パラメータ …………………237
シェーリング・ブリッジ …………………123
時間変化回路 …………………81
時間不変性 …………………80
自己ループ …………………127
下三角行列 …………………138
4 端子定数 …………………238
実効アドミタンス …………………58
実効インピーダンス …………………58
実効コンダクタンス …………………58
実効サセプタンス …………………58
実効値 …………………27
実効抵抗 …………………58
実効リアクタンス …………………58
実部 …………………29
ジャイレータ …………………212, 221
周期 …………………26
縦続行列 …………………238
縦続接続 …………………242
従属電源 …………………215
周波数 …………………27
主行列式 …………………140
出力 …………………81
受動性 …………………81
主要部分 …………………149
除去 …………………127
振幅 …………………26

Y形回路 …………………95
Y形結線 …………………265
Y 行列 …………………231
Y-Δ 変換 …………………98
随伴行列 …………………142

Z 行列 …………………232

制御電源	215, 246
整合条件	104, 105, 106
正相分	271
成分	128
正方行列	135
セクション・部分グラフ	127
絶対値	30
切断点	128
節点	126
節点アドミタンス行列	179
節点解析	176, 201
節点接続行列	142
節点変換	175
節点方程式	177, 191, 192, 217
節点連結度	128
線	126
線形グラフ	125
線形時間不変な回路	25
線形性	80
センサ	215
線電圧	265
線電流	265
相回転方向	291
相互インダクタ	198
相互誘導回路	198, 245
相互誘導回路の等価回路	203, 210
双対	10
双対なグラフ	162
双対変換	255
相電圧	265
相電流	265
相反定理	110, 112
素子	1
素子特性	1

タ 行

帯域幅	61
対角行列	135
対角要素	135
対称行列	136
対称格子形回路	259
対称3相起電力	264
対称分	271
タイセット	6, 129
タイセット行列	149
タイセット変換	175
タイセット方程式	182, 197, 202
ダイヤコプティックス	187
単位行列	135
端子	1
端子対	2
短絡	127
短絡駆動点アドミタンス	234
短絡除去	83, 127
短絡伝達アドミタンス	234
中性点	265
頂点	126
直並列回路	10
直並列グラフ	158
直並列接続	251
直列共振	62
直列接続	6, 250
Δ（デルタ）形回路	95
Δ形結線	266
Δ-Y 変換	98
抵抗分	44
定抵抗回路	102
テブナン等価回路	87

索 引

テブナンの定理 …………………86
テレヘンの定理 …………………190
点 ………………………………126
電圧拡大率 ………………………60
電圧源 ……………………………2
電圧分割回路 ……………………9
転置行列 ………………………135
電流源 ……………………………2
電力 …………………………14, 55

等価電圧源の定理 ………………87
同相 ………………………………28
特異行列 ………………………141

ナ 行

2端子回路 ………………………43
2端子素子 ………………………2
2電力計法 …………………285, 298
2同型グラフ …………………163
入力 ………………………………81

能動回路 …………………………81
ノートン等価回路 ………………90
ノートンの定理 …………………89

ハ 行

Bartlett の2等分定理 …………259

非可分部分 ……………………128
非線形回路 ………………………80
皮相電力 …………………………55
ビネー・コーシの公式 ………140
非連結 …………………………128
広さ優先探索法 ………………131

深さ優先探索法 ………………131

複素アドミタンス ………………43
複素インピーダンス ……………43
複素数の表現 ……………………29
複素数表示 …………………34, 35
負性インピーダンス・コンバータ ……221
負性抵抗 …………………………14
部分グラフ ……………………127
ブリッジの平衡条件 …………100

平均電力 …………………………54
並直列接続 ……………………252
ヘイ・ブリッジ ………………116
平面グラフ ……………………153
並列共振 …………………………62
並列接続 …………………4, 248
並列T形回路 …………………249
閉路 ……………………………6, 128
ベクトル軌跡 ……………………49
ベクトル図 ………………………49
辺 ………………………………126
偏角 ………………………………30

帆足-ミルマンの定理 …………91
ホイットストン・ブリッジ ……100
補償の定理 ………………………93
補木 ……………………………129

マ 行

マクスウェル・ブリッジ ……123
密結合な相互誘導回路 ……199, 209
無向グラフ ……………………126
無効電力 …………………………55

ヤ 行

有向グラフ ……………………126

索　引

有効電力 …………………55
誘導性 ……………………44

余因数 ……………………139
要素 ………………………135
容量性 ……………………44

ラ 行

ラプラス展開 ……………139

リアクタンス分 …………44

力率 ………………………55
理想ジャイレータ ………246
理想変成器 ………205, 246
隣接行列 …………………142

励振 ………………………81
零相分 ……………………271
零度 ………………………130
列 …………………………127
連結 ………………………128
連結成分 …………………128

著者略歴

小澤 孝夫(おざわたかお)

1957年　京都大学工学部電気工学科卒業
1965年　京都大学工学部助教授
1976年　京都大学工学博士

　　　　前龍谷大学教授
　　　　工学博士

電気回路〔I〕
　―基礎・交流編―

定価はカバーに表示

1978年 9 月25日　初版第 1 刷
2014年 9 月15日　新版第 1 刷
2023年 4 月25日　　　　第 5 刷

著　者　小　澤　孝　夫
発行者　朝　倉　誠　造
発行所　株式会社　朝　倉　書　店

東京都新宿区新小川町6-29
郵便番号　162-8707
電　話　03(3260)0141
FAX　03(3260)0180
https://www.asakura.co.jp

〈検印省略〉

© 2014 〈無断複写・転載を禁ず〉　印刷・製本　デジタルパブリッシングサービス

ISBN 978-4-254-22056-8　C 3054　　Printed in Japan

JCOPY <出版者著作権管理機構　委託出版物>

本書の無断複写は著作権法上での例外を除き禁じられています。複写される場合は、そのつど事前に、出版者著作権管理機構(電話 03-5244-5088, FAX 03-5244-5089, e-mail: info@jcopy.or.jp)の許諾を得てください。

好評の事典・辞典・ハンドブック

物理データ事典	日本物理学会 編	B5判 600頁
現代物理学ハンドブック	鈴木増雄ほか 訳	A5判 448頁
物理学大事典	鈴木増雄ほか 編	B5判 896頁
統計物理学ハンドブック	鈴木増雄ほか 訳	A5判 608頁
素粒子物理学ハンドブック	山田作衛ほか 編	A5判 688頁
超伝導ハンドブック	福山秀敏ほか編	A5判 328頁
化学測定の事典	梅澤喜夫 編	A5判 352頁
炭素の事典	伊与田正彦ほか 編	A5判 660頁
元素大百科事典	渡辺 正 監訳	B5判 712頁
ガラスの百科事典	作花済夫ほか 編	A5判 696頁
セラミックスの事典	山村 博ほか 監修	A5判 496頁
高分子分析ハンドブック	高分子分析研究懇談会 編	B5判 1268頁
エネルギーの事典	日本エネルギー学会 編	B5判 768頁
モータの事典	曽根 悟ほか 編	B5判 520頁
電子物性・材料の事典	森泉豊栄ほか 編	A5判 696頁
電子材料ハンドブック	木村忠正ほか 編	B5判 1012頁
計算力学ハンドブック	矢川元基ほか 編	B5判 680頁
コンクリート工学ハンドブック	小柳 洽ほか 編	B5判 1536頁
測量工学ハンドブック	村井俊治 編	B5判 544頁
建築設備ハンドブック	紀谷文樹ほか 編	B5判 948頁
建築大百科事典	長澤 泰ほか 編	B5判 720頁

価格・概要等は小社ホームページをご覧ください．